中等职业学校计算机系列教材

zhongdeng zhiye xuexiao jisuanji xilie jiaocai

信息办公自动化项目教程

麦杏欢 刘国强 主编

蔡妍 林慧敏 陈舒心 副主编

U0313401

人民邮电出版社

北京

图书在版编目（CIP）数据

信息办公自动化项目教程 / 麦杏欢，刘国强主编
. -- 北京 ：人民邮电出版社，2015.9（2019.7重印）
中等职业学校计算机系列教材
ISBN 978-7-115-39824-6

Ⅰ. ①信… Ⅱ. ①麦… ②刘… Ⅲ. ①办公自动化－
应用软件－中等专业学校－教材 Ⅳ. ①TP317.1

中国版本图书馆CIP数据核字(2015)第186885号

内 容 提 要

本书以"模块-项目"的模式编写，深入浅出地介绍计算机有关的知识和技能。全书主要内容包括计算机基础、Windows 7 操作系统、文字处理软件应用、电子表格处理软件应用、演示文稿软件应用与网络应用。本书内容具有循序渐进、通俗易懂、系统全面、实用性强等特点。

本书可作为中等职业学校"办公自动化""计算机基础"等相关课程的教材，也可供计算机初学者学习参考。

◆ 主　编　麦杏欢　刘国强
　　副主编　蔡　妍　林慧敏　陈舒心
　　责任编辑　刘盛平
　　执行编辑　王丽美
　　责任印制　杨林杰
◆ 人民邮电出版社出版发行　北京市丰台区成寿寺路 11 号
　　邮编　100164　电子邮件　315@ptpress.com.cn
　　网址　http://www.ptpress.com.cn
　　固安县铭成印刷有限公司印刷
◆ 开本：787×1092　1/16
　　印张：17　　　　　　　　　2015 年 9 月第 1 版
　　字数：436 千字　　　　　　2019 年 7 月河北第 7 次印刷

定价：45.00 元
读者服务热线：(010)81055256　印装质量热线：(010)81055316
反盗版热线：(010)81055315

前　言　PREFACE

随着时代的发展，计算机在生活中的角色逐渐由"奢侈品"转变为"普及品"。计算机的应用技能也成为每一个人都必须具备的基本素质之一。因此，在中职教育中，"计算机基础"成为了所有专业必修的一门基础课程。

本书是编者从多年的教学经验中总结而来的。全书以"项目"的形式深入浅出地介绍计算机有关的知识和技能，既有全面而深刻的理论阐述，又有典型而综合的项目实例剖析；既有基础的原理讲解，又有知识的总结和提高。

全书共分 6 个模块，各模块的主要内容如下所述。

- 模块一：介绍计算机硬件和软件的基础知识。
- 模块二：介绍 Windows 7 操作系统的基础知识。
- 模块三：介绍文字处理软件 Word 2010 的使用。
- 模块四：介绍电子表格处理软件 Excel 2010 的使用。
- 模块五：介绍演示文稿软件 PowerPoint 2010 的使用。
- 模块六：介绍日常使用的网络工具。

"计算机基础"课程是中职学生必修的一门公共课程，课程的主要教学目标如下所述。

- 使学生了解计算机的基础知识，包括组成计算机的硬件及软件系统；熟练掌握 Windows 操作系统的基本操作和设置；掌握常用的计算机应用软件的使用技巧，并能熟练使用这些软件来解决日常工作和学习中遇到的问题。
- 提高学生利用计算机技术分析、处理信息的能力；培养学生动手操作以及解决问题的能力。

广东省轻工职业技术学校的麦杏欢、刘国强任本书主编，负责总体架构、校改和定稿工作；蔡妍、林慧敏、陈舒心任副主编。

由于编者水平和经验有限，书中难免存在疏漏和不足之处，敬请有关专家、读者批评指正。

编　者
2015 年 5 月

目 录 CONTENTS

PART 1

模块一
计算机基础

计算机技术广泛地应用在各行各业。在电子商务和移动互联网发展的推动下，大量的传统企业在不断地加快信息化建设过程中，把业务都接入互联网，通过网络完成工作，此时企业的办公模式也随之发生转变，进入大数据时代，办公信息化和自动化也不仅仅是报表制作、发布产品服务信息、发布企业新闻和收集客户需求信息等较低的应用层面，而向着较高层面的企业信息化应用发展。

世界上第一台电子计算机①ENIAC②（译"埃尼阿克"，全称"Electronic Numerical Integrator And Computer"）于 1946 年 2 月 14 日在美国宾夕法尼亚大学诞生，时至今日在电子技术的发展下，计算机的发展经过了电子管计算机（1946—1958 年）、晶体管计算机（1958—1964 年）、集成电路计算机（1964—1970 年）、大规模和超大规模集成电路的发展历程。计算机广泛应用于科学计算、信息管理、自动化控制和人工智能等领域，为人类发展做出了巨大的贡献。

计算机按应用领域可以分为专用计算机和通用计算机；按规模和处理能力可以分为巨型计算机、大型计算机、小型计算机、微型计算机、工作站、服务器等。而数量最多、价钱最便宜的就是通用微型计算机，俗称个人计算机，它是本模块的学习内容。微型计算机被广泛应用于政府各部门、各类企业行业和个人，为人们办公和学习生活提供了重要的信息化手段。

坐落在风景秀丽的广州大学城中山大学校区的国家超级计算广州中心，总建筑面积 42332m²，其中主机房、存储机房、高低压配电房、冷却设备用房及附属用房等功能用房约 17500m²，如图 1-1 所示。中心部署集高性能计算、大数据分析和云计算于一体的"天河二号"。其有 17 920 个计算机节点，内存 1.4PB，峰值计算机速度每秒 5.49 亿亿次；应用于材料科学与工程计算，能源及相关技术数字化设计，全数字设计与装备制造，生物计算与个性化医疗，天文、地球科学与环境工程计算，智慧城市云服务等。

---

① 来自不同的声音：第一台计算机是"ABC"（1939 年诞生），译：阿塔纳索夫–贝瑞计算机（Atanasoff–Berry Computer, ABC）"。（网易数码频道寻找计算机之父 http://digi.163.com/special/00161KP3/first_PC_computer.html）。

② "ENIAC"长 30.48m，宽 1m，占地面积 170m²，30 个操作台，约相当于 10 间普通房间的大小，重达 30t，耗电量 150kW，造价 48 万美元。它包含了 17468 个真空管、7200 个二极管、70000 个电阻器、10000 电容器、1500 个继电器、6000 多个开关，每秒执行 5000 次加法或 400 次乘法，是继电器计算机的 1000 倍、手工计算的 20 万倍。（网易数码频道寻找计算机之父 http://digi.163.com/special/00161KP3/first_PC_computer.html）

图 1-1　国家超级计算广州中心

「项目一」连接使用计算机

在办公信息化、自动化的今天，计算机自动化控制技术日益普及，企业办公更离不开计算机，如报表制作、产品设计、界面美工、网上申报等。而且人们在学习和生活中也越来越多地使用计算机，使用计算机已成为人们从事工作、学习和生活的基本技能。

项目实训

1. 连接计算机主机与外部设备

对于商务办公或家庭娱乐使用的计算机系统来说，用户一般只需要打字录入文字，使用鼠标操作，使用绘图板画图，使用扫描仪录入照片，将设计的结果打印输出，做视频剪辑或者使用视频聊天时，还需要使用麦克风输入声音、音箱或者耳机聆听声音等。因此组成一台完整的计算机系统，一般需要主机、显示器、键盘、鼠标、打印机、音频设备等，要求用户将计算机主机与各类外部设备进行正确连接，如表 1-1 所示。

表 1-1　计算机主机与外部设备连接

外部设备		接口	主机
显示器			
键盘			
鼠标			
打印机			
耳麦			

continued

続表

	电源线	VGA 信号线	DVI 信号线
连接线			
	HDMI 信号线	USB	网线

2. 开关机操作

当外部设备是带电源独立供电的设备时，如显示器、打印机等，为了防止外部设备开关机时造成电源波动影响主机，在开机操作时，先打开外部设备电源之后，再打开主机电源。

关机或重启计算机时，根据开机后主机状态不同而有不同的操作情况。例如，启动主机后能正常进入操作系统，此时关机或重启主机需要通过操作系统发出"关机"或"重新启动"指令。如果启动后计算机进入了非正常状态，如"死机"状态，则按"复位开关"重启计算机，或长按"电源开关"关闭计算机，如图 1-2 所示。

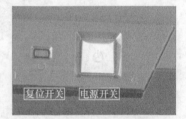

图 1-2　计算机开机/复位开关

知识点介绍

1. 计算机组成

在商务办公应用环境下，一台完整的计算机系统，一般来说至少包含了计算机主机和基本的能提供人机互动的输入/输出设备，如显示器、键盘、鼠标、触摸屏等硬件设备，如图 1-3 所示。

图 1-3　计算机的组成

2. 主机

在一台计算机系统里人们习惯地说图 1-3 中的"矩形箱子"就是计算机主机。而这个箱子实际上是计算机的"主机箱"，它的内部安装了能使计算机运行，并且能为人们提供信息处理、图形设计等功能的硬件设备。这些具有独立功能的硬件设备在主机箱内通过标准接口像积木一样堆砌起来，向外提供一定的应用服务。

（1）主机内部

主机箱是一个可容纳计算机硬件的空间，用户根据对计算机使用的要求安装各种计算机硬件，如图 1-4 所示。主机内部主要的硬件有 CPU（中央处理器）、CPU 散热器、显示卡、内存条、主板、硬盘、光驱、电源等。

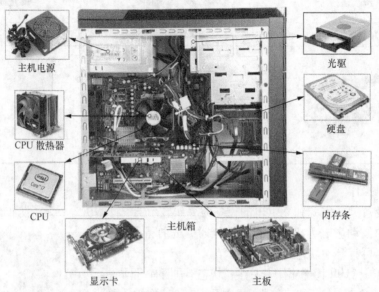

主机电源　　　光驱
CPU 散热器　　硬盘
CPU　　　主机箱　　内存条
显示卡　　　主板

图 1-4　计算机主机内部硬件组成

（2）主机外部接口

主机通过外部接口为用户提供各种应用，人们在使用计算机时，可以完全不需要了解计算机主机的内部组成，只要懂得使用主机提供的各类接口，就能够很好地应用计算机了。按照主机箱的外形和内部硬件安装的样式，主机外部接口主要有背板接口和前面板接口两大部分，其中背板接口主要是由计算机主板背部接口，以及所接插的板卡接口提供，如图 1-5 所示，一般有主机电源接口、视频（显示器）接口、音频接口、键盘接口、鼠标接口、网络接口、并行通信接口、串行通信接口、USB 接口等。目前随着硬件技术的发展和计算机性能的提高，鼠标和键盘的 PS/2 接口、并行/串行通信接口逐渐淘汰，并且出现了 HDMI、E-SATA、光纤等接口。

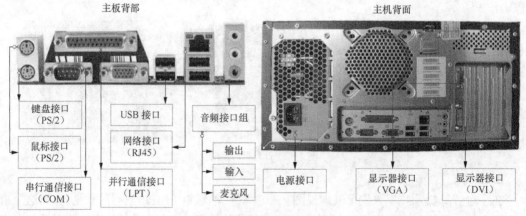

主板背部　　　　　　　　　　　　　主机背面

键盘接口（PS/2）　　USB 接口　　音频接口组
鼠标接口（PS/2）　　网络接口（RJ45）　　输出　　　输入
串行通信接口（COM）　　并行通信接口（LPT）　　麦克风　　电源接口　　显示器接口（VGA）　　显示器接口（DVI）

图 1-5　计算机主机背板接口

控制计算机开机和关机（长按）的主机开关机控制按钮，一般情况下都会在主机的前面板或者主机的顶部位置，由主机箱在设计时决定。主机箱在设计时一般提供了主机电源开机控制按钮、主机电源复位控制按键、前置 USB 接口、前置音频接口，以及一些装饰指示灯等，如图 1-6 所示。

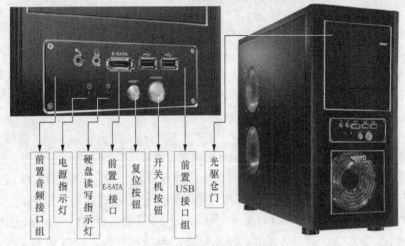

前置音频接口组　电源指示灯　硬盘读写指示灯　前置 E-SATA 接口　复位按钮　开关机按钮　前置 USB 接口组　光驱仓门

图 1-6　计算机主机前面板接口

3.显示器

显示器是计算机的重要外部设备，通过显示器可以直观地看到计算机的工作状态。按照显示器的发展历程和技术应用，显示器的种类有 CRT（阴极射线管显示器）、LCD（液晶显示器）和 LED（液晶显示器）等多种类型，其中 CRT 已经逐渐被淘汰，取而代之的是节能的液晶显示器（Liquid Crystal Display，LCD），如图 1-7 所示。LCD 的构造是在两片平行的玻璃当中放置液态的晶体，两片玻璃中间有许多垂直和水平的细小电线，通过通电与否来控制杆状水晶分子改变方向，将光线折射出来产生画面。液晶本身是不发光的，只能产生颜色变化，需要背光源才能看到显示的内容。因此，在液晶板的背面需要使用光源，传统的笔记本屏幕都使用了冷阴极荧光灯管（Cold Cathode Fluorescent Lamp，CCFL）作为背光，而 LED 背光荧屏采用的发光二极管，这就是 LCD 与 LED 二者的区别。

图 1-7　液晶显示器

显示器常见接口如图 1-8 所示，一般有传输模拟信号的 15 针的 D-Sub 接口（俗称 VGA 接口），传输数字信号的 DVI 接口，HDMI（高清数字）接口等。常见的 DVI 接口又分为 DVI-I 和 DVI-D 接口。DVI-I 接口兼容数字和模拟信号，它由 8 个或 24 个数字插针的插孔+5 个模拟插针的插孔构成。基于这种结构，市面上有 DVI-I 和 VGA 的转接线缆。但这种转接线缆实际上只使用了 DVI-I 接口上的模拟信号。DVI-D 接口是纯数字信号接口，它由 18 个或 24 个数字插针的插孔+ 1 个扁形插孔构成。

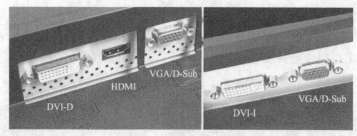

图 1-8　显示器常见接口

　　HDMI 接口可连接有 HDMI 接口的显卡、HDMI 高清播放器（蓝光 DVD 或硬盘播放器等）、具有高清输出接口的手机、摄像机等设备，用于播放上述设备内的高清视频使用。这个接口同时包含音频信号，无需再连接音频线缆。

　　显示器在提升显示品质之外，其功能也出现了多样化，如 Display Port、视频分量、USB和音频接口等。Display Port 接口类似于 HDMI 接口，它除了没有音频信号之外，使用 DisplayPort 能轻松地组成多分屏显示；视频分量接口可以使显示器方便地连接到 DVD 播放机和有线电视机顶盒，而有较高的显示品质；USB 接口可以弥补主机 USB 接口不足的缺陷，目前显示器的 USB 接口有两种，一种是 USB Hub，它和主机上的不同，它不向外供电只是插放视频用；另一种是 USB 扩展接口，需要从主机上接入 USB 线到上游接口，USB 设备才能通过下游接口正常连接到计算机，否则只有供电的功能。图 1-9 所示为 Dell-U3011 液晶显示器接口，其接口说明如表 1-2 所示。

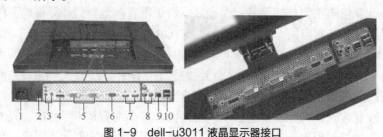

图 1-9　dell-u3011 液晶显示器接口

表 1-2　dell-u3011 液晶显示器接口说明

标签	接口说明	用　　途
1	电源接口	连接电源电缆，为显示器供电，市电交流电 220V
2	Dell Sound Bar 专用直流电源接口	连接 Sound Bar 专用音箱（选配）的电源接口
3	音频接口	根据不同的连接方法,显示器可以组成 2+1 或 5+1 通道音频环境,前面左/右主音箱输出端连接到绿色接口,后面左/右环绕音箱输出端连接到黑色接口,将中央/低音炮输出端连接到橙色接口
4	Display Port 接口	连接计算机的 DP 电缆
5	DVI 接口	连接计算机的 DVI 电缆
6	VGA 接口	连接计算机的 VGA 电缆
7	HDMI 接口	连接 DVD 播放器或机顶盒等设备的 HDMI 输出
8	分量视频接口	连接 DVD 播放器、机顶盒或有线电视盒等设备分量视频输出

标签	接口说明	用　　途
9	USB 上游端口	使用 USB 电缆连接计算机。连接该电缆之后，就可以使用其他的 USB 扩展接口
10	USB 下游端口	连接 USB 设备。只有 USB 上游接口连接到计算机之后才可使用该接口。

 选购显示器时，功能接口需要根据实际应用选择，不要片面追求丰富，应该首先考虑显示器的主要性能。表 1-3 所示为液晶显示器性能参数表，一般来说屏幕尺寸越大最佳分辨率也越大，响应时间越小越好。而面板类型因技术和个人爱好而定，不同的面板类型其响应时间、亮度、对比度、可视角度和价格都不同，其中 IPS 就是我们常说的硬屏，可视角度最大，价格也比较贵。

表 1-3　液晶显示器性能参数表

序号	性能指标	常见参数
1	屏幕尺寸/英寸	17、19、20、22、23、24、26、27 等以及更大
2	屏幕比例	宽屏 16:10、16:9、21:9，普屏 4:3、5:4 等
3	面板类型	IPS、PVA、TN、MVA、PLS、不闪式 3D 面板等
4	视频接口	D-Sub（VGA）、DVI、HDMI、Display Port 等
5	最佳分辨率/dpi	3840×2160、2560×1600、2560×1440、2560×1080、1920×1200、1920×1080、1680×1050、1600×900、1440×900、1360×768、1366×768、1280×1024、1024×768 等
7	响应时间	2ms、5ms、6ms、8ms、10ms 等
8	亮度	200cd/m² 及以下、250cd/m²、300cd/m²、350cd/m²、400cd/m²、500cd/m²、1000cd/m² 等

4. 键盘、鼠标

键盘和鼠标的品牌主要有：双飞燕、多彩、微软、精灵、罗技、雷柏、新贵、摩天手、戴尔、联想、优派等。键盘和鼠标除了手感好、结构造型符合人体工程学外，其鼠标的精度与灵敏度要求比较高，价格也与此有关。

我国键盘一般采用美国标准键盘布局，有 101 键和 104 键的键盘。在结构上键盘有机械键盘和塑料薄膜式键盘。机械键盘采用金属接触式开关，工艺简单、噪声大，但打字时节奏感强。目前市面上大多是廉价的塑料薄膜式键盘，结构简单，由三层薄膜组成，最上面为正极电路，中间为间隔层，下面则是负极电路。随着技术的发展，市面上出现了各种结构的键盘，如无接点静电电容键盘等，如图 1-10 所示。鼠标按工作原理分为滚球机械鼠标、光电鼠标和 DRF 技术的无线鼠标，目前市面上大多是光电鼠标。

键盘和鼠标与主机的连接方式主要分为有线连接、无线连接，其中常见的有线连接的接口类型有 PS/2 和 USB 两种接口，无线连接的键盘、鼠标可通过蓝牙、红外线和无线电波进行数据传输，目前常见的传输方式是蓝牙。如图 1-11 所示为键盘与鼠标。

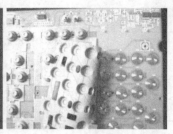

 塑料薄膜式键盘　　　　　　无接点静电电容键盘

图 1-10　键盘技术

有线键鼠套装　　　　　　　　　　　　无线键鼠套装

PS/2 插头　　USB 插头

图 1-11　键盘与鼠标

5.打印机

打印机是计算机的输出设备之一，用于将计算机处理结果打印在相关介质上。打印机与主机的连接方式有通过并行通信接口（LPT，俗称打印机接口）连接、通过 USB 接口连接和通过网络接口连接等，目前比较常用的是 USB 接口，而在商务办公环境下，使用较多的是通过网络接口连接，方便共享使用打印机。并行通信接口连接的打印机已逐渐淘汰。

打印机常见品牌有惠普、佳能、爱普生和三星等，通用打印机按打印原理分为针式打印机、喷墨打印机、激光打印机，如图 1-12 所示。针式打印机虽然打印速度慢、噪声大，但由于它的特殊性，仍广泛应用于票据打印。在商务办公应用较广的是集黑白激光打印、复印、扫描和传真为一体的多功能一体机，还有特殊应用的打印机，如标签打印机等。

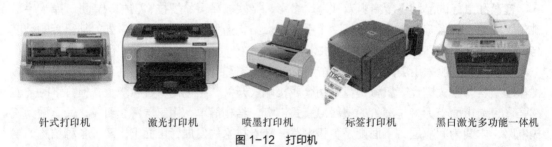

针式打印机　　　　激光打印机　　　　喷墨打印机　　　　标签打印机　　黑白激光多功能一体机

图 1-12　打印机

打印机性能指标主要有打印分辨率、打印速度和噪声等，激光打印机的打印分辨率一般有 600×600dpi、800×600dpi 等，激光打印机具有较高的打印速度，广泛应用于商务办公文字和表格打印。喷墨打印机的打印分辨率可以达到 5760×1440dpi，被广泛应用于高质量专业图片打印。

6.音响设备

在计算机主机上连接音响设备就可以组成多媒体计算机，可以欣赏音乐、在线语音聊天、视频聊天等，发挥计算机的娱乐性能。当然，在影视制作、动漫设计、语言学习时，为计算机配置音响设备也是非常需要的。

音响设备一般包含扩音设备、音箱和麦克风，计算机音箱一般集合了扩音设备在箱体内。计算机常用音响设备的品牌有漫步者、麦博、惠威、奋达、奥尼、DOSS、圣宝、耳神、飞利浦、朗琴、现代、水木年华等。按照组成声场的层次，音箱系统有 5.1 声道、2.2 声道、2.1+1声道、2.1 声道、2.0 声道等，而集麦克风一体的耳麦就比较常见，如图 1–13 所示。

麦克风　　　　　　　　耳麦　　　　　　　　　计算机音响设备
图 1–13　计算机常用音响设备

项目小结

通过本项目训练，在宏观上认识计算机主机内部组成与外部设备的种类，并能通过统一标准的接口连接外部设备，正确使用计算机。项目的实训内容是实现计算机主机与外部设备的正确连接，计算机主机与外部设备正确连接后，进一步学习开关机操作，掌握正确的开关机操作顺序和操作方法。

为了能正确使用计算机，需要了解主机提供的各种接口，以及外部设备的接口，认识它们之间的连接线缆的使用。而了解主机内部硬件将会促进对计算机的认识和进一步学习计算机硬件，并能进行硬件选购与组装。

「项目二」选购与组装主机

对计算机主机与外部设备有一定的了解之后，接下来学习计算机硬件知识，以便指导我们进行 DIY 选购计算机硬件，并进行 DIY 组装。本项目需要组装一台用于商务办公及平面设计的计算机（含显示器），市场价格目前在 6000 元以内，性能满足在 Windows 7 环境下使用 Photoshop、CorelDRAW、Adobe Illustrator 等进行平面设计的需要，运行比较流畅，人机交互比较舒适。

项目实训

1.项目准备

首先项目内容说明了计算机的应用目的是商务办公，需要较高的稳定性，尽量选购市场上口碑好、技术比较成熟、兼容性好、性能比较稳定的品牌的计算机硬件。

其次项目内容规定了计算机将安装的操作系统是微软 Windows 7，需要做一个调查，调查分析目前计算机安装使用 Windows 7 的情况，调查内容主要是在 Windows 7 环境下畅顺地运行平面设计软件的一般硬件需求。根据项目内容，推荐硬件配置如表 1–4 所示。

表 1-4　商务办公型计算机推荐硬件配置

序号	硬件名称	规格与性能要求
1	CPU	Intel Core i5 四核双线程及以上
2	内存	通常 8GB 以上，建议 16GB，工作频率在 1333MH 以上
3	主板	一线品牌，如华硕、微星、技嘉等
4	显示卡	建议不使用集成显示核心。选择品牌关注度高的中端以上独立显示卡，如七彩虹、影驰、华硕等
5	硬盘	容量约 500GB 及以上，转速 7200r/min，缓存 8MB 以上

2. 硬件选购

根据项目分析的结果，通过网上的资讯和各种电商平台了解和选择硬件，如中关村在线（http://www.zol.com.cn）、太平洋电脑网（http://www.pconline.com.cn）和京东网上商城（http://www.jd.com）等，硬件选购过程可以分初选、复核两步完成。

（1）初选

以项目分析结果的推荐硬件性能为出发点，搜寻满足推荐要求的合适配置。对于新手，可以利用网上的在线模拟装机（自助装机）功能实现，如中关村在线的 ZOL 模拟攒机（http://zj.zol.com.cn）、太平洋电脑网的在线模拟装机（http://mydiy.pconline.com.cn）、京东网上商城装机大师（http://diy.jd.com）。

① 选择 CPU。选择 Intel 酷睿 i5 四核心，并以价格排序，选择第四代 CPU 酷睿 i5 4430，主频 3.0GHz，散装①，如图 1-14 所示。

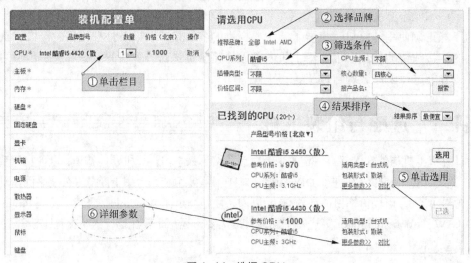

图 1-14　选择 CPU

选择 CPU 后，需要了解该 CPU 的接口类型、内存控制器以及是否集成显示核心等。单击"更多参数"进一步得知 Intel 酷睿 i5 4430 的接口类型是 LGA1150，内存控制器双通道 DDR3，频率 1333/1600MHz，集成 Intel HD Graphics 4600 显示核心（*本项目需要配置独立显卡，集成显示核心无关紧要*），如表 1-5 所示。这将是我们进行后续选择的重要依据。

---

① 散装 CPU，只有 CPU 一枚，没有原装硬盒包装，也没有配散热器，价格相比盒装 CPU 便宜。

表 1-5　Intel 酷睿 i5 44300 部分参数

名　　称	说　　明
CPU 插槽	插槽类型：LGA 1150
技术参数	内存控制器：双通道 DDR3 1333/1600 支持最大内存：32GB 超线程技术：不支持 虚拟化技术：Intel VT-x 64 位处理器：是
显卡参数	集成显卡：是 显示核心：Intel HD Graphics 4600

②　选择主板。主板挑选比较经济的技嘉品牌，引入筛选参数 CPU 接口类型 LGA1150，可以参考芯片组型号、热门程度等进行选择，如图 1-15 所示。

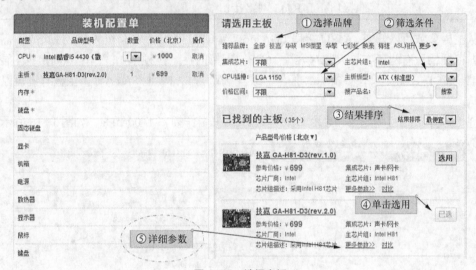

图 1-15　选择主板

通过查看主板更多参数，可以进一步了解主板性能，如表 1-6 所示（加粗字体的是非常关注参数）。

表 1-6　技嘉 GA-H81-D3（rev.2.0）部分参数

名　　称	说　　明
主板芯片	集成芯片：声卡/网卡 主芯片组：Intel H81 显示芯片：CPU 内置显示芯片（需要 CPU 支持） 音频芯片：集成 Realtek ALC887 8 声道音效芯片 网卡芯片：板载吉比特网卡
处理器规格	CPU 类型：Core i7/Core i5/Core i3/Pentium/Celeron **CPU 插槽：LGA1150**

名　称	说　明
内存规格	内存类型：DDR3 内存插槽：2×DDR3 DIMM 最大内存容量：16GB 内存描述：支持双通道 DDR3 1600/1333MHz 内存
扩展插槽	显卡插槽：PCI-E 2.0 标准 PCI-E 插槽：1×PCI-E X16 显卡插槽 　　　　　1×PCI-E X1 插槽 SATA 接口：2×SATA II 接口；2×SATA III 接口
I/O 接口	外接端口：1×VGA 接口 PS/2 接口：PS/2 鼠标，PS/2 键盘接口 其他接口：1×RJ45 网络接口

　　从主板参数可以知道，CPU 接口 LGA1150 与 CPU 匹配，声卡和网卡已经集成不需要选购。内存插槽只有两条，最大内存容量 16GB，支持内存工作频率 1333 和 1600MHz。显卡接口标准是 PCI-E2.0，只有一条 16X 插槽。硬盘接口为 SATA II /SATA III，主板有键盘鼠标接口 PS/2。

　　③ 选择内存条。金士顿 DDR3 套装 2×4GB，工作频率 1600MHz，如图 1-16 所示。

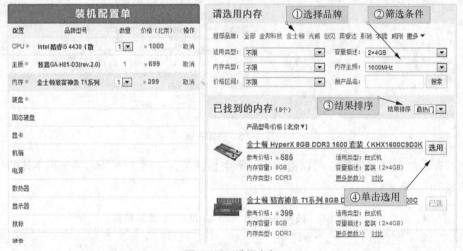

图 1-16　选择内存

　　④ 选择硬盘。选择希捷 Barracuda 1TB 硬盘，缓存 64MB，7200r/min，接口 SATA3.0，如图 1-17 所示。

　　⑤ 选择显示卡。选择七彩虹 NVIDIA 显示核心 GTX750 及以上的显示卡，在这里选择 GTX760 中高档显示卡，显存 2GB，位宽 256bit，如图 1-18 所示。

　　⑥ 选择其他外设。由于我们选择的 CPU 是散装的，没有配套 CPU 散热器。在 DIY 攒机时，为了散热的可靠性，推荐另外配置比较好的 CPU 散热器替代配套的原装散热器。最后，我们继续挑选机箱、电源、CPU 散热器、显示器、键盘鼠标等，如图 1-19 所示。

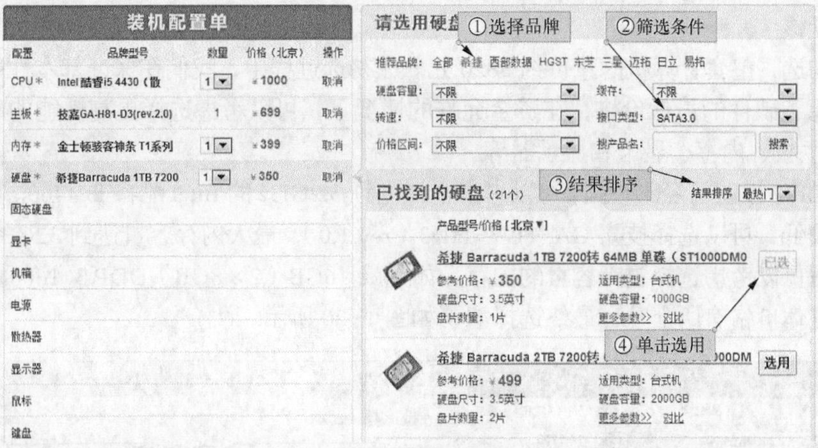

图 1-17 选择硬盘

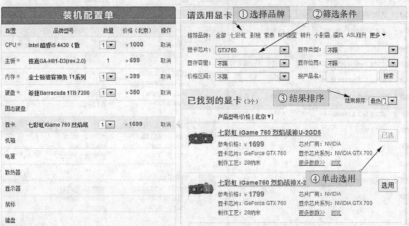

图 1-18 选择显示卡

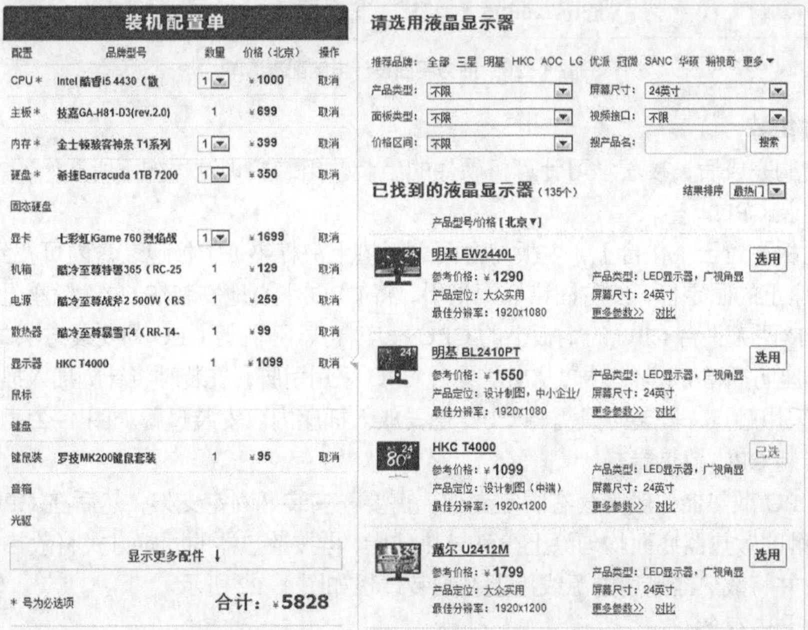

图 1-19 选择其他外设

（2）复核

经过初选，整套计算机的总价约 5820 元。在初选过程中，我们在保证基本性能要求的前提下，考虑了硬件的最低价格，在资金允许的情况下，可以考虑选择更高性能的硬件，主要是 CPU、主板、内存、显卡和显示器等。

首先 CPU 性能已经比较高，可以考虑选择主频 3.2GHz 的 Intel 酷睿 i5 4460。其次主板芯片性能比较低，可以选择技嘉 GA-H97-HD3（rev.1.0），最大内存容量达到 32GB，4 条内存插槽。最后可以考虑选择更大容量的内存，如光威 16GB（2×8GB）DDR3 1600MHz。性能的提高使整体价格有所上升，最终选择清单如图 1-20 所示。

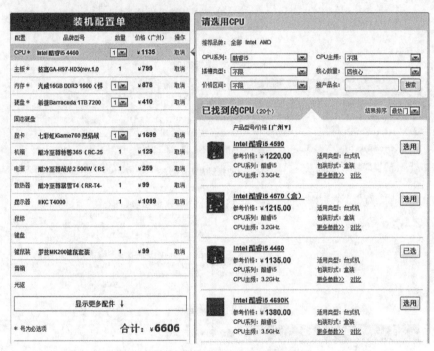

图 1-20　商务平面设计电脑配置清单

3. 硬件组装

硬件选购完成后，接着学习计算机硬件的组装。组装实训过程如下所述。

（1）安装 CPU

取出主板平置于工作台上，主板与台面之间垫上海棉垫（主板包装盒内可找到），打开主板 CPU 插座上的固定杆，按防插错标识指引，将 CPU 小心地安装在 CPU 插座上。虽然安装 Intel 和 AMD 两大平台 CPU 的主板上的 CPU 插座样式不同，但 CPU 的安装方法却几乎一致，不同的是插座防插错标识不一样，AMD 平台 CPU 采用引脚，安装时将针脚插入插座。而 Intel 平台 CPU 采用触点，安装时只需将 CPU 稳妥放入插座内。安装过程如图 1-21 所示。

（2）安装 CPU 散热器

购买 CPU 散热器一般配套有固定支架，需要先安装好固定支架，然后在 CPU 顶部或者与 CPU 接触的散热器底面均匀涂上少许导热硅脂，再按散热器的固定方式将散热器安装在固定支架上，并将散热器风扇电源线接上。安装过程如图 1-22 所示。

（3）安装内存条

先将主板上内存插槽两端的内存条固定卡子向外打开，然后把内存条按接口缺口的位置对应主板内存插槽的防插错坎，用双手拇指同时用力将内存条压入插槽，安装到位后内存条两端固定卡子会往内扣回，如图1-23所示。

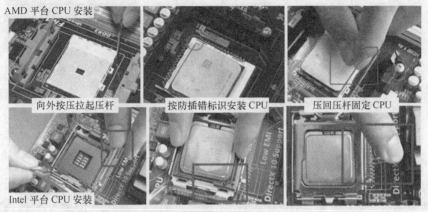

图1-21　CPU安装示意图

图1-22　CPU散热器安装示意图

（4）安装电源

在不影响后续安装主板和光驱的前提下，可以先安装电源，否则只能等光驱、主板安装完毕后才能安装电源。安装电源时，打开立式机箱侧板，将机箱平卧在工作台上，将电源安装到机箱电源位置上。

（5）安装主板

一般情况下，空机箱背部主板接口位置配带有一块临时接口板，安装主板之前，先将该接口拆除，安装上与主板配套的接口板，整理好机箱内部散落的连接线，检查机箱固定主板的螺丝柱是否齐全，如果有缺少则需要加装螺丝柱。然后将已经组装好CPU、CPU散热器和内存条的主板小心地放入机箱，注意观察螺丝固定位和背部接口板的到位情况，如图1-24所示，然后使用配套主板螺丝固定好主板。

图1-23　内存条安装示意图

图1-24　主板安装示意图

（6）安装其他板卡

如果有另外配置显示卡、网卡、声卡等板卡，根据板卡的总线接口类型，确定安装在主板上的扩展插槽，然后将该扩展插槽对应的机箱背部活动档板条拆除，再安装板卡。安装显示卡时，需要注意插槽尾部的固定扣子，如图1-25所示。

图1-25　显示卡安装示意图

（7）安装硬盘和光驱

根据机箱内部空间情况，硬盘和光驱可以在安装主板之前完成。如果安装主板后不妨碍硬盘、光驱的安装，可以在完成主板安装之后开始安装硬盘和光驱。固定螺丝时要注意螺丝是否匹配。

（8）连接各类线缆

计算机主机内部的连接线缆有主板的供电电源接插线、硬盘和光驱的供电电源接插线、硬盘和光驱的数据传输线、前置USB/音频连接线、开机/复位控制线、电源/硬盘读写指示灯信号线，以及部分显示卡也有需要接插上供电电源线，分类有序地将各类连接线接插好，并整理好内部线缆，如图1-26所示。

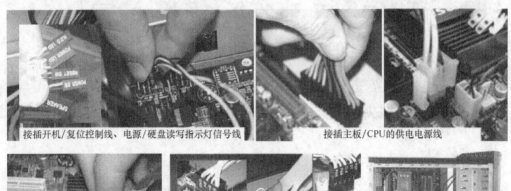

接插开机/复位控制线、电源/硬盘读写指示灯信号线　　接插主板/CPU的供电电源线

接插数据传输线

接插前置USB/音频连接线

完成整理后主机内部

图1-26　连接各类线缆及理线后主机示意图

知识点介绍

冯·诺伊曼①存储程序型计算机硬件系统如图1-27所示，包括控制器、运算器、存储器、输入设备和输出设备五大硬件系统。

---

① 1945年6月，冯·诺伊曼与戈德斯坦、勃克斯等人，联名发表了一篇长达101页纸的报告，即计算机史上著名的"101页报告"，是现代计算机科学发展里程碑式的文献。明确规定用二进制替代十进制运算，并将计算机分成五大组件，这一卓越的思想为电子计算机的逻辑结构设计奠定了基础，已成为计算机设计的基本原则。（维基百科 http://zh.wikipedia.org）

由于计算机硬件系统的复杂性和广泛性，全球各大厂商都专注于计算机的某一类型硬件研发和生产，如 Intel 专注于 CPU、主板和显示芯片，NVIDIA 专注于显示芯片，希捷专注于硬盘等。而这些硬件都遵循着统一的接口标准，以能够拼装在一起协同运作。这一发展策略，导致了计算机硬件模块式的发展，也由此体现了 DIY 计算机硬件的复杂性，如图 1-28 所示，每一个硬件都是计算机硬件系统的一个零部件。

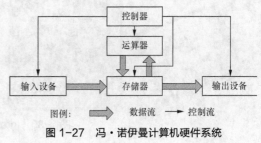

图例：➡ 数据流　→ 控制流
图 1-27　冯·诺伊曼计算机硬件系统

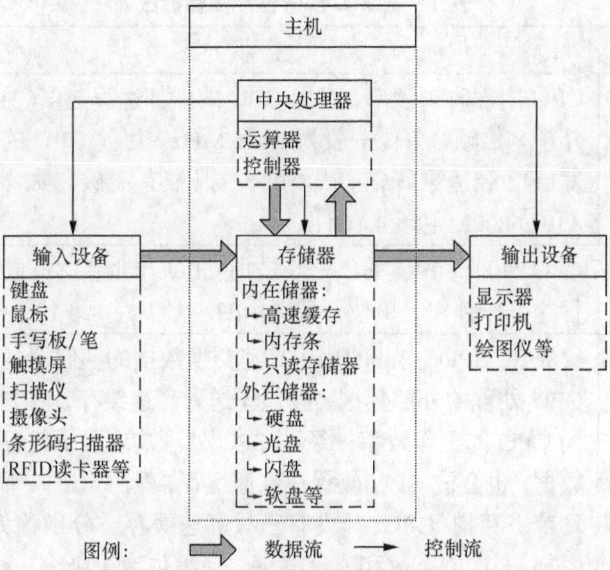

模块一　计算机基础

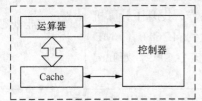

图例：➡ 数据流　→ 控制流
图 1-28　计算机硬件系统

1. 中央处理器

中央处理器（Central Processing Unit，CPU）是计算机的核心单元，相当于人的大脑，主要包括运算器（Arithmetic and Logic Unit，ALU）和控制器（Control Unit，CU）、若干寄存器和高速缓冲存储器，以及它们相互之间实现信息传输的数据、控制及状态的总线，其逻辑结构如图 1-29 所示。

目前微型计算机 CPU 的生产厂商主要有 Intel 和 AMD，如图 1-30 所示，其 CPU 除外观上不同外，Intel 和 AMD 的 CPU 主要在浮点运算能力和指令集不同，在使用经验上 AMD 的 CPU 在三维制作、游戏应用、视频处理等方面相比同档次的 Intel 的处理器有优势，而 Intel 的 CPU 则在商业应用、多媒体应用、平面设计方面有优势，特别是有一些商业软件及其配套设备只能安装在 Intel 平台的计算机上运行，如果安装在 AMD 平台的计算机上则不能正常运行。因此选用 Intel 还是 AMD 的 CPU 主要依据实际应用来进行决定。

图 1-29　中央处理器（CPU）逻辑示意图

衡量 CPU 性能的高低有多个指标参数进行对比，如表 1-7 所示，其中与实际使用最为相关的指标参数有主频、核心、高速缓存和接口类型。

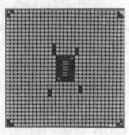

图 1-30　Intel 和 AMD 的 CPU

表 1-7　CPU 部分性能指标参数

序号	性能指标	说明	备注
1	主频	CPU 内部时钟频率，衡量 CPU 的内部运算速度。主频＝外频×倍频，单位一般为 GHz/MHz。目前 CPU 的主频发展已经达到峰值，短时间内很难有突破。如 AMD A10-6800K 主频 4.1GHz	实际中非常关心的参数
2	外频	CPU 外部时钟频率，一般是指 CPU 与主板之间同步运行的工作频率，单位一般为 MHz	
3	高速缓存	集成在 CPU 内部的用于高速交换数据的存储器。送往 CPU 处理的外部数据，被预先送入高速缓存，以充分利用 CPU 的工作效率；经过 CPU 处理需要显示或存储的数据，也会被 CPU 放置在高速缓存，然后再进入下一个环节。目前 CPU 都设有三级高速缓存，分别称为 L1 Cache、L2 Cache 和 L3 Cache，速度依次一级比一级低，容量依次一级比一级大。Intel 酷睿 i7 CPU 的高速缓存一般是 L1 Cache 每个核心 32KB，L2 Cache 每个核心 256KB，L3 Cache 则多核心共享 8~15MB	实际中比较关心的参数
4	核心	CPU 内核的数量，每个核心有独立的运算器、控制器和寄存器组，多个核心可以同时并行运作，提升了计算机的处理能力。CPU 主频目前已经达到 4.7GHz（AMD FX-9590），CPU 厂商不断地发展多核心 CPU，如 Intel 凌动 C2750 拥有 8 个核心	实际中非常关心的参数
5	超线程	宏观上数据流从流入 CPU，经过 CPU 处理后流出 CPU，可以看作是一条流水生产线。而 CPU 具有超线程（Hyper-Threading）技术，把一个核心模拟成两个核心使用，在同时间内更有效地利用系统资源，提高性能	实际中比较关心的参数
6	接口类型	CPU 与主板之间的连接接口类型。由于 CPU 的不断发展，架构不断更新，导致 CPU 的接口类型也不断地变化，如 Intel 酷睿 i7 4770K 的接口类型是 LGA1150，AMD A10-6800K 的接口类型是 Socket FM2	实际中非常关心的参数

购买时是否选性能最高的 CPU？CPU 性能越高价格也越高该如何选择？应该以实际应用情况和综合各项性能指标来进行考虑，例如商务办公计算机推荐 Intel 双核心 CPU，平面设计计算机推荐 Intel 四核心（及以上）CPU，多媒体娱乐型计算机推荐 AMD 四核心（及以上）CPU。

2. 主板

在冯·诺伊曼存储程序型计算机硬件系统中并没有提及主板，但计算机需要传输数据、控制指令等，需要有数据总线、控制总线和地址总线，而提供这些总线功能的就是主板，主板为计算机各硬件数据传输提供了多种接口，如图 1-31 所示，主板对应的主要性能参数如表 1-8 所示。图中所标注的数字编号可从表中对照查找，其中「21」是 CMOS 供电电池，「22」是 CMOS 清除（还原）跳线，「23」是主板开机控制线及信号灯线的插座。

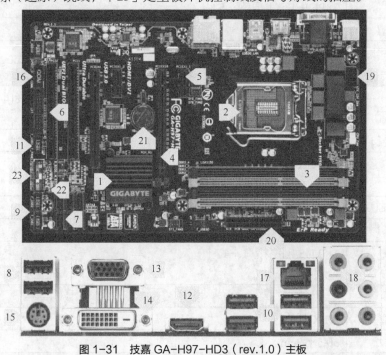

图 1-31 技嘉 GA-H97-HD3（rev.1.0）主板

表 1-8 技嘉 GA-H97-HD3（rev.1.0）主板主要性能参数

主板芯片	
集成芯片	声卡/网卡
芯片厂商	Intel
主芯片组「1」	Intel H97
芯片组描述	采用 Intel H97 芯片组
音频芯片	集成 Realtek ALC887 8 声道音效芯片
网卡芯片	板载 Realtek 千兆网卡
处理器规格	
CPU 平台	Intel
CPU 类型	Core i7/Core i5/Core i3/Pentium/Celeron
CPU 插槽「2」	LGA 1150

内存规格	
内存类型	DDR3
内存插槽「3」	4×DDR3 DIMM
最大内存容量	32GB
内存描述	支持双通道 DDR3 1333/1066/800MHz 内存
扩展插槽	
显卡插槽	PCI-E3.0 标准
PCI-E 插槽	2×PCI-E X16 显卡插槽「4」 2×PCI-E X1 插槽「5」
PCI 插槽	2×PCI 插槽「6」
SATA 接口	6×SATA III 接口「7」
I/O 接口	
USB 接口	8×USB2.0 接口（2 背板「8」+6 内置「9」）；6×USB3.0 接口（4 背板「10」+2 内置「11」）
HDMI 接口	1×HDMI 接口「12」
外接端口	1×VGA 接口「13」 1×DVI 接口「14」
PS/2 接口	PS/2 键鼠通用接口「15」
并口串口	1 个串口「16」
其他接口	1×RJ45 网络接口「17」 音频接口「18」
板型	
主板板型	ATX 板型
外形尺寸	30.5×19cm
其他参数	
电源插口	一个 4 针「19」，一个 24 针电源接口「20」
供电模式	五相

主板的品牌有华硕、技嘉、微星、华擎、七彩虹、映泰、梅捷、昂达、铭瑄、翔升、捷波等，主板的芯片生产厂商有 Intel 和 AMD，主板型号如下：

Intel：X99、Z97、H97、Z87、Z77、H81、H61、X79、H87、H77、B85、B75、Z170、NM10 等；

AMD：A68、HA75、A55、A88X、A85X、990FX、970 等。

芯片型号的不同，主板所提供的功能和性能有所差异，决定了主板的架构类型。

 如何选配合适的主板？首先主板是 CPU 性能发挥的支撑平台，主板和 CPU 需要相互兼容才能正常工作，因此，在选购主板时，如果已经选择了 CPU，则依据 CPU 平台及其接口类型挑选主板。其次内存、显卡和硬盘等其他硬件设备需要通过主板提供的接口与 CPU 通信，因此选配主板时，需要考虑主板所提供的这些接口的性能如何，俗话说好马配好鞍，只有整体性能提升，才能发挥各个硬件的应有的性能。最后还要衡量整机性能的提升后资金的预算情况，以满足实际应用为主。

3. 存储器

计算机常见存储器如图 1-32 所示，一般有内存条、硬盘、光盘等。其中我们常说的硬盘包含了硬盘驱动器，光盘需要光盘驱动器读写。

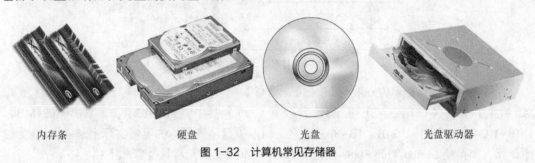

内存条　　　　　　　硬盘　　　　　　　光盘　　　　　光盘驱动器

图 1-32　计算机常见存储器

存储器按其读写功能分为只读存储器（Read Only Memory，ROM）和随机存取存储器（Random Access Memory，RAM）。例如，BIOS（Basic Input Output System）芯片如图 1-33 所示。BIOS 芯片是 ROM，它保存着计算机的基本输入输出的程序、系统设置信息、开机后自检程序和系统自启动程序，为计算机提供最底层的、最直接的硬件控制。但与 BIOS 芯片密切相关的是 CMOS（Complementary Metal Oxide Semiconductor）芯片，一般集成在主板芯片内，CMOS 是 RAM，它保存着系统配置的具体参数，其内容可通过设置程序进行读写，当其掉电后设置信息被还原为默认状态。另外，高速缓存和内存条都是 RAM，掉电后信息都会被清除。

图 1-33　计算机 BIOS 芯片

计算机常见存储器按存储介质分为半导体存储器和磁表面存储器。例如，高速缓存、内存条和闪存都是半导体存储器，磁介质硬盘、磁带等是磁表面存储器。

在这里我们按作用来进一步学习计算机的常见存储器，一般有内存储器和外存储器。

内存储器是 CPU 能够直接读写数据的存储系统，包括 CPU 内部的高速缓存和安装在主板上的内存条。内存储器具有读写速度高，而容量小的特点。

外存储器为计算机提供了海量的存储空间，但由于外存储器读写速度慢，计算机硬件系统使用了三级存储策略解决了既要读写速度快，又要容量大的难题，使 CPU 始终高速运作，如图 1-34 所示。

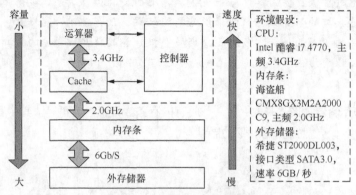

图 1-34 计算机三级存储策略

存储器的容量计量单位一般有 bit（位，简写 b）、Byte（字节，简写 B）、KB（千字节）、MB（兆字节）、GB（吉字节）、TB（太字节）[1]等。其中 1TB=1024GB，1GB=1024MB，1MB=1024KB，1KB=1024B，1B=8b。注意，目前硬盘厂商标称的容量实际上是以 1000 为倍率计算，如希捷 Laptop Thin 500G 硬盘（ST500LM000）实际容量计算如下：

500（GB）×1000（MB）×1000（KB）×1000（B）=500000000000B

500000000000（B）/1024（KB）/1024（MB）/1024（GB）=465.7GB

如此计算，标称 1TB 的硬盘，实际容量为 931.5GB。

（1）内存条

内存条是由具有相同参数的内存颗粒使用 TSOP（Thin Small Outline Package，薄型小尺寸封装）、BGA（Ball Grid Array，球状引脚栅格阵列）或 CSP（Chip Scale Package，芯片级封装）技术封装在一块具有总线接口（俗称金手指）的印制电路板（Printed Circuit Board，PCB）上，如图 1-35 所示。目前内存条所使用的 PCB 板是双列直插式存储模块（Dual-Inline-Memory-Modules，DIMM），提供 64 位的数据通道，并且由于工作频率都比较高，而加装了散热器。

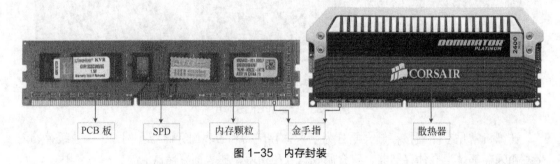

图 1-35 内存封装

内存条的品牌比较多，如金士顿、威刚、海盗船、宇瞻、胜创、芝奇、三星、金泰克、黑金刚、金邦、现代等，按照内存适用范围来分有笔记本内存、台式机内存和打印机内存等，如图 1-36 所示。

单条内存的容量常见有 1GB、2GB、4GB、8GB、16GB，容量以整数倍增长或减少。

---

[1] 存储容量计量单位还有 PB（拍字节）、EB（艾字节）、ZB（泽字节）、YB（尧字节）、BB（Brontobyte）等。

笔记本内存　　　　　　台式机内存　　　　　　打印机内存

图 1-36　内存条按应用分类

　　内存的类型有 DDR4、DDR3、DDR2、DDR，目前市面上使用较广的是 DDR4 和 DDR3 内存条，DDR2 已接近淘汰。它们之间性能的差别就是工作频率，如 DDR4 内存条的工作频率有 3000MHz、2800MHz、2666MHz、2400MHz、2133MHz；DDR3 内存条的工作频率有 3000MHz、2800MHz、2400MHz、2200MHz、2133MHz、2000MHz、1866MHz、1800MHz、1600MHz、1333MHz，而 DDR2 内存条的工作频率有 1200MHz、1066MHz、800MHz、667MHz，DDR 内存条的工作频率有 533MHz、400MHz、333MHz。值得注意的是，内存工作频率需要主板的内存插槽工作频率的支持。

　　内存条的选购主要依据主板内存插槽所支持的内存类型和频率，另外目前主板都支持双通道[1]，甚至四通道技术。例如，支持双通道技术的主板，采用两条参数相同容量各为 2GB 的内存条，分别插入同一组通道使用，其工作性能比配置一条 4GB 内存条要高。使用双通道技术，整体上内存带宽比单通道提高 1 倍，相当于单车道的道路上多了一条车道，效率自然不一样。

　如何使用多通道技术？一般支持多通道技术的主板上都会有两种或多种不同颜色的内存插槽组，同一种颜色的插槽组成一个内存通道，如图 1-37 所示，使用时以 2 为倍数将内存插入相同颜色的插槽组内。

　　（2）硬盘

　　硬盘是计算机外部存储器，性能在不断的提升，能提供海量的存储容量，存取速度也在不断提高。由于科学的发展，市面上出现了固态硬盘，按照习惯我们常说的硬盘，仍然是指传统的磁表面存储器的硬盘。

　　硬盘的品牌有希捷、西部数据、HGST、东芝、三星等，硬盘内部结构和电路如图 1-38 所示，内部主要部件有磁盘片（磁碟）、磁头、磁头臂和磁头电磁驱动组件组成。

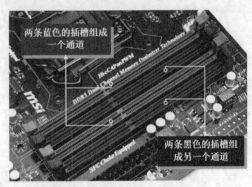

图 1-37　双通道内存条插接方法

　　硬盘工作时，需要保存的数据由内存传输到硬盘的缓存，由硬盘的控制芯片控制磁头通过电磁将数据写入盘片保存。读取数据时，硬盘控制芯片操作磁头通过电磁将数据读取并传输到硬盘的缓存，当读取完成或缓存满，通过中断指令，将缓存中的数据传输到内存。因此硬盘的性能除了容量大小、转速高之外，缓存容量也是重要参数之一。

---

[1] 双通道，就是在北桥（又称之为 MCH）芯片或 CPU 里设计两个内存控制器，这两个内存控制器可相互独立工作，每个控制器控制一个内存通道。而多通道技术则有相应的多个内存控制器。

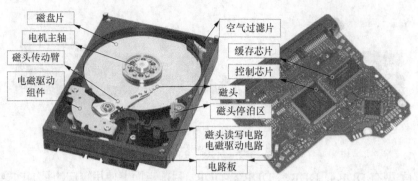

图 1-38　硬盘内部结构

一般来说，个人计算机常用硬盘容量在 500GB 以上。缓存容量有 8MB、16MB、32MB、64MB 等，缓存容量越大，性能越高。转速一般有 5400r/min、7200r/min、10000r/min 等，转速越高，硬盘的平均寻道时间就越少，存取效率就越高。根据硬盘综合性能的高低分为服务器级、监控级等。

硬盘按照大小来分常见有 3.5 英寸和 2.5 英寸，3.5 英寸硬盘俗称为台式机硬盘，转速一般是 7200r/min，2.5 英寸硬盘俗称笔记本硬盘，转速一般是 5400r/min，设计上比较注重节能，存取效率相对 3.5 英寸硬盘低一些，如图 1-39 所示。

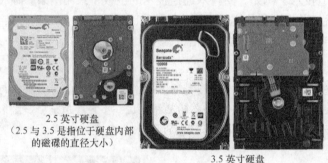

2.5 英寸硬盘
（2.5 与 3.5 是指位于硬盘内部
的磁碟的直径大小）

3.5 英寸硬盘

图 1-39　硬盘（3.5 英寸与 2.5 英寸）

硬盘按照接口类型来分，常见有 IDE、SATA、SAS、SCSI 和光纤通道硬盘，其中 IDE 硬盘已经淘汰，目前个人计算机主要使用 SATA 硬盘，SAS、SCSI 硬盘和光纤通道硬盘主要应用在服务器，如图 1-40 所示。目前 SATA 技术已经发展到 3.0 标准，传输速率达到 6Gbit/s。SAS 是 SCSI 的串口传输，兼容 SATA 接口，在 SAS 硬盘上具有双 SAS 接口，可以实现双端口连接，它们之间的传输性能如表 1-9 所示。

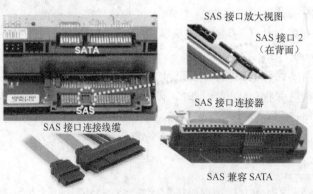

图 1-40　SAS 与 SATA 接口的对比

表 1-9 部分硬盘接口标准参数

序号	接口标准	带宽	传输速度	线缆最大长度
1	SATA3.0	6Gbit/s	600MB/s	2m
2	SATA2.0	3Gbit/s	300MB/s	1.5m
3	SAS	6Gbit/s	600MB/s	6m

首先是硬盘容量。我们需要对计算机应用有一个明确的目标，如商务办公计算机，文件量不大时提供 250GB 容量即可，而家用计算机，平时存储照片文件、视频文件等，占用空间比较大，硬盘容量推荐在 1TB 以上。

其次是缓存容量，硬盘缓存容量越大，价格也越高，一般可以考虑在 16MB 以上。高缓存硬盘能极大的改善整机的运行效率，特别是在大量的数据读写上。

还有是硬盘接口，依据已经选定的主板对硬盘的支持类型和支持标准，如主板SATA 接口标准 3.0，就可以挑选 SATA3.0 接口标准的硬盘，当然 SATA 标准是向下兼容的，3.0 标准的接口也可以连接 2.0 标准的硬盘，传输性能由低的来决定。各种硬盘品牌都有一些特色，如性价比、口碑、节能等，用户可根据需要选购。

（3）光盘驱动器

光盘驱动器简称光驱，是一个结合了光学、机械及电子技术的产品，如图 1-41 所示。光驱读写光盘时，激光头内的激光二极管发出波长为 540～680nm 的光束，照射在光盘表面上，再由光盘反射回来，经过在激光头内的光检测器捕获信号。光滑的光盘上有凹点，凹点和没有凹点的平滑处（相对来说就是凸点）的反射信号相反，经过光检测器识别转换为数据信号。这时得到的数据信号只是光盘上凹凸点的排列方式，经过光驱的转换电路把它转换并进行校验，得到实际数据。

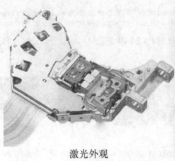

激光外观

图 1-41 激光头结构与原理

光驱的品牌众多，常见有先锋、华硕、三星、索尼、联想 ThinkPad、明基、飞利浦等，按光驱读写的介质和工作原理来分，光驱类型有 DVD 刻录机、蓝光刻录机、DVD 光驱、蓝光光驱、蓝光 COMBO、COMBO 等，其中蓝光（Blu-ray）是激光头使用 405nm 波长的蓝色激光读取和写入数据。传统 DVD 激光头发出红色激光来读取或写入数据。通常来说波长越短的激光，能够在单位面积上记录或读取更多的信息。因此，蓝光极大地提高了光盘的存储容量和传输效率。COMBO（康宝）是一种能读取 DVD 光盘的 CD 刻录机。

按光驱的安装方式来分有外置光驱和内置光驱，如图 1-42 所示。

光驱的主要性能指标与硬盘相似，主要有缓存容量和接口类型，缓存容量常见有 1MB 以下、1MB、2MB 等，接口类型常见有 USB 接口、SATA 接口等。

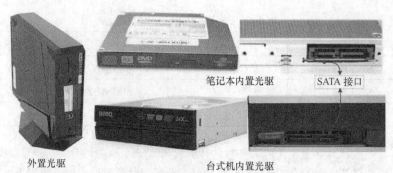

笔记本内置光驱

SATA 接口

外置光驱   台式机内置光驱

图 1-42　常见光驱的类型

4. 显示卡

显示卡有独立的图形处理器（Graphic Processing Unit，GPU，俗称显示核心），在现代计算机中图形处理器地位非常重要，显示器所显示的逼真的绚丽多彩的图像都是 GPU 处理得到的。在全球能生产 GPU 的厂商也不多，仅有 NVIDIA、AMD、ATI、Intel 等，独立显卡的厂商则比较多，如在中关村在线产品报价搜索到的显卡品牌有七彩虹、影驰、索泰、微星、蓝宝石、小影霸、镭风、铭瑄等 70 多家。

显示卡的 GPU 地位比较重要，它体现了显示卡的性能级别，因而在商品名称中大多都体现了 GPU 的型号，如图 1-43 所示，如七彩虹 iGame750 的显示核心是 NVIDIA GeForce GTX 750，影驰 GTX760 黑将显示核心是 NVIDIA GeForce GTX 760 等。

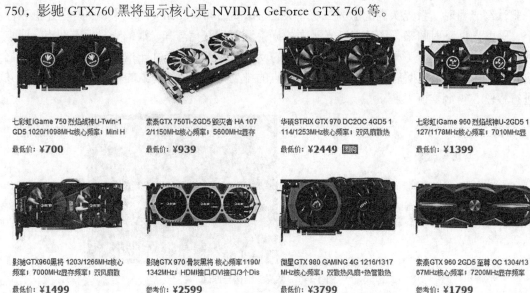

七彩虹 iGame 750 烈焰战神U-Twin-1 GD5 1020/1098MHz核心频率；Mini H

最低价：¥**700**

索泰GTX 750Ti-2GD5 毁灭者 HA 107 2/1150MHz核心频率；5600MHz显存

最低价：¥**939**

华硕STRIX GTX 970 DC2OC 4GD5 1 114/1253MHz核心频率；双风扇散热

最低价：¥**2449** 团购

七彩虹 iGame 960 烈焰战神U-2GD5 1 127/1178MHz核心频率；7010MHz显

最低价：¥**1399**

影驰GTX960黑将 1203/1266MHz核心 频率；7000MHz显存频率；双风扇散

最低价：¥**1499**

影驰GTX 970 骨灰将 核心频率1190/ 1342MHz；HDMI接口/DVI接口/3个Dis

参考价：¥**2599**

微星GTX 980 GAMING 4G 1216/1317 MHz核心频率；双散热风扇+热管散热

最低价：¥**3799**

索泰GTX 960 2GD5至尊 OC 1304/13 67MHz核心频率；7200MHz显存频率

参考价：¥**1799**

图 1-43　中关村在线部分显卡

七彩虹 iGame980-4GD5 显示卡如图 1-44 所示，其主要的性能参数如表 1-10 所示。

显示卡除了显示核心之外，显示缓存也很重要，目前显示缓存已发展到 GDDR5（5 通道显存），速度是 GDDR3 的 4 倍以上，具体可以从频率可以得知。GDDR5 电压为 1.5V 比 GDDR3 下降 0.3V，降低了功耗。显示缓存容量与位宽也是人们比较关注的性能之一，其中位宽表示显示卡每次从显示缓存存取多少位的数据量，因此显示缓存也是关系显示卡速度的重要性能指标之一。

显示卡目前的总线接口一般是 PCI Express 3.0 16X，而 I/O 接口则比较多样，主要是外部设备的种类比较繁多，如 HDMI 接口是高清晰度多媒体接口（High Definition Multimedia Interface）是一种数字化视频/音频接口技术，可以连接到具有 HDMI 输入接口的电视机、显示器等。DisplayPort 接口也是一种高清数字显示接口，可以连接具有 DisplayPort 输入接口的电视机和显示器等。

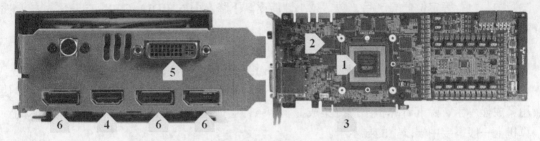

图 1-44　七彩虹 iGame980-4GD5 显示卡

表 1-10　七彩虹 iGame980-4GD5 显卡主要性能参数

序号	名称	性能指标	具体参数
1	GPU「1」	芯片厂商	NVIDIA
		显卡芯片	GeForce GTX 980
		工作频率	1127/1178MHz
2	显示缓存「2」	显存类型	GDDR5
		显存容量	4096MB
		显存位宽	256bit
		显存频率	7010MHz
3	显示卡接口	总线接口	PCI Express 3.0 16X「3」
		I/O 接口	HDMI 接口「4」/DVI 接口「5」/3 个 DisplayPort 接口「6」
4	其他	最大分辨率	2560×1600
		最大功耗	300W
		散热方式	散热风扇+热管散热

我们要明确显示卡不是必需配置的。当 CPU 具有显示核心，并且主板带有满足使用条件的显示接口，则可以考虑不配置独立的显示卡。当然，在目前硬件水平下，不配置独立显示卡的计算机比较适合于对显示要求不高的场合，如商务办公、大众化的家庭使用，而对于大型图形设计、影视后期制作、大型游戏、高清视频娱乐等应用则需要配置高性能的独立显示卡。当然市面上也有性能极差的独立显示卡。

在选择显示卡时，要综合考虑显示核心、显存、接口等因素。

① 显示核心的型号相当多，而且随着发展逐渐遭淘汰，如 NVIDIA 的就有 GTX980Ti、GTX980、GTX970、GTX960、GTX Titan Black、GTX Titan Z、GTX Titan X、GTX Titan、

GTX780Ti、GTX780、GTX770、GTX760、GTX750Ti、GTX750、GTX660、GTX650Ti、GTX650、GT740、GT730、GT720、GT640、GT630 等，这些型号有一定的规律，如 GTX970，型号 "970" 的第一位数字 "9" 反映了这款产品比数字是 "6" "5" 等的产品要新；第二位数字反映了产品的定位情况，"6" "7" "8" "9" 等定位高端产品，"5" 定位千元中端产品，"4" "3" "2" "1" 等定位低端产品，数字越小性能逐渐下降。而 NVIDIA GTX Titan 系列核心性能由高到低 "Z" "X" "Black"。

② 显示缓存容量与位宽越大越好，当然价格也会超高。

③ 显示卡提供的接口一般都有 DisplayPort 接口、DVI 接口，VGA 接口逐渐被淘汰。

因此，显示卡的选购根据实际来选择，千元以下低端独立显示卡一般不予考虑，直接使用集成显示卡，除非计算机不满足集成显示卡条件。而用在大型图形处理等高性能需求的计算机上一般需要中端以上的显示卡。

5. 其他板卡

对于一台完整的计算机硬件系统来说，必要的硬件我们已经学习了。在这里我们继续了解两类计算机接插板卡，即网卡和声卡。

（1）网卡

网卡的作用是将计算机接入到计算机网络。在信息时代的今天，网卡是必不可少的配件。目前比较时髦的网络接入用语 "光纤入户" "光纤到桌面"，使用户片面追求光纤入网，其实 RJ45 网络接口可以提供吉比特以内的传输速率，当吉比特不能胜任时需要升级到 10 吉比特时，才使用光纤接口，而且光纤网络主要应用在骨干网络。由于光纤模块价格比较高，主板普遍集成 RJ45 接口吉比特网卡，如果需要 10 吉比特网卡，则需要额外配置光纤接口的网卡。目前常见的网卡品牌有 Intel、TP-LINK、D-Link、3Com、欧林克、NETGEAR、联想、阿尔法、ECOM、水星、实达、神州数码、清华同方、长城等。

按传输介质来分有有线网卡、无线网卡，无线网卡常用 WIFI[①]信号传输，其传输速率有 11Mbit/s、54Mbit/s、600Mbit/s 等。有线网卡的传输速率有 10/100Mbit/s、10/100/1000Mbit/s、1000Mbit/s、10000Mbit/s 等。

按网卡的总线类型来分有 PCI、PCI-E、PCI-X、USB、PCMCIA 网卡等，网络接口类型有 RJ45 接口、光纤接口网卡等，如图 1-45 所示。

（2）声卡

声卡是计算机发声部件，如果没有声卡，计算机就会变得枯燥无声。目前计算机主板普遍都集成了声卡，而且有的主板则集成了高品质的声卡。声卡品牌有创新、华硕、乐之邦、节奏坦克、德国坦克、声擎等，按声道系统分有 2.1、5.1、7.1 等，其中的.1 表示重低音声道。声卡也有外置与内置之分，其总线接口有 PCI、PCI-E、USB 等，如图 1-46 所示。

衡量声卡音质高低除了声道系统对声场的还原程度外，还有采样频率和采样位数，频率和位数数值越大越好，声音文件也会随之越大。

---

① WIFI 的重要性能指标是传输标准，目前 WIFI 信号的传输标准有 IEEE802.11b(工作频段 2.4GHz,最大传输速率 11Mbit/s)、IEEE802.11a/g(工作频段 5GHz,最大传输速率 54Mbit/s)、IEEE802.11n(工作频段 2.4GHz 和 5GHz,最大传输速率 600Mb/s)，并划分为 14 个信道。例如 802.11b/g，工作频率范围 2.400～2.4835GHz（带宽 83.5MHz），划分 14 个信道，每个信道带宽 22MHz，常用信道 1（24.01～24.23MHz）、6（24.26～24.48MHz）、11（24.51～24.73MHz），它们之间不存在频率重叠，不会相互干扰。

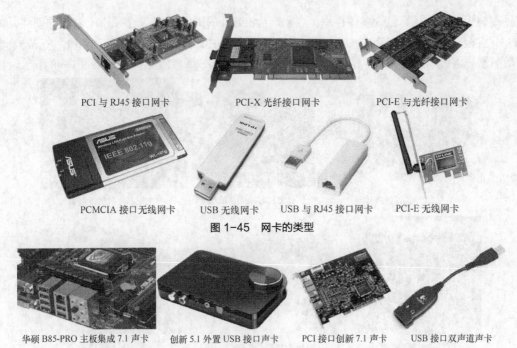

PCI 与 RJ45 接口网卡　　　　PCI-X 光纤接口网卡　　　　PCI-E 与光纤接口网卡

PCMCIA 接口无线网卡　　USB 无线网卡　　USB 与 RJ45 接口网卡　　PCI-E 无线网卡

图 1-45　网卡的类型

华硕 B85-PRO 主板集成 7.1 声卡　　创新 5.1 外置 USB 接口声卡　　PCI 接口创新 7.1 声卡　　USB 接口双声道声卡

图 1-46　声卡的类型

一般情况下，网卡与声卡都会被集成在主板上，无须进一步选购。发生另行购置的情况一般是因为集成的网卡、声卡损坏，或者无法满足使用者需求时，如集成在主板上的声卡是 2.1 声道系统，使用者对娱乐享受追求比较高，购置了一整套 7.1 声道系统的音响设备，此时就需要另行购置一个 7.1 声道系统的内置或外置声卡，以满足其使用要求。

6. 电源

电源为整台计算机主机提供动力的源泉，电源稳定性要求比较高，否则劣质电源在使用中容易造成计算机硬件的损坏。

电源品牌有游戏悍将、航嘉、先马、金河田、超频三、鑫谷、长城机电、大水牛、酷冷至尊等，如图 1-47 所示。电源的额定功率常见有 250W 以下、250W～300W、300W～350W、350W～400W、400W～600W、600W～800W、800W 以上等。

图 1-47　游戏悍将魔尊 GP550M

选购电源一般考虑电源品牌的口碑，然后根据主机内各种硬件的功耗指标估算整机的功耗，对于 CPU 双核心商务型主机一般在 300W 以上。如果计算机配置有高性能独立显卡，要求电源功率会更高，如七彩虹 iGame980-4GD5 显卡最大功耗300W，此时选购电源额定功率需要 600W 以上。

另外，电源所提供的电源接口类型及数量也需要考虑。从安全和环保的角度上挑选电源，电源是否有 3C 安全认证，有良好的保护功能，如过压保护 OVP、低电压保护 UVP、过电流保护 OCP、过功率保护 OPP、短路保护 SCP 等，以及 80PLUS 节能情况等。

7. 散热器

散热器用于快速散发硬件工作时产生的热量，使硬件温度维持在正常范围内，避免硬件因温度过高烧毁。而在计算机众多硬件里，容易产生高温的硬件往往是工作频率比较高的硬件，如 CPU、主板芯片组、显示卡 GPU、内存条芯片颗粒等，由此可以将散热器分为 CPU 散热器、电源散热器、主板芯片散热器、显示卡散热器、内存散热器、硬盘散热器等，如图 1-48 所示。

图 1-48　计算机常见散热器类型

散热器按散热方式可以分为风冷散热器、热管散热器和水冷散热器等，风冷散热器是最常见的散热器，一般由风扇、散热片组成；热管散热是目前较为流行散热方式，通过在热管（全封闭真空管）内的液体的蒸发与凝结来传导热量，其高导热性能使散热器体积大为减小，结合风冷提高散热效率。而水冷散热器则使用小型泵来使液体循环流动传导热量，当然水冷散热也可以结合风冷散热一体使用。

 散热器的品牌有九州风神、ID-COOLING、超频三、Tt、安钛克、酷冷至尊、安耐美、扎曼、游戏悍将、猫头鹰、海盗船等。散热器需要独立选购的主要是 CPU 散热器和硬盘散热器，其他散热器如主板芯片散热器、内存散热器等一般已经镶嵌在成品上，无须另外购买。

市面上有各式各样的散热器，形状大小不一，选购时需要注意在机箱安装的空间位置，以及在主板上的固定情况。安装时要注意在散热器底部与 CPU 顶部接触面使用导热硅脂或导热垫片，使散热器与硬件充分紧密接触，以便更好的传热，如图 1-49 所示。

图 1-49　散热器

8. 机箱

机箱是计算机主机的外壳，为计算机主机提供固定组装的功能。常见机箱品牌有超频三、游戏悍将、金河田、鑫谷、航嘉、蝙蝠侠、技展、先马、星宇泉、大水牛等。按大小和使用目的来分，机箱类型有台式电脑机箱、HTPC 机箱、服务器机箱等，台式计算机机箱按照大小又分为迷你（mini）、全塔、中塔、开放式，机箱结构有 ATX、MATX、ITX、EATX 等，机箱样式有立式、卧式、立卧两用式，台式计算机常用样式是立式。图 1-50 所示为酷冷至尊 RC-K600-KKN1 机箱，参数如表 1-11 所示。

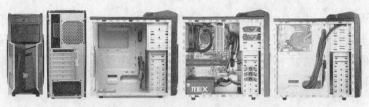

图 1-50 酷冷至尊 RC-K600-KKN1 机箱

表 1-11 酷冷至尊 RC-K600-KKN1 机箱参数

类别	具体参数
基本参数	机箱类型：台式机箱（中塔） 机箱样式：立式 机箱结构：ATX 适用主板：ATX 板型，MATX 板型 电源设计：下置电源 显卡限长：315mm CPU 散热器限高：155mm
扩展参数	5.25 英寸仓位：2 个 3.5 英寸仓位：7 个 2.5 英寸仓位：1 个 扩展插槽位：7 个 前置接口：USB3.0 接口×1，USB2.0 接口×1，耳机接口×1，麦克风接口×1
外观参数	机箱颜色：黑色 机箱材质：镀锌钢板 产品尺寸：490mm×220mm×462mm 产品重量：5.4kg

 机箱的品牌口碑比较重要，品牌有一定影响力的厂商的机箱质量上都不会很差，除非是假冒产品，当然价格也偏高一些。购置时我们首先考虑机箱的牢固可靠，空间布局设计要合理，预留硬件安装的空间是否够用，能否满足散热。然后考虑机箱的外观和前面板的配套接口。

项目小结

本项目进行了计算机硬件的选购和组装，对计算机内部硬件进行了活学活用的实战应用训练。围绕计算机内部硬件应用的必需的理论知识体系，详细介绍了冯·诺伊曼型计算机的硬件体系，及其各部分硬件知识，突出说明了各部分硬件之间协同工作的内在关系，特别是在"选购指南"中阐述了硬件的关键要点。根据计算机各部分硬件关键要点和它们之间的联系，并以此为指导，进行硬件的选购，使选购目的明确，有充分的挑选依据，并在选购的过程之中，能运用计算机硬件知识对硬件的性能进行比对。

项目的知识学习点学习内容比较详尽，也较为广泛，在教学上可根据专业的特色而有所取舍，并根据当前社会计算机硬件水平的发展有所补充或替代。本项目先后进行了两个实训操作，一个是硬件选购，另一个是硬件组装。基于实训条件的限制，可以计算机模拟组装仿真软件进行组装学习。

「项目三」认识与安装系统软件

有以下几个理由需要我们安装操作系统：第一是 DIY 组装完成的计算机是一台"裸机[①]"，需要安装操作系统才能正常使用；第二是计算机在正常运行时，由于硬件故障、病毒破坏或者人为因素等造成计算机操作系统需要重装；第三是计算机运行时间越长、软件的不断安装卸载，系统文件不断变大，磁盘碎片增多，计算机运行效率不断降低，垃圾清理软件也无能为力时，真想重新安装操作系统，回归一个干净的状态。还有，在市场上购买的计算机虽然预装了操作系统，但操作系统的类型或者它的预装，都不是按用户定制的，重新安装操作系统也势在必行。

安装操作系统是一种常见事务，因此了解系统软件，DIY 动手安装操作系统是我们需要学习的一种基本技能。

我们将在「项目 2」的基础上安装 Microsoft Windows 7 操作系统。

项目实训

目前常见的操作系统安装方式有两种：一种是使用 Ghost 软件以分区恢复的方式，利用事先准备好的 gho 文件，恢复到硬盘分区完成系统安装；另一种是使用操作系统安装光盘启动安装程序进行逐步安装。

虽然第一种方法效率最高，但所采用的安装源是不可预料的。我们实训第二种方法，这也是传统的安装方法。但考虑到目前光驱已经不是计算机的必配硬件，而普遍使用 U 盘，因此我们需要使用 U 盘启动简化版的 Windows（俗称 WinPE[②]，目前对应不同的 Windows 版本而有不同的 WinPE 版本），运行虚拟光驱软件将操作系统的 iso（磁盘镜像文件）装载为光驱，并使用安装程序完成系统安装，这是安装 Windows 原版的另一种方法。如果光驱进行安装则可以省去上述烦琐的步骤。

1. 安装环境

硬件系统：计算机裸机一台，没有光驱。

系统软件：Microsoft Windows 7 专业版安装 iso 文件。

2. 系统安装

（1）启动安装程序

首先设置计算机 U 盘启动优先。将上述系统软件复制到一个有启动功能的 U 盘（U 盘启动盘），把 U 盘插入到硬件系统安装良好的计算机的 USB 接口，打开计算机电源，通过【F1】

---

① "裸机"是指没有安装操作系统的计算机。

② Windows Preinstallation Environment（Windows PE），Windows 预安装环境，是带有有限服务的最小 Win32 子系统，基于以保护模式运行的 Windows XP Professional 及以上内核。它包括运行 Windows 安装程序及脚本、连接网络共享、自动化基本过程以及执行硬件验证所需的最小功能。在微软的批准下，其他软件公司可附上自己的软件于 WinPE，令启动电脑时候运行有关的程序。这些软件通常是系统维护，在电脑不能正常运作的情况下，可运用有关的系统维护软件修复电脑。Windows PE 含有 Windows 98、Windows 2000、Windows XP、Windows server 2003、Windows Vista、Windows 7、Windows 8、Windows 10 的 PE 内核。（来源百度百科）

或【Delete】键进入 BIOS 设置界面，设置 U 盘优先启动，设置完成后按【F10】键保存并退出 BIOS 设置，系统自动重启计算机，如图 1-51 所示，不同的主板 BIOS 设置方法也不同。

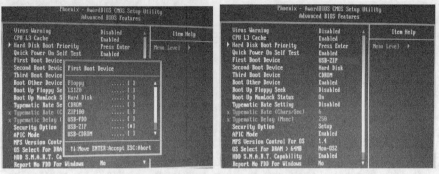

图 1-51　设置计算机 U 盘优先启动

上述是通过 BIOS 设置 U 盘优先启动的一般方法，目前很多计算机都支持在启动时通过按【F12】或【Esc】键打开引导设备选择界面，如图 1-52 所示，并在此界面选择 U 盘后按回车键进行启动。

图 1-52　引导设备选择界面

启动计算机进入 U 盘的引导界面，如图 1-53 所示，继续启动 Win8PE。进入 Win8PE 桌面后，打开 U 盘可以看到所准备的系统软件：windows_7_professional_x86.iso（Windows 7 的 iso 文件）和 Win7Mgr 文件夹（iso 包的解压文件）、LenovoDM_Setup.exe（联想电脑驱动安装文件）。

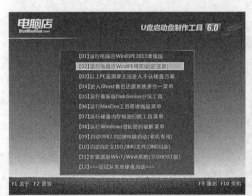

图 1-53　U 盘启动界面和 U 盘准备的系统软件

安装 Windows 7 原版有两种方法：其一使用虚拟光驱挂载 iso 文件运行安装程序 setup.exe 进行安装，如图 1-54 所示；其二使用 WinPE 的 Windows 安装器进行安装，如图 1-55 所示，但需要先对硬盘进行分区（详见项目小结），然后再安装系统。

图 1-54　使用虚拟光驱挂载 iso 文件安装

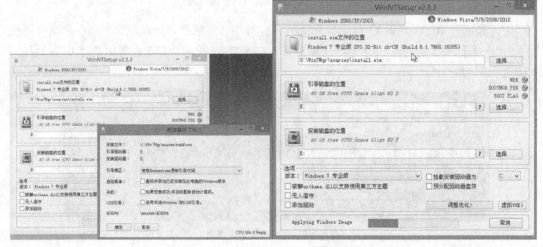

图 1-55　使用 Windows 安装器安装

我们使用虚拟光驱挂载 iso 文件进行安装。在图 1-54 中双击运行 setup.exe，启动 Windows 安装程序，进入语言、时区和键盘选项，单击"下一步"按钮进入安装界面，单击"现在安装"启动 Windows 安装，如图 1-56 所示。

图 1-56　Windows 7 安装程序

（2）许可协议

进入 Windows 安装，首先显示许可协议，点选"我接受许可条款"，单击"下一步"按钮进入安装类型选择，点选"自定义（高级）"进入全新安装，如图 1-57 所示。

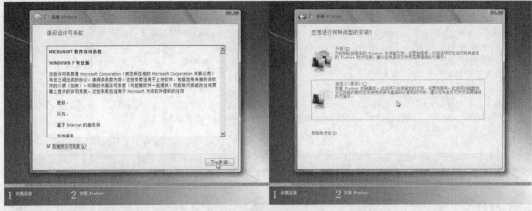

图 1-57　Windows 7 安装协议与安装类型

（3）创建分区

在当前 250GB 的硬盘上进行 Windows 7 安装，推荐系统分区容量为 100～150GB，剩余容量平均分 3 个分区。

在 Windows 安装位置选择界面选中磁盘 0，单击"驱动器选项（高级）"链接，打开驱动器高级选项，在这里可以进行分区"新建""删除"和"格式化"等操作，如图 1-58 所示。

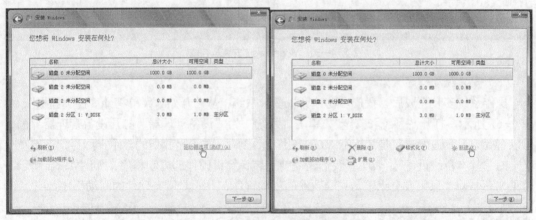

图 1-58　Windows 7 驱动器高级选项

单击"新建"，在"大小"对应的文本框中输入 102400MB（100GB），单击"应用"按钮即完成分区的新建操作，如图 1-59 所示。此时系统会自动产生 100MB 的系统保留分区存放启动 Windows 7 的引导文件。由于分区总数超过 4 个，剩余分区将搁置到系统安装完成后再进行划分。选中磁盘 0 分区 2，单击"下一步"按钮进入安装，如图 1-59 右图所示。

（4）安装 Windows 7

Windows 7 安装经历"复制 Windows 文件""展开 Windows 文件""安装功能""安装更新"4 个安装内容，安装完成后所有的安装文件都转移到 C 盘，尽管以后需要增添某些 Windows 功能也不需要插入光盘了。安装完成后重启计算机，并要求用户创建一个普通用户账号用于日常登录并使用计算机系统，如图 1-60 所示。

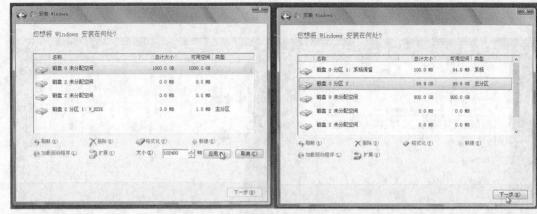

图 1-59　Windows 7 驱动器分区过程

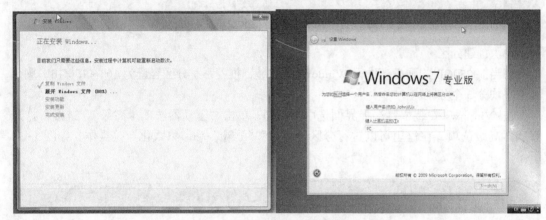

图 1-60　Windows7 安装至完成

（5）安装驱动程序

操作系统安装完成后，我们启动计算机登录系统，从"开始"菜单打开"控制面板"，如图 1-61 所示，打开"系统和安全"，单击"系统"的"设备管理器"打开设备管理器界面，可以看到"显示适配器"是"标准 VGA 图形适配器"，并不是我们的显示卡型号，还有黄色叹号的"基本系统设备"，表明了我们还需要安装计算机硬件的驱动程序，如图 1-62 所示。可见 Windows 7 只集成有比较常见的硬件的驱动程序，并不是所有硬件的驱动程序都有。

图 1-61　Windows 7 打开"控制面板"

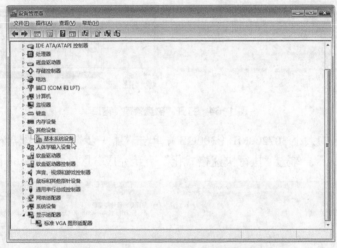

图 1-62　Windows 7 打开"设备管理器"

　　插入主板驱动程序光盘，安装光盘附带的硬件驱动程序，按照主板集成化程度，一般有主板芯片组驱动程序、显示卡驱动程序、声卡驱动、网卡驱动等。如果计算机配置了独立的显示卡，一般在安装主板驱动程序之后，重启计算机再进行安装，当必要的驱动程序安装完成之后，设备管理器界面查询到的所有硬件都正常运作，如图 1-63 左图所示。

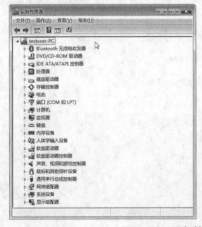

图 1-63　设备管理器驱动程序更新

一般来说，不需要安装所有的驱动程序，在安装之前可以打开"设备管理器"进行查询，对没有安装好驱动程序的硬件进行"更新驱动程序软件"，如图1-63右图所示。

（6）剩余磁盘分区

在"控制面板"|"系统和安全"找到"管理工具"，单击"创建并格式化硬盘分区"，打开"磁盘管理"窗口，如图1-64所示。右键单击磁盘0的"900GB未分配区块"，点选"新建简单卷"进行新的分区。

图1-64 打开"磁盘管理"窗口

接着填写分区的大小307200MB（300GB），单击"下一步"按钮分配盘符"F"，"下一步"可以填写卷标"data"，勾选"执行快速格式化"直至完成分区，如图1-65所示。

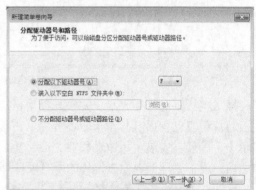

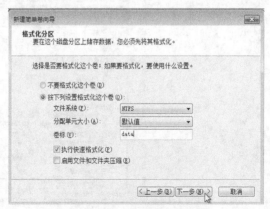

图1-65 磁盘管理分区过程

按同样的方法，继续创建剩余分区，最后分区结果如图 1-66 所示。

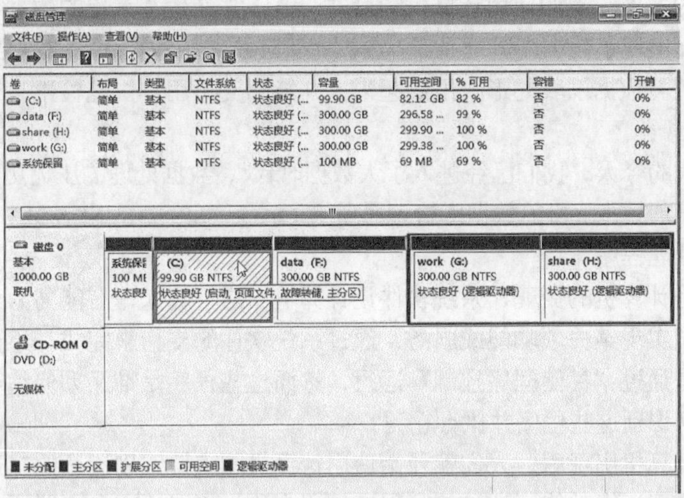

图 1-66　完成磁盘 0 所有分区

知识点介绍

1. 软件系统

经过对微型计算机硬件系统的学习，我们已经对微型计算机硬件有一定的认识，也从实训中完成了微型计算机硬件系统的组装，但此时的计算机还不能正常运作，要让计算机运作起来还需要安装软件系统。

软件系统是计算机系统的重要组成部分，微型计算机软件系统分为两大类，一类是系统软件，另一类是应用软件。

2. 系统软件

系统软件介于计算机硬件与应用软件之间，是软件系统的底层软件，对计算机和连接在计算机上的外部设备进行管理、监控，以及负责对安装在计算机的各类应用软件进行解释和运行的软件。微型计算机系统如图 1-67 所示。

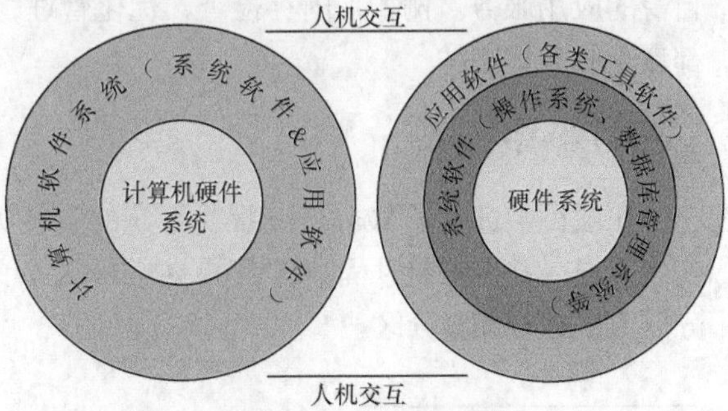

基于系统软件的地位与作用，系统软件一般包含了操作系统、各种语言处理程序、数据库管理系统和各种服务管理程序等。

（1）操作系统

操作系统是最底层的系统软件，负责对硬件资源的管理和调用，为各类应用软件提供硬件资源调用接口，对计算机硬件

图 1-67　微型计算机系统

的管理有存储管理、处理器管理、设备管理、文件管理和进程管理，应用软件位于操作系统的外层调用系统资源的用户程序。

目前微型计算机的操作系统有 Windows、Linux 和 MAC 三大阵营操作系统，由于这些操作系统对硬件资源的管理和调用方式都不一样，使基于这些操作系统之上的应用软件都不能直接移植使用，就连 Windows 系列的 32 位与 64 位操作系统也有区别，某些基于 64 位操作系统开发的软件也不能使用在 32 位的操作系统上，需要软件厂商针对不同的操作系统进行应用软件的开发。

（2）数据库管理系统

随着社会的发展，人们使用计算机的日益广泛，并产生了大量的数据，要求计算机能处理大量的数据而出现了数据库管理系统。数据库管理系统由数据库和管理数据库的软件构成，数据库管理系统将数据以表的形式组织起来，并能够支持用户快速检索，更方便、迅速地处理数据。

在信息时代的今天，我们已经进入了大数据时代[①]，数据处理的压力更加沉重，更需要性能更好的数据管理技术。目前数据库管理系统有 Oracle、MSSQI、MySQL、Access、Sybase 等。

（3）语言处理程序

软件系统是计算机的灵魂，系统软件让计算机"活"起来，有能力为外界提供服务，而应用软件则为了实现某一项功能或服务，通过系统软件的支持来完成。不论是系统软件还是应用软件，都是通过"存储程序控制"运行，然而这些程序是谁又如何编写完成的呢？而且计算机又是如何识别这些程序并执行它呢？

在第一台计算机出现后，人们就开始使用计算机能直接识别运行的二进制代码来编写程序，让计算机实现运算功能，这种编写程序的语言称为机器语言，机器语言程序编写难度很大，后来人们利用助记符代替机器语言，而出现了汇编语言，编写的程序由编译系统翻译成二进制代码交给计算机执行，极大地提高了程序编写效率，但汇编语言编写的程序移植性差，而且计算机应用的日益广泛，需要计算机完成更加复杂的任务，汇编语言已经不能胜任日益繁重的编程任务，后来出现了高级编程语言，如 VB、Java、C++、C#等，高级语言与计算机硬件无关，通用性和可移植性好，而且语言的表达方式接近于人描述问题的方式，简化了程序的编写和调试，使编程效率得到大幅度的提高。

语言处理程序就是把汇编语言或高级语言编写的程序，解释成计算机硬件可以直接处理的机器语言，存放于计算机内存中，供计算机系统执行。因此每一种编程语言都有其语言处理程序，负责解释该编程语言编写的程序。

（4）服务管理程序

服务程序有编辑程序、计算机硬件初始化程序和测试排错程序等，主要用于计算机设备自身的应用服务。例如，内存检查，优化管理，磁盘格式化、查错，光盘写入，网络连接等都属于服务程序。

项目小结

在项目中进行了 Windows 操作系统的安装实训，安装方法采用了目前比较实用的无光盘安装方式，并在安装过程中认识了 Windows 7 的安装，学习了磁盘分区，我们使用了 MBR分区方案进行硬盘分区。

---

① 大数据到底有多大？一组名为"互联网上一天"的数据告诉我们，一天之中，互联网产生的全部内容可以刻满 1.68 亿张 DVD；发出的邮件有 2940 亿封之多（相当于美国两年的纸质信件数量）；发出的社区帖子达 200 万个（相当于《时代》杂志 770 年的文字量）；卖出的手机为 37.8 万台，高于全球每天出生的婴儿数量 37.1 万。

截至 2012 年，数据量已经从 TB（1024GB=1TB）级别跃升到 PB（1024TB=1PB）、EB（1024PB=1EB）乃至 ZB（1024EB=1ZB）级别。国际数据公司（IDC）的研究结果表明，2008 年全球产生的数据量为 0.49ZB，2009 年的数据量为 0.8ZB，2010 年增长为 1.2ZB，2011 年的数量更是高达 1.82ZB，相当于全球每人产生 200GB 以上的数据。而到 2012 年为止，人类生产的所有印刷材料的数据量是 200PB，全人类历史上说过的所有话的数据量大约是 5EB。IBM 的研究称，整个人类文明所获得的全部数据中，有 90%是过去两年内产生的。而到了 2020 年，全世界所产生的数据规模将达到今天的 44 倍。（大数据时代下的大数据到底有多大？中国大数据 [引用日期 2014-05-09]）

安装操作系统的首要任务是启动 Windows 安装程序，因此掌握必要的如何设置计算机启动顺序，或者在计算机启动时选择启动设备也是非常必要的。而且在实际应用中，各类品牌的计算机由于使用 BIOS 芯片不一样，设置方法会有一些相异，但基本方法是相通的，通过本项目的实训，给大家抛砖引玉，继续巩固并加深学习。

目前硬盘的分区方案主要有两种，一种是 MBR（Master Boot Record）分区表分区方案，支持硬盘容量在 2TB 以内，主分区数量不能超过 4 个，如果需要分 5 个（及以上）分区，则需要使用扩展分区来进一步划分逻辑分区的形式来实现，如图 1-68 所示，系统保留分区和 C、D 分区是主分区，E、G 分区是逻辑分区，因为 E、G 分区是由扩展分区所包含的。

另一种是 GUID（Globally Unique Identifier）分区表（GUID Partition Table，GPT）分区方案，能支持目前市面上任何一块硬盘，但并不是所有的操作系统都能安装在 GUID 分区里，如 Windows XP 的 32 位操作系统则不能在 GUID 分区里启动，而且 Windows 7 和 Windows 8 安装在 GUID 分区时，启动需要 EFI[①]的支持。

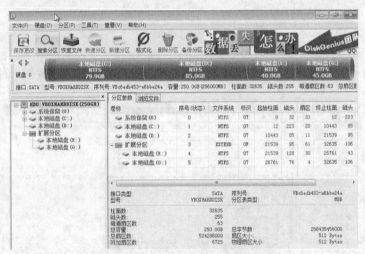

图 1-68　MBR 分区方案的硬盘分区示例

「项目四」认识与安装应用软件

由于操作系统附带的应用软件比较少，计算机安装完成操作系统之后，还不能满足人们的工作、学习和娱乐的需要，还需要安装一些办公常用工具软件，如文件压缩与解压缩软件、Office 办公套件、平面设计软件、防病毒软件、上网冲浪防护软件。而且根据专业岗位工作和专业学习需要，还需要安装使用专业的应用软件，如会计审计行业的计算机需要安装会计审计软件、发票系统等，而 C#开发的计算机需要安装开发环境，如 Visual Studio、Microsoft SQL 等。

在本项目我们继续打造一台商务办公平面设计计算机，需要安装基本的办公软件和设计软件，打造一台比较安全可靠的计算机系统。

---

① EFI：Extensible Firmware Interface（统一可扩展固件接口），一组应用于计算机硬件和软件间的固件接口协议。它是一种个人计算机系统规格，用来定义操作系统与系统韧体（固件）的软件界面，为替代 BIOS 的升级方案。可扩展固件接口负责加电自检（POST）、连系操作系统以及提供连接操作系统与硬件的接口。（维基百科 http:// http://zh.wikipedia.org）

项目实训

为了打造一台通用型的商务办公平面设计计算机，需要安装通用的常用办公软件，如压缩与解压缩软件 WinRAR、办公软件微软 Office、多媒体软件 Adobe Photoshop、CorelDRAW 和暴风影音，互联网应用软件 Internet Explorer 已经集成在 Windows 操作系统上，无须再进行安装。

1. 准备软件

通过软件零售店购买相应的软件，或者通过互联网登录官网注册下载，在此我们介绍网上下载资源：

WinRAR：http://www.win-rar.com

微软 Office：http://www.microsoftstore.com.cn

Adobe Photoshop：http://www.adobe.com

CorelDRAW：http://www.corel.com/cn

暴风影音：http://www.baofeng.com

瑞星杀毒和防火墙软件：http://www.rising.com.cn

安装软件准备完成后，如图 1-69 所示，其中 Photoshop 安装文件是压缩包文件，图标还不可识别。Office 安装文件是 iso 文件，图标是光盘，这些文件都需要解压后再进行安装。

图 1-69　准备安装的应用软件

2. 安装软件

（1）安装 WinRAR

用鼠标左键双击打开"wrar521sc.exe"，运行 WinRAR 的安装程序，单击"安装"按钮进入下一步，单击"下一步"按钮进入安装选项设置，选择"关联文件""界面"等，单击"确定"按钮直至完成安装。安装过程如图 1-70 所示。

（2）安装微软 Office

用鼠标右键单击"MicrosoftOffice2010.iso"，执行"解压到 MicrosoftOffice2010\"，打开"MicrosoftOffice2010"文件夹，双击运行"cn_office_standard_2010_x86.exe"，执行 Office 的安装程序解压缩文件，随后进入密钥验证，填写产品密钥并自动验证，验证成功后单击"继续"按钮进入软件许可证条款界面，接受协议条款方可继续安装。选择安装类型，采用"自定义"安装，设置"安装选项"选择组件，如 Excel、PowerPoint、Word、Outlook 和 Office 工具等，以及设置"文件位置""用户信息"等，单击"立即安装"按钮直至安装完成。微软 Office 安装成功后能在"开始"菜单找到"Microsoft Office"程序组。Office 的完整安装过程如图 1-71 所示。

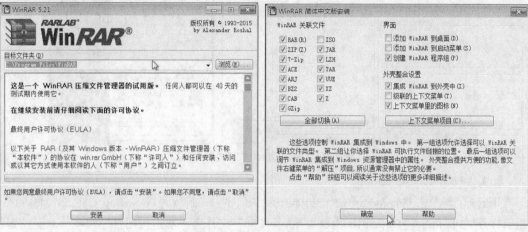

图 1-70　WinRAR 安装过程

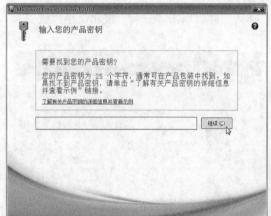

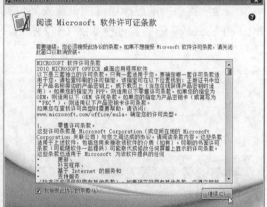

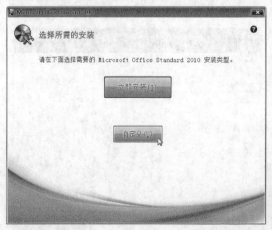

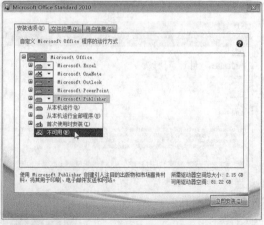

图 1-71　微软 Office 安装过程

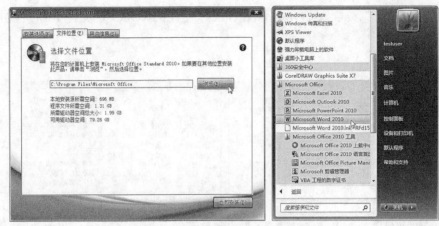

图 1-71　微软 Office 安装过程（续）

（3）安装 Adobe Photoshop

用鼠标右键单击"Photoshop_CS6.3510481888.7z"，选择"解压到 Photoshop_CS6. 3510481888"，逐层打开"Photoshop_CS6.3510481888/Adobe CS6"文件夹，双击应用程序"setup.exe"启动 Photoshop 的安装程序，进入欢迎界面，单击"安装"，接受许可协议后输入序列号，此时如果没有序列号可以单击"试用"，试用安装需要使用 AdobeID 进行在线登录才能继续安装。进入安装选项界面可以选择语言和设置安装位置，确认无误后单击"安装"按钮直至完成安装。Adobe Photoshop 的安装过程如图 1-72 所示。

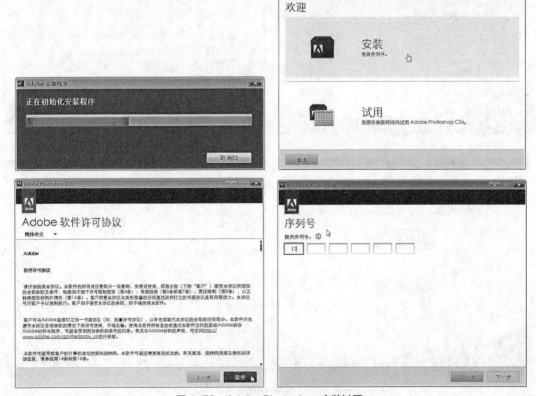

图 1-72　Adobe Photoshop 安装过程

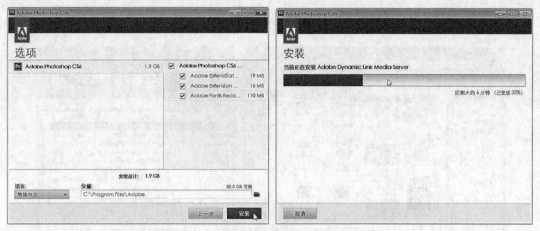

图 1-72　Adobe Photoshop 安装过程（续）

（4）安装 CorelDRAW 等软件

CorelDRAW 的安装文件 "CorelDRAWGraphicsSuiteX7Installer_CS32Bit.exe" 的安装条件是 Microsoft.NET Framework 4.5，因此安装之前可以先下载安装.NET Framew4.5，然后再安装 CorelDRAW，或者在安装 CorelDRAW 时在线下载安装，如图 1-73 所示。而暴风影音、瑞星杀毒和防火墙软件的安装文件分别是 "Baofeng5-5.49.0528.exe" "ravv16std.exe" 和 "rfwfv16.exe"。双击鼠标左键执行安装程序，依照向导提示完成安装。

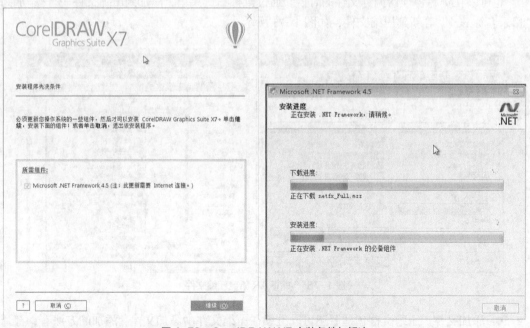

图 1-73　CorelDRAW X7 安装条件与解决

3. 体验软件

安装完成后，打开资源管理器浏览到 "G:\testfiles"，可以看到除了 testfile 文件外，其他文件都以代表文件类型的图标显示或缩略显示。接下来让我们对 WinRAR 和防病毒软件进行体验。

（1）WinRAR

● 新建压缩文件。展开"开始"菜单→"所有程序"，在 WinRAR 程序组找到"WinRAR"，

单击 "WinRAR" 即可启动 WinRAR, 浏览到 "G:\testfiles", 如图 1-74 所示。

图 1-74 运行 WinRAR 压缩与解压缩软件

单击 "添加", 即可将 "G:\testfiles" 文件夹打包并压缩成一个压缩文件, 常用的压缩文件类型可以是 RAR、RAR5、ZIP, 压缩方式有标准、最好、最快等, 可以分卷压缩, 可以设置 "压缩后删除源文件""创建自解压格式压缩文件", 并可以为压缩文件 "设置密码" 等, 如图 1-75 所示。

也可以在资源管理器浏览文件的时候, 通过鼠标右键菜单 "添加到压缩文件…""添加到 '目录名称.rar'" 等新建压缩文件, 如图 1-75 所示。

图 1-75 WinRAR 新建压缩文件

- 添加文件。压缩文件创建后还可以继续往压缩文件中添加文件, 添加的方法有: 打开现有的压缩文件, 单击 "添加" 按钮, 浏览并选择要添加的文件, 或者在浏览文件时选定要添加的文件, 通过鼠标拖曳到压缩文件, 如图 1-76 所示。
- 解压文件。根据操作的方式不同, 解压的方式也有所不同。打开压缩文件, 单击 "解压到", 弹出 "解压路径和选项" 对话框, 通过设定后单击 "确定" 按钮进行解压。或者在资源管理窗口使用鼠标右键菜单 "解压文件…""解压到当前文件夹""解压到目录名\" 进行解压, 如图 1-77 所示。

图 1-76　添加文件到 WinRAR 压缩文件

图 1-77　WinRAR 解压压缩文件

（2）体验防病毒软件

通过快捷方式打开杀毒软件，如图 1-78 所示。在"病毒查杀"页，提供了"全盘扫描""快速扫描""自定义扫描"3 个查杀方式，在"查杀设置"里可以进行开机自动运行等的常规设置，扫描发现病毒时手动处理等的扫描设置，以及实时监控的级别等。

图 1-78　杀毒软件病毒查杀设置

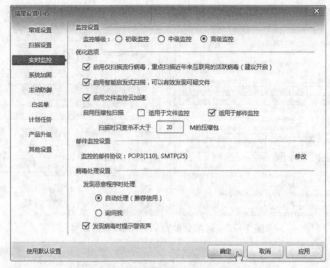

图 1-78　杀毒软件病毒查杀设置（续）

　　在"电脑防护"页可以查看到目前的防护状态。在"电脑优化"页可以查看到系统目前的可优化项，用户可以有选择地进行优化处理，如图 1-79 所示。

图 1-79　杀毒软件防护与优化设置

知识点介绍

应用软件是在操作系统平台之上安装的工具型软件，一般是为了某种应用而编写的软件，如压缩与解压缩软件、办公软件、互联网应用软件、多媒体软件、辅助设计软件和行业软件等。应用软件对平台的依赖性较大。虽然开发时兼顾了不同类型的操作系统，但在软件安装时，安装程序通常会针对当前使用的操作系统进行智能安装，安装后不能直接复制到其他系统上运行，需要重新安装。

1. 压缩与解压缩软件

使用压缩与解压缩软件对文件打包、压缩，节省存储空间以便携带、传输，是文件整理应用最为广泛的一类工具软件。常用的压缩与解压缩软件有 WinRAR、WinZip、7-Zip、360压缩等，如图 1-80 所示。

图 1-80　部分压缩与解压缩软件

2. 办公软件

办公软件通常是指人们日常办公所需要的文书处理工具软件，包括微软 Office、金山 Office、永中 Office、红旗 RedOffice 等 Office 办公套件。而对于会计人员常用的金碟、用友通等财务软件，平面设计师常用的 Photoshop、CorleDRAW、AI 等设计软件，网络管理师常用的等网络监控、检测软件等，由于软件的应用领域和软件特点，我们将其归类到多媒体软件和行业软件。表 1-12 所示为 Microsoft Office 全部产品分类。

表 1-12　Microsoft Office 全部产品分类

	Office 家庭和学生版 2013	Office 小型企业版 2013	Office 365 个人版	Office 365 家庭版
安装数量	1 台 PC	1 台 PC	1 台 PC 或 Mac 以及 1 台平板电脑	5 台 PC 或 Mac 以及 5 台平板电脑
Word	✓	✓	✓	✓
Excel	✓	✓	✓	✓
Powerpoint	✓	✓	✓	✓
OneNote	✓	✓	✓	✓
Outlook			✓	✓
Access			✓	✓
Publisher			✓	✓

3. 互联网应用软件

互联网应用软件主要有网页浏览器、下载工具、实时通信软件、电子邮件客户端等与网络应用密切相关的应用软件。其中主流网页浏览器主要有微软的 Internet Explorer、火狐 Mozilla Firefox、Google Chrome、opera，还有国内的 360 安全浏览器、傲游浏览器、搜狗高速浏览器、猎豹浏览器和 QQ 浏览器等，如图 1-81 所示。

| Internet Explorer 浏览器 | Mozilla Firefox 浏览器 | Google Chrome 浏览器 | Opera 浏览器 | 360 安全浏览器 | QQ 浏览器 |

图 1-81　部分浏览器的商标

4. 多媒体软件

多媒体软件包含了使用计算机进行辅助设计的视频、音频、动画和图像编辑制作与播放软件。其中，影片剪辑软件有"会声会影""视频编辑专家"等，音频编辑软件有"Adobe Audition""混录天王"等，图像编辑设计软件有"Adobe Photoshop""Autodesk AutoCAD""CorelDRAW""美图秀秀"等，动画制作软件有"Adobe Flash""3D Studio Max""Autodesk Maya"等，视频播放软件有"暴风影音""迅雷看看""QuickTime"等，音频播放软件有"Winmap""酷狗音乐""百度音乐""咪咕音乐"等。

5. 安全防护软件

信息时代的人们工作、学习和娱乐都离不开互联网，计算机都接入到互联网使用，因此安装必要的安全防护软件是非常必要的。大家较为熟悉的安全防护软件有诺顿、卡巴斯基、微软 MSE、江民、瑞星、金山毒霸、360 等，如图 1-82 所示。目前瑞星、金山毒霸、360 等厂商都提供了免费下载使用，大量的推广了这类安全防护软件的使用。

图 1-82　部分安全防护软件

目前很多安全防护软件厂商都推出了安全小助手和手机应用，增加了大量的辅助功能，如 360 安全卫士的"系统修复""电脑清理""优化加速"等，如图 1-83 所示，使人们更易于安全使用计算机，上网更能得到保障。

6. 行业软件

各种行业为了实现办公自动化、信息化而设计使用具有行业特色的软件。例如，会计行业的用友财务软件、金碟财务软件，学校的学籍管理系统、信息化管理系统，以及目前考试常用的 ATA 在线考试平台等。

图 1-83　360 安全卫士

项目小结

　　通过本项目，首先训练了如何获得应用软件的安装程序，我们可以通过搜索引擎查找需要的应用软件，例如在 http://www.baidu.com 以关键词"WinRAR"搜索软件，搜索结果如图 1-84 所示，我们尽可能的通过口碑比较好的大站下载，如 baidu.com、winrar.com.cn、pconline.com.cn 等。

图 1-84　通过搜索引擎获得软件信息

　　由于互联网上获取的软件信息纷繁复杂，下载应用程序需要小心，以免下载了恶意程序。所以在下载软件时，也要注意甄别真正的下载地址，不要盲目下载。如图 1-85 所示，共有 4 个下载提示。

　　其次是训练了软件的安装及运行。在软件的安装介绍中，文中介绍了注册软件的正常安装过程，而不是网上所谓破解软件的安装。软件安装时要非常注意，有些被修改的软件会植入了一些附加程序，如果用户安装时稍不留意就会连带安装了。安装时看清楚安装界面，去除副程序的安装复选框进行安装，如图 1-86 所示。

图 1-85　甄别软件的下载地址

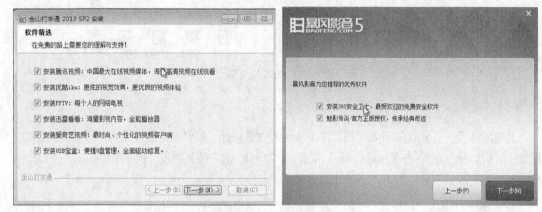

图 1-86　软件捆绑安装情况

　　最后对软件的使用进行了个别的介绍，在实训时间许可的情况下，可以加大这部分内容的训练。

「项目五」文字录入

　　使用计算机输入中英文字符，是持续使用计算机的首要任务。利用计算机完成信息化办公、与人在线交流等，都必不可少的需要输入文字。如何利用计算机进行文字录入？如何提高打字速度？在本项目里学习正确的打字方法，用合适的输入法录入文字。

项目实训

1.安装并设置输入法

　　安装合适的输入法，如搜狗拼音、万能五笔等，必要时可以使用"文本服务和输入语言"对话框设置输入法的快捷键，删除冗余的输入法。例如，只保留"搜狗拼音输入法"，并设置该输入法快捷键为【Ctrl+Shift+0】，如图 1-87 所示，建议保留默认输入语言是"中文（简体）-美式键盘"。

2.端正打字姿势，进行指法训练

　　安装并使用"金山打字通"软件，学习或纠正打字姿势，直至姿势正确。"金山打字通"有"新手入门""英文打字""拼音打字"和"五笔打字"四个训练模块，为学习者提供大量的打字训练内容，如图 1-88 所示。

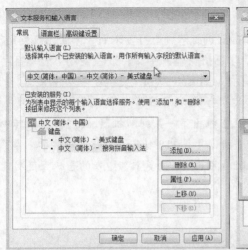
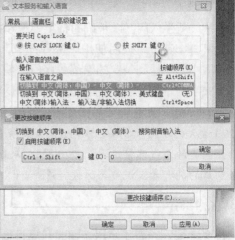

图 1-87　搜狗拼音输入法设置

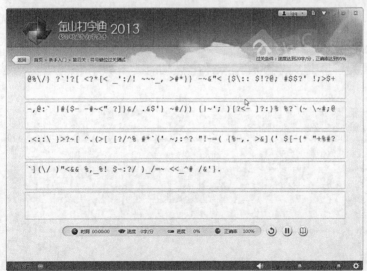

图 1-88　金山打字通训练章节

模块一　计算机基础

3. 文字录入

当使用"新手入门"以正确的打字姿势和指法训练达到盲打要求后，再使用"英文打字"巩固并提高打字速度，最后使用"拼音打字"学习拼音输入中文，或者使用"五笔打字"学习五笔输入中文。达到一定的熟练程序后，使用 Microsoft Word 文字处理软件录入。例如，录入以下文字与符号，录入完毕，保存为"D:\学号+姓名.doc"（D:\01 张澜.doc）。

⊡在〖CeBit〗大展就要来临之际，【诺基亚】推出了一系列新机器，6220 成了其中的主角。6220 最大的不同于提供了『EDGE』技术支持，具备 118.4Kbps 的数据传输率，为了充分利用如此快速的无线连接速率，6220 提供 Wap2.0 XHTML 浏览器。增强的手机互连功能能够让这个电话的拥有者交流更为方便。▧

知识点介绍

进行文字录入，需要使用必要的计算机输入设备，常用的有键盘和鼠标。打开文字录入平台，如文字编辑器、在线聊天软件等，调用输入法，通过在键盘上敲打字母键组合即可实现文字录入。接下来先让我们熟悉这些设备和软件的使用。

1. 键盘布局

目前使用比较多的仍是 101、102 或 104 键盘。图 1-89 所示为 104 键盘常见的布局，它比 101 键盘多了 3 个 Windows 系统操作键，键盘主要分为 4 个键区：主键区、编辑键区（控制键区）、功能键区、小键盘区（数字键区）。在以下的说明中，我们使用了"光标"一词，在文字编辑时，光标将指示出我们当前编辑的位置，它以闪烁的"Ⅰ"显示出来。

图 1-89　104 键盘布局

（1）主键区

主键区主要是字母键、数字与符号键和一些功能键，如图 1-90 所示，按键功能描述如表 1-13 所示。

图 1-90　104 键盘主键区

表 1-13　104 键盘主键区按键功能描述

序号	按键	功能描述
1	字母键	可录入 26 个英文大小写字母（A～Z 和 a～z）。一般状态下录入的字符是小写字母，在激活【CapsLock】时敲打字母键，或按下【Shift】键不松手再加按字母键时，可以录入大写字母
2	数字与符号键	可录入数字 0～9 和各类符号字符，如 "！、@、#、$、￥" 等，分上下两挡字符，需要结合【Shift】按键录入所需字符，例如，在英文字符录入状态下，敲打录入英文字符 "，"，按下【Shift】键不松手，再敲打录入英文字符 "<"；在中文字符录入状态下，敲打录入中文字符 "，"，按下【Shift】键不松手，再敲打录入中文字符 "《"
3	功能键	【Tab】制表键：录入制表符 【CapsLock】大写字母锁定键：当其处于激活状态时，Caps 状态指示灯亮 【Shift】换挡键：常用于组合键，用于录入双字符按键的上挡字符 【Ctrl】、【Alt】控制键和转换键：常用于组合键 【Backspace】退格键：使光标往前移动，并删除字符 【Enter】回车键：录入回车控制字符 空格键：录入空格字符 Windows 操作键：展开开始菜单 Windows 操作键：相当于鼠标右键

（2）编辑键区

表 1-14 所示为 104 键盘编辑键区按键功能描述。

表 1-14　104 键盘编辑键区按键功能描述

序号	按键	功能描述
1	Insert	插入键，在一些文字编辑软件支持下，如 Excel、Word 等，通过按【Insert】键改变编辑状态为 插入 状态和 改写 状态
2	Delete	删除键，按该键会删除光标位置之后的字符，使被删字符后面的字符则随之前移
3	Home	按该键会将光标定位于当前行的开头位置，按【Ctrl+Home】组合键将光标定位于文章开头位置，如果与【Shift】键结合则会在光标移动的同时选择文本
4	End	按该键会将光标定位于当前行的末尾位置，按【Ctrl+End】组合键将光标定位于文章结束位置，如果与【Shift】键结合则会在光标移动的同时选择文本
5	Page Up	向上翻页键，按该键会使屏幕显示上一页的内容，光标也随之前移一页
6	Page Down	向下翻页键，按该键会使屏幕显示下一页的内容，光标也随之后移一页

序号	按键	功能描述
7	↑ → ↓ ←	方向键，按不同的方向键可以使光标往不同的方向移到一个字符或一行的位置

（3）功能键区

表 1-15 所示为 104 键盘功能键区按键功能描述。

表 1-15　104 键盘功能键区按键功能描述

序号	按键	功能描述
1	ESC	退出键，一般被定义为取消当前操作使用，通过该按键取消当前应用程序的进一步执行
2	F1 F12	【F1】至【F12】为操作系统或应用经常定义的功能按键，如按【F1】键可以打开帮助
3	PrtSc SysRq	屏幕打印按键，按该键可以将屏幕显示的内容输出到打印机或截取到剪贴板上，以便粘贴使用。如果使用组合键【Alt+PrtSc】则截取活动窗口
4	Scroll Lock	屏幕滚动显示锁定键，按该键可以暂停屏幕的滚动显示
5	Pause Break	中断键，在程序执行时按该键会使程序运行暂停，直到按键盘任意键则继续。如果使用组合键【Ctrl+PauseBreak】可以中断程序的运行

（4）小键盘区

小键盘区位于键盘的右侧，兼有数字键、运算符号键、方向键、编辑键"【Home】【End】【PaUp】【PaDn】【Del】"和功能键"【Num Lock】【Enter】"，如图 1-91 所示，其中双功能键（如 ⁷／Home ）通过 Num Lock （数字锁定键）进行功能转换，当【NumLock】状态激活时，状态指示灯"Num"亮，此时按键作为录入数字使用，否则按键作为方向键和编辑键使用。小键盘区以数字输入和加减乘除运算是其重点功能，因此又称为数字键区。

2. 键盘使用

在文字录入时，讲究打字姿势，包括坐姿、指法，良好的坐姿，

图 1-91　小键盘区

正确的指法，有助于提高打字速度。学习打字姿势，训练打字速度，推荐使用金山打字通，如图 1-92 所示，金山打字通集教程与训练于一体,键盘使用分别如图 1-93、图 1-94、图 1-95 和图 1-96 所示。

图 1-92　金山打字通

图 1-93　打字姿势

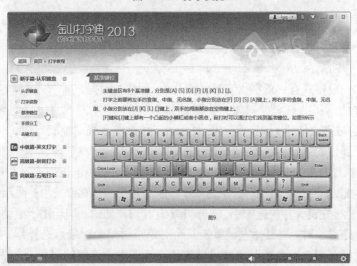

图 1-94　基准键位

图 1-95　手指分工

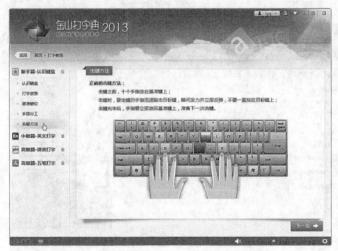

图 1-96　击键方法

3. 鼠标使用

使用鼠标时，手握鼠标，不要太紧，就像把手放在自己的膝盖上一样，使鼠标的后半部分恰好在掌下，食指和中指分别轻放在左右按键上，拇指和无名指轻夹两侧，如图 1-97 所示。

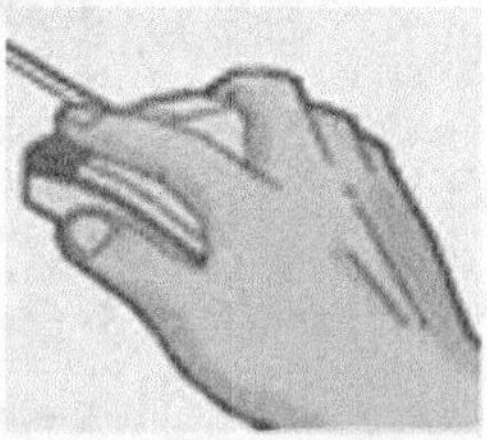

鼠标指针的一般样式有：正常状态时是"↖"，程序忙时是"⧖"，而在文字编辑时是"Ⅰ"，在调整对象大小时是"↕""↔""↘""↗"，在移动对象时是"✣"等，具体可以打开操作系统"控制面板"|"鼠标"属性的"指针"选项卡进行查看。

鼠标的点击操作有单击、双击和转动、点击滚轮等，所谓单击是指用手指按下鼠标按键，包括左右键，并快速松手，一般用于点选对象使用；而双击是指连续两次用手指快速按下鼠标左键，并快速松手，一般用于打开对象使用。滚轮用于滚动屏幕显示内容。

使用鼠标点选对象时，用鼠标左键单击某个对象进行单个对象点选操作；如果按住【Ctrl】键不松手，用鼠标左键单击多个对象，可以实现点选多个不连续的对象，如图 1-98（左图）所示；如果按住【Shift】键不松手，用鼠标左键单击不同位置的对象，可以实现选择连续多

图 1-97　握鼠方法

个对象，如图 1-98（右图）所示；甚至可以使用鼠标从空白位置开始拖曳出一个区域，进行框选多个对象，如图 1-99（左图）所示。在鼠标选择对象时，可以结合资源管理器的"编辑"菜单进行"全选"和"反向选择"等选择操作，如图 1-100（右图）所示。

图 1-98　不连续与连续多个对象选择

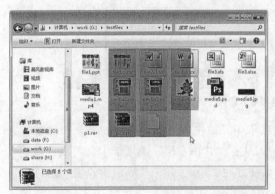

图 1-99　框选与"编辑"菜单选择

4. 文字录入平台

任何一款可以录入文字的软件都可以看作是文字录入平台，如 Windows 操作系统集成安装的记事本、写字板，还有用户安装的 Office 办公软件，腾讯 QQ、飞信等在线聊天软件，网上撰写博文、微博、电子邮件等。

5. 输入法

输入法是实现文字录入的输入工具，目前常用的输入法有搜狗输入法、QQ 拼音输入法、百度输入法、微软拼音输入法、极点五笔输入法、万能输入法等，分为拼音输入法和五笔输入法两大主流。

输入法软件普遍是免费使用，安装比较简便，登录官网下载安装程序软件，安装后即可使用。而安装后的输入法管理可以打开"控制面板"|"区域和语言"的"键盘和语言选项卡"，单击"更改键盘"按钮，打开"文本服务和输入语言"对话框进行管理，如图 1-100 所示。通过"添加""删除"和"属性"按钮对输入法进行设置。

也可以通过鼠标右键单击 Windows 任务栏的语言栏图标，在弹出的快捷菜单中单击"设置"命令，打开"文本服务和输入语言"对话框，如图 1-101 所示。

图 1-100　打开"文本服务和输入语言"对话框

图 1-101　打开"文本服务和输入语言"的另一种方法

在"文本服务和输入语言"的"常规"选项卡中，单击"添加"按钮，打开"添加输入语言"对话框，可以添加"☑"或删除"□"输入法；在"语言栏"选项卡中，可以设置语言栏在任务栏显示或隐藏，以及显示的方式等，如图 1-102 所示；在"高级键设置"选项卡，可以设置输入法按键及其快捷按键，如图 1-103 所示，中文输入法开启/关闭的组合键为【Ctrl+Space】，不同输入法之间切换的组合键为【Alt+Shift】，以及设置输入法的组合键等。

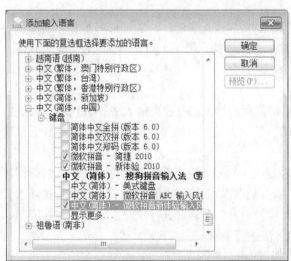
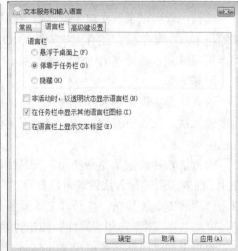

图 1-102　输入法添加与语言栏设置

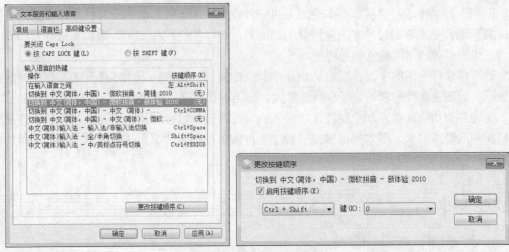

图 1-103　输入法按键设置

项目小结

　　本项目介绍如何使用计算机进行文字录入，首先我们学习了键盘和鼠标的使用，对键盘按键位置的认识和记忆，键盘打字指法，这将有助于文字录入。其次学习了输入法的安装与设置，重点是对输入法的管理设置。最后是使用录入平台如 Microsoft Word 或记事本等软件，利用文件的形式录入文字，并进行文件保存训练。

　　文字录入是一门技能，需要长时间刻苦训练才能取得成效。我们给大家推荐了"金山打字通"进行文字录入的训练软件，在训练过程中不要急于求成，从基础开始，稳步前进。

　　在使用"金山打字通"时，可以单击 打字测试 进行"自定义课程"导入或复制训练文字内容，以实现自定义训练或测试，如图 1-104 所示。

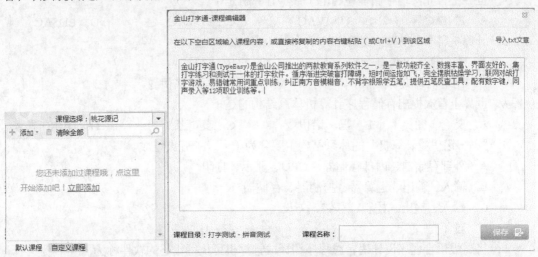

图 1-104　金山打字通训练章节

模块小结

　　计算机硬件学习上，计算机硬件日新月异，在学习上要注意规律的把握和硬件原理的学习，以利于持续性学习。基本要求是对主机与外设的正确连接，而对计算机硬件系统的各类硬件的认识，要求掌握最基本的分辨能力，而对于硬件的选购和使用，则属于进一步的深入学习，根据专业的不同确立学习程度。

计算机软件系统的学习，要求认识操作系统的安装，初步认识本章涉及的操作系统的基本使用。而应用软件的学习，要求熟练掌握，能正确找到需要的软件，并进行正确安装。

在硬件使用和软件应用上结合文字录入，训练键盘、鼠标使用，以及文字录入，这是计算机应用的基本要求，要求熟练掌握，教学上可以根据实际情况，适当的增加训练课时加强学习。

模块练习

1. 关闭计算机的正确方法是（　　　）。
   A. 直接关闭计算机电源
   B. 长按计算机的开机按钮
   C. 使用"开始"菜单中的"注销"命令
   D. 使用"开始"菜单中的"关闭计算机"命令

2. 若微机系统需要热启动，应同时按下组合键（　　　）。
   A.【Ctrl+Alt+Break】　　　　　　　B.【Ctrl+Esc+Del】
   C.【Ctrl+Alt+Del】　　　　　　　　D.【Ctrl+Shift+Break】

3. 计算机病毒是指（　　　）。
   A. 编制有错误的计算机程序　　　　B. 设计不完善的计算机程序
   C. 已被破坏的计算机程序　　　　　D. 以危害系统为目的的特殊计算机程序

4. 世界上首先实现存储程序的电子数字计算机是（　　　）。
   A. ENIAC　　　　B. UNIVAC　　　　C. EDVAC　　　　D. EDSAC

5. 计算机科学的奠基人是（　　　）。
   A. 查尔斯·巴贝奇　　　　　　　　B. 图灵
   C. 阿塔诺索夫　　　　　　　　　　D. 冯·诺伊曼

6. 世界上首次提出存储程序计算机体系结构的是（　　　）。
   A. 艾伦·图灵　　B. 冯·诺伊曼　　　C. 莫奇莱　　　　D. 比尔·盖茨

7. "冯·诺伊曼计算机"的体系结构主要分为（　　　）五大组成。
   A. 外部存储器、内部存储器、CPU、显示、打印
   B. 输入、输出、运算器、控制器、存储器
   C. 输入、输出、控制、存储、外设
   D. 都不是

8. 将高级语言程序设计语言源程序翻译成计算机可执行代码的软件称为（　　　）。
   A. 汇编程序　　　B. 编译程序　　　C. 管理程序　　　D. 服务程序

9. 用计算机进行资料检索工作，是属于计算机应用中的（　　　）。
   A. 科学计算　　　B. 数据处理　　　C. 实时控制　　　D. 人工智能

10. 连到局域网上的节点计算机必须安装（　　　）硬件。
    A. 调制解调器　　B. 交换机　　　　C. 集线器　　　　D. 网络适配卡

11. 计算机的 3 类总线中，不包括（ 　 ）。

    A. 控制总线 　 　 B. 地址总线 　 　 　 　 C. 传输总线 　 　 D. 数据总线

12. 以下关于计算机总线的说明，不正确的是（ 　 ）。

    A. 计算机的 5 大部件通过总线连接形成一个整体

    B. 总线是计算机各个部件之间进行信息传递的一组公共通道

    C. 根据总线中流动的信息不同分为地址总线、数据总线、控制总线

    D. 数据总线是单向的，地址总线是双向的

13. 1946 年世界上有了第一台电子数字计算机，奠定了至今仍然在使用的计算机的（ 　 ）。

    A. 外形结构 　 　 B. 总线结构 　 　 　 　 C. 存取结构 　 　 D. 体系结构

14. 计算机中存储信息的最小单位是（ 　 ）。

    A. 字 　 　 　 　 　 B. 字节 　 　 　 　 　 C. 字长 　 　 　 　 D. 位

15. 在计算机内，多媒体数据最终是以（ 　 ）形式存在的。

    A. 二进制代码 　 B. 特殊的压缩码 　 　 C. 模拟数据 　 　 D. 图形

16. 在计算机中使用的键盘一般是连接在（ 　 ）接口上的。

    A. D-Sub 　 　 　 B. USB 　 　 　 　 　 C. DVI 　 　 　 　 D. COM

17. 激光打印机价格普遍比喷墨打印机要高，但是单页打印成本要低一些，打印精度更高。（ 　 ）

    A. 正确 　 　 　 　 B. 错误

18. 优质、白度高、纸纹细滑光洁的复印机，可以延长复印机硒鼓寿命，又可以保持良好的复印效果。（ 　 ）

    A. 正确 　 　 　 　 B. 错误

19. 如何理解计算机的三级存储系统？它解决了什么实际问题？

20. 练习连接计算机主机与键盘、鼠标、显示器等外部设备，并进行开关机操作。

21. 预设故障场境，通过排除故障，训练对计算机硬件的认识。(预设情境如键盘故障、内存条故障、硬盘故障等。)

22. 上网按以下要求选购计算机硬件，选购完成后填写硬件清单，交换清单对选购结果进行简短的评价。

CPU：四核、主频在 3.0GHz 以上。

内存：两条，总容量 4GB 或以上，DDR3，工作频率 1600MHz 或以上。

硬盘：500GB 或以上。

DVD 刻录光驱：三星，SATA 串口。

主板：满足以上硬件的最高性能要求。

电源：酷冷至尊，450W 或以上。

机箱：酷冷至尊，硬盘位和光驱位两个或以上，有前置 USB、音频接口。

显示器：LCD19 寸宽屏。

其他要求：集成显卡或独立显卡，网卡集成。

总价钱在：4000 元以内。

23. 上网选购一台计算机(含显示器)，期望价格在 6000 元以内，CPU 四核心、内存 4GB、硬盘 500GB，独立显卡，能胜任一般的图像设计性能要求。

24. 使用 GHOST 软件对安装好应用软件的系统分区进行备份和还原操作。

25. 定制满足自己学习需要的计算机软件系统，并写出你的硬盘分区情况、操作系统及应用软件安装情况，假设硬盘容量 1TB。

26. 使用"金山打字通"训练和测试文字录入水平。

PART 2

模块二
Windows 7 操作系统

　　Windows 7 操作系统是微软公司于 2009 年 10 月正式发布的操作系统版本（家庭普通版、家庭高级版、专业版、旗舰版）。Windows 7 操作简单、方便且充满乐趣，实用性强。与其以前的版本相比，在速度、性能、稳定性、安全性和兼容性等各方面都有了很大的进步。

　　目前最新的 Windows 个人电脑版本是 Windows 10，但多数用户使用的还是 Windows XP 和 Windows 7，其中 Windows XP 已于 2014 年 4 月 8 日被微软公司宣布正式退役。下面我们将开始学习 Windows 7 旗舰版操作系统的使用。

「项目一」系统的使用与个性化设置

　　Windows 7 操作系统的使用与个性化设置，实训任务如下：

- 启动与退出 Windows 7；
- 桌面图标个性化设置；
- "开始"菜单个性化设置；
- "任务栏"个性化设置；
- 设置计算机名称；
- 关闭图片预览功能，关闭视觉效果，保留平滑屏幕字体边缘和窗口使用视觉样式；
- 禁用所有驱动器（包含 U 盘、光驱）自动播放。

项目实训

1. 启动与退出 Windows 7

（1）启动 Windows 7

Windows 7 系统是随着计算机的启动而启动的，其启动界面如图 2-1 所示。

图 2-1　Windows 7 的启动

（2）退出 Windows 7

用户通过关机、切换用户、注销、重新启动等操作可退出 Windows 7 系统，如图 2-2 所示。

2. 桌面图标个性化设置

桌面图标个性化设置通常包括以下操作：添加/删除系统图标，添加/删除常用应用程序的快捷方式图标，添加能快速打开 D 盘的快捷图标。

（1）整理系统图标

整理桌面图标可以通过"控制面板"|"个性化"选项打开"个性化"界面，如图 2-3 和图 2-4 所示。

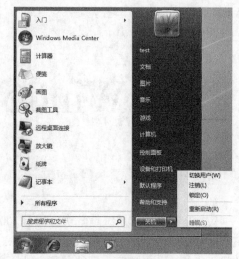

图 2-2　Windows 7 的退出

图 2-3　"控制面板"窗口

图 2-4　"个性化"界面

在"个性化"界面单击"更改桌面图标"选项，打开"桌面图标设置"对话框，如图 2-5 所示。可以勾选在桌面显示的图标，如"计算机""回收站""网络"，然后单击 [确定] 按钮。

（2）添加常用应用程序的快捷方式图标

单击"开始"菜单，展开"所有程序"|"附件"，分别选中"画图"和"记事本"程序，用鼠标右键单击，选择"发送到"|"桌面快捷方式"，或者按着【Ctrl】键用鼠标拖曳到桌面，创建桌面快捷方式。

（3）添加能快速打开 D 盘的快捷图标

用鼠标在桌面上右击，选择"新建"|"快捷方式"命令，如图 2-6 所示。

图 2-5 "桌面图标设置"对话框

图 2-6 新建快捷方式

在请键入对象的位置（T）：文本框中输入"D:\"，或单击 [浏览(R)...] 按钮选择 D 盘，如图 2-7 所示。单击 [下一步(N)] 按钮，为快捷方式命名，如图 2-8 所示。

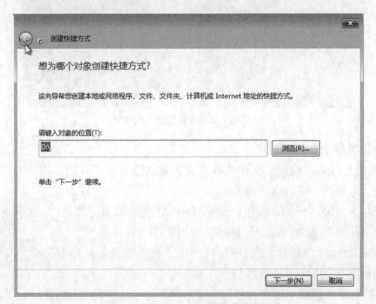

图 2-7 创建 D 盘快捷方式对话框

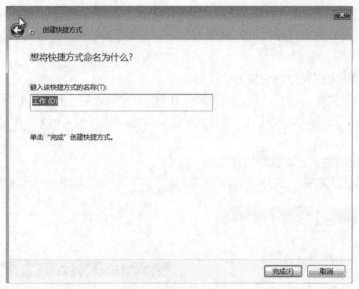

图 2-8　命名快捷方式

图标创建完毕后，用鼠标右键单击桌面，选择"排序方式"|"名称"，以名称进行排序桌面图标，最终效果如图 2-9 所示。

图 2-9　桌面图标整理完成效果

3."开始"菜单个性化设置

"开始"菜单是计算机程序、文件夹和设置的主通道，在"开始"菜单中几乎可以找到所有的应用程序，方便用户进行各种操作。

单击桌面左下角的"开始"按钮，即可弹出"开始"菜单，如图 2-10 所示。

（1）使用"开始"菜单启动"计算器"应用程序

在 Windows 7 操作系统中安装应用程序后，可以使用"开始"菜单将其启动，如启动 Windows 7 自带的应用程序"计算器"。

在"开始"菜单中选择"所有程序"→"附件"→"计算器"，如图 2-11 所示，打开"计算器"界面，如图 2-12 所示。

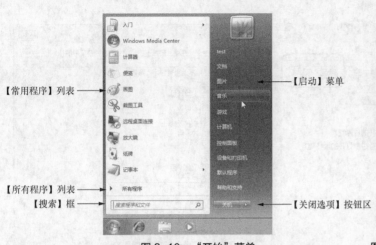

【常用程序】列表

【所有程序】列表

【搜索】框

【启动】菜单

【关闭选项】按钮区

图 2-10 "开始"菜单　　　　　　　　　　图 2-11 启动"计算器"应用程序

通过以上方法即可完成使用"开始"菜单启动"计算器"应用程序。

（2）自定义"开始"菜单

在 Windows 7 操作系统中，用户可以根据需要对"开始"菜单进行自定义设置，以方便快速地查找所需要的应用程序或文件夹。

右键单击"开始"菜单的空白位置，在弹出的快捷菜单中选择"属性"菜单项，如图 2-13 所示。弹出"任务栏和「开始」菜单属性"对话框，如图 2-14 所示。

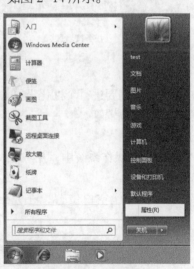

图 2-12 "计算器"界面　　　　　　　　　　图 2-13 "开始"菜单

在图 2-14 所示的对话框中，单击 自定义(C)... 按钮，打开"自定义「开始」菜单"对话框，如图 2-15 所示。

在图 2-15 所示的对话框中，可以对"开始"菜单的样式进行设置，还可以修改"要显示的最近打开过的程序的数目"。

4. "任务栏"个性化设置

Windows 7 任务栏主要由"开始"按钮、快速启动栏、任务按钮区、语言栏、通知区域等部分组成，如图 2-16 所示。

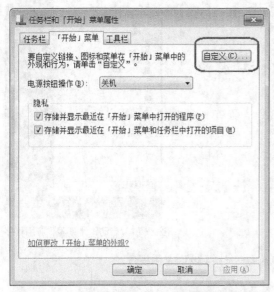

图 2-14 "任务栏和「开始」菜单属性"对话框

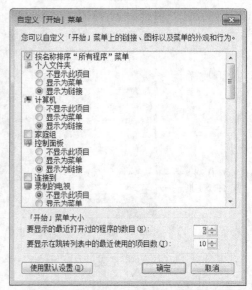

图 2-15 "自定义「开始」菜单"对话框

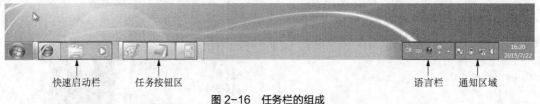

快速启动栏   任务按钮区   语言栏   通知区域

图 2-16 任务栏的组成

用户可以根据需要进行个性化设置,如隐藏任务栏、在任务栏中设置时间、锁定任务栏、设置任务栏的显示位置等。

(1)隐藏任务栏

在 Windows 7 操作系统中,用户可以根据需要将任务栏隐藏起来,以方便充分显示窗口中的内容。

右键单击任务栏空白位置,在弹出的快捷菜单中选择"属性"菜单项,如图 2-17 所示。

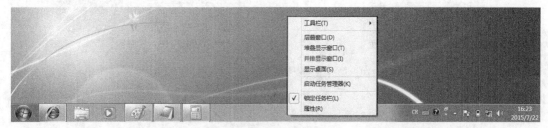

图 2-17 任务栏快捷菜单

在弹出的"任务栏和「开始」菜单属性"对话框中,单击选择"任务栏"选项卡,在"任务栏外观"区域中选中"自动隐藏任务栏"复选框,如图 2-18 所示,然后单击"确定"按钮。

（2）在任务栏中设置时间

在 Windows 7 操作系统中，系统时间和日期位于任务栏的通知区域，如果系统时间和日期有误，可以进行修改。

在 Windows 7 任务栏的通知区域单击时间和日期，在弹出的对话框中单击"更改日期和时间设置"超链接，如图 2-19 所示。

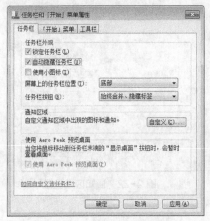

图 2-18 "任务栏"选项卡

图 2-19 单击"更改日期和时间设置"超链接

在弹出的"日期和时间"对话框中选择"日期和时间"选项卡，单击"更改日期和时间"按钮，在弹出的"日期和时间设置"对话框中更改日期或时间，如图 2-20 所示。

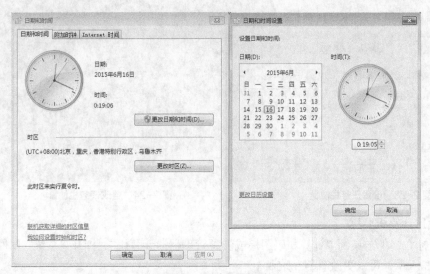

图 2-20 更改日期和时间

（3）锁定任务栏

任务栏显示的应用程序图标从不合并，通知区域始终在任务栏上显示所有图标和通知。

打开"任务栏和「开始」菜单属性"对话框，设置如图 2-21 所示。单击"通知区域"的 自定义(C)... 按钮，勾选"始终在任务栏上显示所有图标和通知"复选框，如图 2-22 所示。

（4）设置任务栏的显示位置

Windows 7 系统提供了 4 种显示任务栏的位置，分别是底部、顶部、左侧和右侧，用户可以根据需要进行设置。打开"任务栏和「开始」菜单属性"对话框，在"屏幕上的任务栏位置"下拉列表框中选择"右侧",如图 2-23 所示,然后单击"确定"按钮。

图 2-21 任务栏显示

图 2-22 通知区域设置

设置完成后效果如图 2-24 所示。

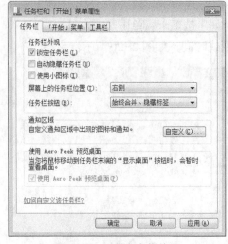

图 2-23 设置任务栏位置

图 2-24 更改任务栏位置

5.设置计算机名称

用鼠标右键单击桌面"计算机"图标或资源管理器"计算机",打开"系统"属性对话框,如图 2-25 所示,可以更改计算机名称。

在图 2-25 所示对话框的计算机名称右侧单击"更改设置",打开"系统属性"对话框,如图 2-26 所示,单击 更改(C)... 按钮,打开"计算机名/域更改"对话框,如图 2-27 所示。在"计算机名"文本框中填入新的计算机名称,如"WIN 7",设置与大家一致的工作组名称,确认无误后单击 确定 按钮,重启后生效。

6.关闭图片预览功能,关闭视觉效果,保留平滑屏幕字体边缘和窗口使用视觉样式

单击"控制面板"|"外观和个性化",打开"文件夹选项"对话框,在"查看"选项卡中勾选"始终显示图标,从不显示缩略图",如图 2-28 所示,单击"确定"完成。此时打开含有大量图片的文件夹时,虽然不会显示图片的缩略图,但浏览速度大幅提高。

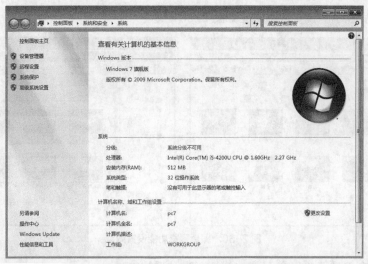

图 2-25 "系统"属性对话框

图 2-26 "系统属性"对话框

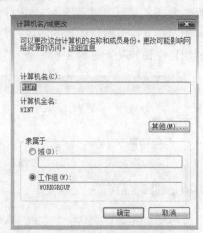

图 2-27 "计算机名/域更改"对话框

在"系统属性"的"高级"选项卡中单击"性能"的 设置(S)... 按钮,打开"性能选项"设置如图 2-29 所示的视觉效果,丰富的视觉效果将会消耗更多的计算机资源。

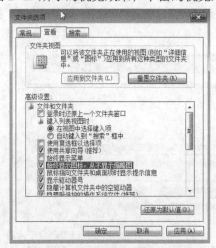

图 2-28 视觉效果设置 1

图 2-29 视觉效果设置 2

设置完成后显示的视觉效果对比如图 2-30 所示。

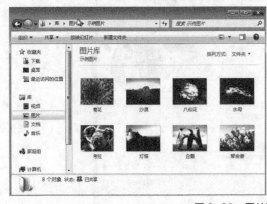

图 2-30　图片预览功能设置效果

7. 禁用所有驱动器（包含 U 盘、光驱）自动播放

将光盘插入光驱，或者插入 USB 存储器（如 U 盘）时，系统会打开"自动播放"，扫描驱动器的内容，并根据驱动器的内容推荐打开方式，如图 2-31 所示。目前有很多病毒和木马程序利用自动播放功能感染主机系统。

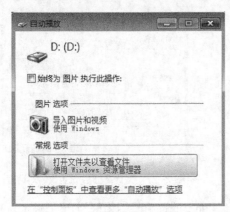

图 2-31　驱动器自动播放

单击"控制面板"|"硬件和声音"，打开"自动播放"，如图 2-32 所示，不勾选"为所有媒体和设备使用自动播放"复选框，保存退出。

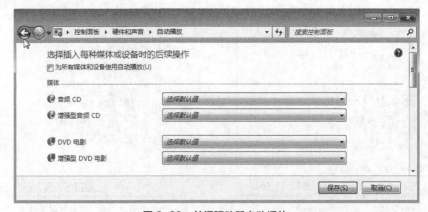

图 2-32　关闭驱动器自动播放

知识点介绍

1.Windows 7 桌面

Windows 7 操作系统启动后，将进入用户登录界面。登录后进入桌面，桌面的底部是语言栏和任务栏，如图 2-33 所示，其中语言栏可以最小化到任务栏上，任务栏有"开始"按钮、快捷启动按钮和通知区域。

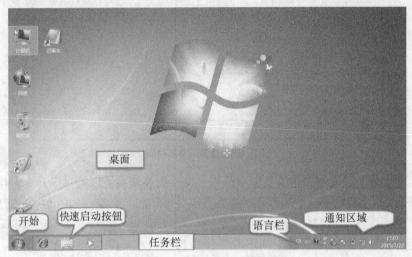

图 2-33　Windows 7 桌面环境

单击"开始"按钮，展开"开始"菜单，可以看到当前登录的用户名 Administrator、"应用程序"按钮和"关机"按钮；单击"关机"按钮右侧箭头，显示更多的关机选项，有"切换用户""注销""锁定""重新启动""睡眠"等；单击"所有程序"可以列出当前系统所安装的部件或应用软件的程序菜单，如图 2-34 所示。

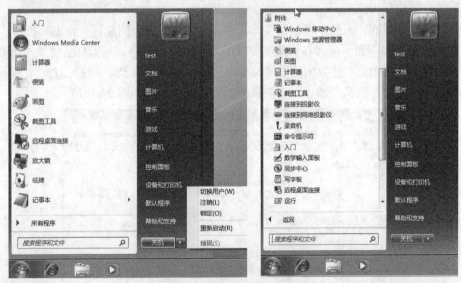

图 2-34　Windows 7 开始菜单

2.资源浏览器

资源浏览器是 Windows 非常重要的文件浏览器，在"开始"菜单中单击"文档""图片"

"音乐""计算机"等都可以打开资源浏览器，不同的是打开的位置不一样。也可以单击任务栏的文件夹形状 的快捷启动按钮，如图 2-35 所示。

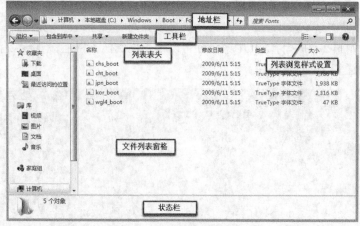

图 2-35　资源浏览器界面

　　浏览时可以单击浏览器窗格改变浏览位置，文件列表样式可以通过展开"窗格浏览样式设置"进行选择，如图 2-36 左图所示，列表表头可以添加、删除，如图 2-36 右图所示，单击相应列表表头可以进行排序浏览，如 修改日期 和
修改日期 分别是按文件的修改日期降序和升序排序
显示。

3. 桌面图标

　　在 Windows 桌面可以摆放各种系统图标、应用程序图标，也可以摆放文件或文件夹。系统图标可以重命名、添加和删除。

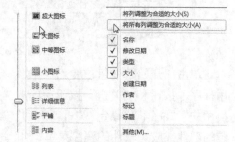

图 2-36　列表浏览设置

　　而对于其他应用程序图标，一般在安装应用软件时是由安装程序创建的，当然也可以用鼠标从"开始"菜单拖曳到桌面，拖曳时按着"Ctrl"键，使图标被复制到桌面。或者在资源浏览器中浏览到应用程序，用鼠标右键单击需要创建快捷方式的应用程序图标，在弹出的快捷菜单中选择"发送到"|"桌面快捷方式"。也可以通过鼠标右键单击桌面，选择"新建"|"快捷方式"进行创建，如图 2-37 所示。

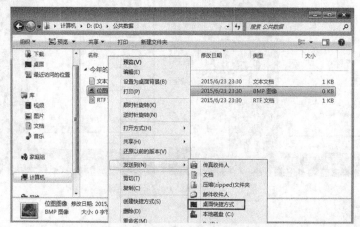

图 2-37　桌面快捷方式创建方法

4. 属性设置

在 Windows 7 操作系统中，很多对象都可以通过属性进行查看和设置，如任务栏属性、计算机属性、网络属性、显示属性、回收站属性、防火器设置、程序管理等。

（1）任务栏属性

用鼠标右键单击任务栏，在弹出的快捷菜单中选择"属性"，打开属性对话框，可以对任务栏、开始菜单、工具栏和通知区域进行设置，如图 2-38 左图所示。任务栏属性对话框可以从"控制面板"|"外观和个性化"打开，如图 2-38 右图所示。

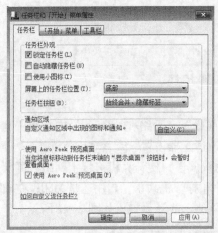

图 2-38 任务属性对话框及打开方法

（2）计算机属性

用鼠标右键单击桌面上的"计算机"图标，打开"系统"窗口，如图 2-39 所示，可以更改计算机名称，设置远程访问。打开"高级系统设置"，可以设置计算机名称和性能属性，如图 2-40 所示。"系统"窗口也可以从"控制面板"|"系统和安全"打开。

图 2-39 "系统"窗口

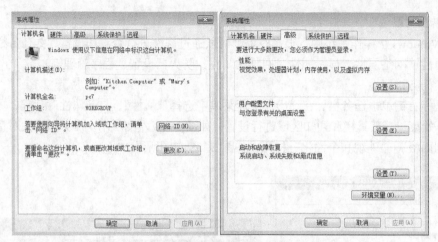

图 2-40　系统属性的高级系统设置对话框

（3）网络属性

用鼠标右键单击桌面上的"网络"图标或从"控制面板"|"网络和 Internet"中打开"网络和共享中心"窗口，如图 2-41 所示，可以单击"更改适配器设置"查看"网络连接"，设置"本地连接"或"无线连接"的 IP 地址等 Internet 协议属性，使计算机连接上网络；可以单击"更改高级共享设置"，设置"网络发现"和"文件和打印机共享"启用还是关闭；在启用网络发现的前提下，单击 💻 打开网络，可以查看到网络上的计算机，如图 2-42 所示。

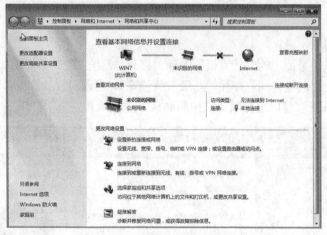

图 2-41　网络和共享中心对话框

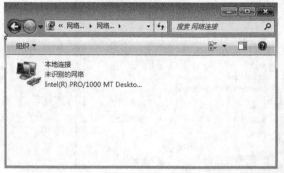

图 2-42　网络连接和网络浏览对话框

（4）显示属性

打开"控制面板"|"显示"，打开"显示"窗口，单击"调整分辨率"或"更改显示器设置"，打开"屏幕分辨率"窗口设置显示器分辨率，如图 2-43 所示，也可以用鼠标右键单击桌面打开。

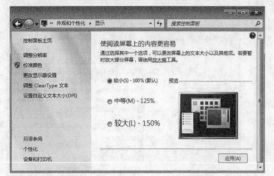

图 2-43　显示属性和分辨率设置对话框

（5）回收站属性

用鼠标右键单击桌面上的"回收站"图标打开"回收站属性"对话框，如图 2-44 所示，可以设置各磁盘的回收站空间大小。

（6）防火墙设置

Windows 防火墙也是一道非常实用的保护屏障，可以利用防火墙阻止或允许指定的应用程序从本机访问网络，或从网络访问本机，合理利用 Windows 防火墙的功能，可以不需要安装第三方防火墙软件，也能很好地保护自己计算机的安全。

打开"控制面板"|"系统和安全"，单击"Windows 防火墙"打开"Windows 防火墙"窗口，如图 2-45 所示。目

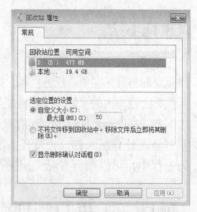

图 2-44　回收站属性设置对话框

前系统存在着专用网络和公用网络，其中图 2-45 中的网络连接已经使用公用网络接入网络，专用网络是没有连接的。防火墙已经开启，在这里可以进行防火墙的相关操作，如允许指定程序通过防火墙、开启或关闭防火墙、还原防火墙默认设置等。

图 2-45　"Windows 防火墙"窗口

（7）程序管理

在"控制面板"|"程序"中单击"卸载程序"，打开"程序和功能"窗口，可以查看系统已经安装的更新，卸载或更改已经安装的应用程序，如图 2-46 所示。

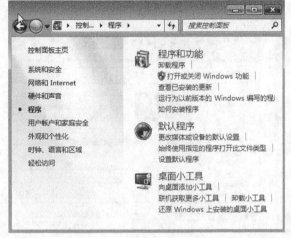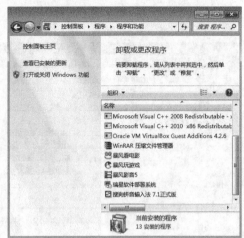

图 2-46　Windows 程序管理

项目小结

本项目主要介绍 Windows 7 系统基本操作方面的知识与技巧，如启动与退出 Windows 7，个性化桌面与开始菜单、任务栏等，并展示了系统的关键属性、性能设置，让用户对 Windows 7 操作系统有比较全面的了解，围绕性能优化与安全管理，使用户对 Windows 7 有一个良好的使用习惯。

在 Windows 的使用中，有几个知识点需要掌握，在日常应用中经常需要应用。例如，查看并修改计算机名称，设置任务栏属性，整理桌面图标，简单设置 Windows 防火墙等。在学习过程中，可以结合实际应用进行设置训练。

「项目二」用户管理

在 Windows 7 操作系统中，如果一台计算机允许多人使用，则可以设置多个用户账户，允许每个用户建立自己专用的工作环境，以确保用户资料的安全。不同的账户类型拥有不同的权限，它们之间相互独立，从而可使得多人使用同一台计算机而又互不影响。

在 Windows 7 操作系统中进行用户管理，实训任务如下：

- 创建新的用户账户；
- 更改用户账户名称；
- 设置用户账户密码；
- 更改用户账户类型；
- 删除用户账户；
- 使用家长控制功能。

项目实训

1. 创建新的用户账户

只有管理员权限的用户才能创建和删除用户账户。在 Windows 7 操作系统中，如果准备使用其他用户账户对计算机进行操作，那么首先应该创建新的用户账户。操作步骤如下。

① 选择"开始"菜单|"控制面板"，弹出"控制面板"窗口，在"用户账户和家庭安全"功能区中单击"添加或删除用户账户"超链接，如图 2-47 左图所示。

图 2-47 "控制面板"和"选择希望更改的账户"窗口

② 弹出"选择希望更改的账户"窗口，如图 2-47 右图所示，单击"创建一个新账户"超链接，弹出"创建新账户"窗口，如图 2-48 所示，输入账户名称"Children"，选中"标准用户"单选钮，单击【创建账户】按钮。

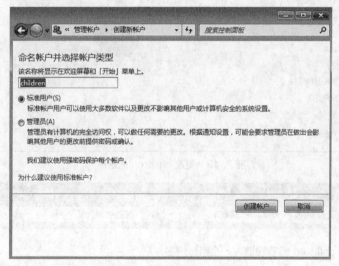

图 2-48 "创建新账户"窗口

2.更改用户账户名称

如果用户对现有的账户名称不满意，也可以随时更改账户的名称。具体操作步骤如下。

① 打开"选择希望更改的账户"窗口，单击用户账户"children"图标，弹出"更改 children 的账户"窗口，如图 2-49 所示。

② 单击"更改账户名称"超链接，在弹出的"为 children 的账户键入一个新账户名"窗口中，输入新的用户账户名称"xiaoming"，然后单击"更改名称"按钮，如图 2-50 所示。

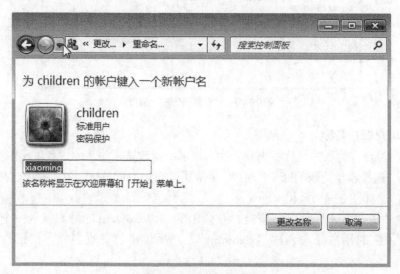

图 2-49　更改 children 的账户

图 2-50　更改账户名称

③ 返回"更改 xiaoming 的账户"窗口，可以看到用户账户名称已经更改了，如图 2-51 所示。

3. 设置用户账户密码

在 Windows 7 操作系统中，可以为用户账户设置密码，以防他人随意查看或修改自己账户下的内容，更好地保护系统的安全，特别是超级管理员 Administrator 账户，一定要设置密码。具体操作步骤如下。

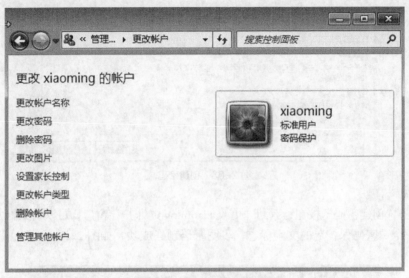

图 2-51　账户名称更改成功

① 打开"选择希望更改的账户"窗口，单击用户账户"xiaoming"图标，弹出"更改 xiaoming 的账户"窗口。

② 单击"创建密码"超链接，如图 2-52 所示，弹出"为 xiaoming 的账户创建一个密码"窗口，在"新密码"和"确认新密码"文本框中输入要创建的密码，接着在"键入密码提示"文本框中输入密码提示，如图 2-53 所示。

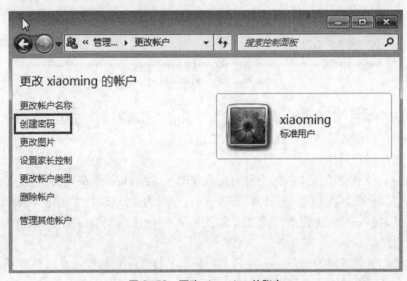

图 2-52　更改 xiaoming 的账户

图 2-53　创建密码

③ 单击"创建密码"按钮，返回"更改 xiaoming 的账户"窗口，可以看到账户名称下面已经多了一个"密码保护"的文字标志，表明密码创建成功，如图 2-54 所示。

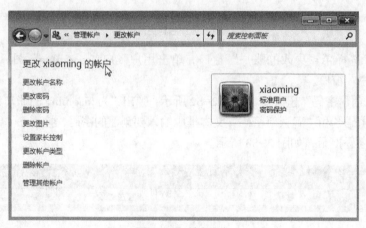

图 2-54　创建成功

此时可以看到在"更改 xiaoming 的账户"下面的"创建密码" 超链接已经变成了"更改密码"超链接，并且多了一个"删除密码"的超链接。

4. 更改用户账户类型

在 Windows 7 操作系统中，用户分为超级管理员（Administrator）、系统默认管理员和标准用户等类型，不同类型的用户对计算机系统具有不同的操作权限。其中，Administrator 的操作权限最高，对系统文件的更改都需要以这个用户的身份登录才能进行。新建的用户，默认类型为标准用户。

例如，我们前面创建的 xiaoming 用户，它只具有标准用户的权限，如果需要为其提升为管理员身份，则可以按以下步骤操作。

① 打开"更改 xiaoming 的账户"窗口，单击"更改账户类型"超链接，如图 2-55 所示。

图 2-55　"更改账户"窗口

② 弹出"为 xiaoming 选择新的账户类型"窗口，选中"管理员"单选钮，然后单击"更改账户类型"按钮，如图 2-56 所示，即可把账户的类型更改为管理员身份。

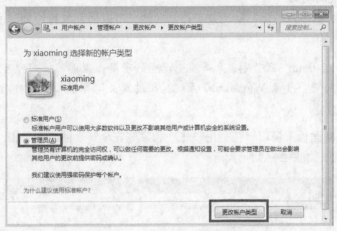

图 2-56　"更改账户类型"窗口

5. 删除用户账户

当某个用户账户不再需要使用时，我们可以将它删除，以便更好地保护系统的安全。删除用户账户的操作步骤具体如下。

① 打开更改 xiaoming 的账户"窗口，单击"删除账户"超链接，如图 2-57 所示。

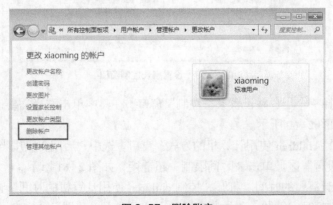

图 2-57　删除账户

② 在"是否保留 xiaoming 的文件？"窗口中，用户可以选择是否保留 xiaoming 用户账户的文件。一般情况下推荐选择"删除文件"，如图 2-58 所示。然后在弹出的"确实要删除 xiaoming 的账户吗？"窗口中单击"删除账户"按钮，即可将该用户账户从系统中删除。

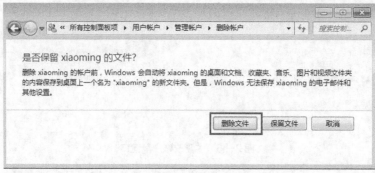

图 2-58　删除文件

6. 使用家长控制功能

在 Windows 7 操作系统中，使用家长控制功能，可以协助家长控制孩子使用计算机的时间与玩游戏的级别等。

 Administrator 管理员账户必须先设置好密码，否则其他用户可以使用无密码的管理员账户登录 Windows 7 系统，跳过或关闭掉家长控制功能。具体的设置步骤如下。

① 打开"控制面板"窗口，在"用户账户和家庭安全"功能区中单击"为所有用户设置家长控制"超链接，如图 2-59 所示。

图 2-59　设置家长控制窗口

② 弹出"选择一个用户并设置家长控制"窗口，在其中单击选择需要设置家长控制的账户"children"，如图 2-60 所示。

③ 弹出"设置 children 使用计算机的方式"窗口，选中"启用，应用当前设置"单选钮，并在"Windows 设置"区域单击"时间限制"超链接，如图 2-61 所示。

④ 设置使用计算机的时间。打开"控制 children 使用计算机的时间"窗口，在页面中拖动鼠标以选定相应的时间区域，如控制家里的小孩只有周六和周日的 20:00～21:00 能够使用

计算机，如图 2-62 所示，其中蓝色区域为拒绝时间段，白色区域为允许时间段。

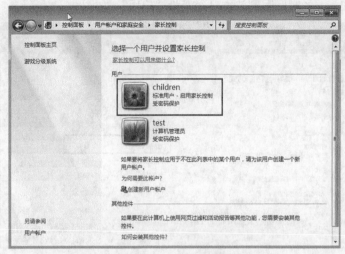

图 2-60　选择一个用户并设置家长控制

图 2-61　设置 children 使用计算机的方式

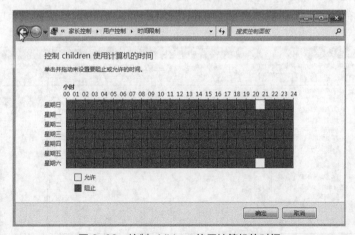

图 2-62　控制 children 使用计算机的时间

⑤ 设置完成后单击"确定"按钮，返回"设置 children 使用计算机的方式"窗口，可以看到用户账户 children 的时间限制状态已经变为"启用"，如图 2-63 所示。

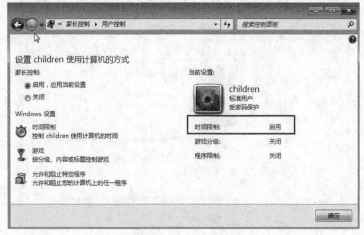

图 2-63 启用时间限制

⑥ 当在不允许的时间段范围内登录这个账户时，屏幕会出现"您的账户有时间限制，您当前无法登录。请稍后再试。"的提示信息，用户无法登录到系统中去。

此外，家长控制还提供了游戏控制和特定应用程序控制的功能，帮助家长们更好地管理孩子使用计算机的情况。

知识点介绍

1. 用户

用户是使用操作系统的实体，我们登录操作系统时必须使用用户账户。用户账户是用来记录用户的用户名和口令、隶属的组、可以访问的网络资源，以及用户的个人文件和设置。用户一般都隶属于某一个或某些用户组，以体现用户的身份与权利，也有个别特殊的用户没有隶属的用户组。

除了在前面章节中介绍的设置用户账户的方法外，还可以通过打开"控制面板"|"系统和安全"|"管理工具"，打开"计算机管理"窗口，如图 2-64 所示。打开"计算机管理"窗口的便捷方法还有：用鼠标右键单击桌面上的"计算机"图标，选择快捷菜单中的 管理(G)。

图 2-64 "计算机管理"窗口

其中：

- Administrator 是管理员用户，隶属于 Administrators 组；
- Guest 是来宾用户，隶属于 Guests 组；
- test 并不是系统内置用户，它是安装 Windows 时根据向导新建的用户，隶属于 Administrators，具有系统管理的最高权利，但相比 Administrator 仍有限制。

内置用户都可以重命名、修改密码，但不能删除。

2. 用户组

Windows 系统安装完成后，系统内置了很多用户组，如图 2-65 所示。

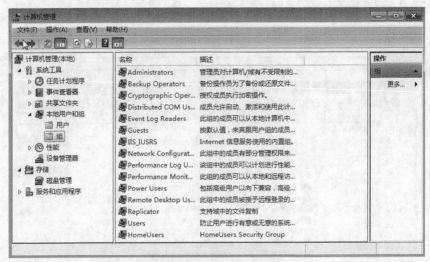

图 2-65　Windows 内置用户组

其中：

- Administrators 是管理员组，管理员组的成员拥有系统的最高控制权；
- Guests 是来宾组，来宾组的成员与 Users 组的成员具有同等访问权，但限制会更多，权利相比 Users 组的成员更低；
- Users 是用户组，用户组的成员相比管理组成员有较大限制，被系统限制了有意或无意的系统范围的更改，如不能新建用户、修改系统配置等，但是可以运行大部分应用程序。

内置用户组可以重命名，但不可以删除。

3. 用户组管理

（1）新建

为了实现自定义管理和使用计算机的便利，我们可以新建用户组。新建方法是：打开"计算机管理"窗口，在浏览窗口展开"本地用户和组"，用鼠标右键单击"组"，在快捷菜单中选择"新建组"。或者左键单选"组"后下拉"操作"菜单，选择"新建组"。也可以用鼠标右击用户组列表窗格空白处，在弹出的快捷菜单中选择"新建组"，如图 2-66 所示。

（2）重命名与删除

用户新建的用户组可以重命名，也可以删除，而内置的用户组可以重命名，但不可以删除，如图 2-67 所示。

图 2-66　新建用户组

图 2-67　删除用户组

（3）组成员管理

可以向用户组添加或删除成员。通过鼠标右键菜单或下拉"操作"菜单，打开需要成员操作的用户组"属性"窗口，如图 2-68 左图所示。单击 添加(D)... 按钮，打开"选择用户"对话框，如图 2-68 右图所示，输入用户名后单击"确定"按钮即可。

图 2-68　在 Users 组添加成员

或者单击 高级(A)... 按钮，然后单击 立即查找(N) ，在搜索结果列表框中选择需要添加的用户名，单击"确定"按钮直至完成添加，如图 2-69 所示。

图 2-69　查找用户添加到 Users 组

4. 用户密码策略

在修改用户密码时，可能会遇到密码修改失败的情况，系统提示密码不满足密码策略的要求，如图 2-70 所示。

此时可以打开"控制面板"|"系统和安全"|"管理工具"，打开"本地安全策略"，展开"安全设置"|"账户策略"|"密码策略"，如图 2-71所示，将其中的"密码必须符合复杂性要求"这一条策略设置为"已禁用"即可。

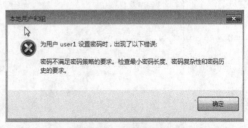

图 2-70　提示对话框

而怎样的密码才能满足复杂性要求呢？对于密码策略推荐使用一个比较安全的策略，如图 2-72 所示。

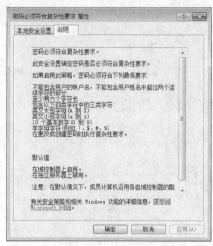

图 2-71　禁用密码复杂性要求策略　　　　　　　　　　图 2-72　密码策略

项目小结

在本项目中学习了 Windows 7 的用户管理设置，包括创建和删除用户、修改用户密码及用户账户类型设置以及家长控制等功能。

在 Windows 系统中，用户管理非常重要，用户管理策略设置得好，就如同为系统入口加了一个安全门，防止黑客轻易入侵。建议用户管理策略可以设置如下内容。

禁用 Guest 账号，并为 Guest 设置一个复杂的密码。

使用 Windows 操作系统时，一般创建一个权限较低的普通用户账户，用于日常登录系统，处理日常事务，只有在必要的时候才使用管理员账号 Administrator。

为了系统的登录安全，不显示上次登录系统的用户名，设置方法是：打开"本地安全策略"，展开"本地策略"，打开"安全选项"，找到并启用"交互式登录：不显示最后的用户"，并启用"账户：使用空白密码的本地账户只允许进行控制台登录"，这里的控制台登录就是本机登录，而不能远程登录，进一步防止远程入侵，如图 2-73 所示。

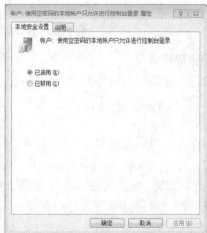

图 2-73　"本地安全策略"的"安全选项"设置示例

在"用户权限分配"策略中，也有很多维护安全的设置，如"从网络访问此计算机""从远程系统强制关机""拒绝本地登录""拒绝从网络访问这台计算机""拒绝通过远程桌面服务登录"等，只要双击打开相应选项，添加或删除相关用户或组即可，如图 2-74 所示。

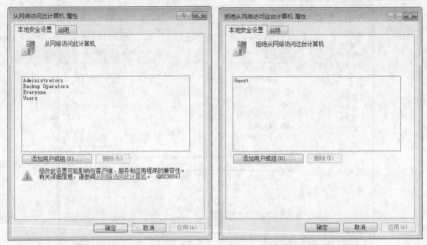

图 2-74　"本地安全策略"的"用户权限分配"设置示例

「项目三」文件管理

在 Windows 7 操作系统中，数据是以文件的形式保存的，文件则分类保存在文件夹中。只要掌握了文件和文件夹的基本知识和操作技巧，就能管理好计算机中存储的数据。

计算机的应用离不开多用户操作，以及丰富的网络应用，因此文件的安全也显得非常关键，如何保护数据，防止被非授权用户获得和使用？如何管理文件，以提高数据的使用效率？

在 Windows 7 操作系统中，管理文件和文件夹的实训任务有：

- 文件与文件夹的基本操作；
- 搜索文件和文件夹；
- 压缩、解压缩文件和文件夹；
- 隐藏、显示文件和文件夹；
- 设置文件和文件夹的"安全"权限。

项目实训

1. 文件与文件夹的基本操作

文件与文件夹的基本操作有新建、打开、修改、重命名、删除、复制、剪切和粘贴等。

（1）新建

在需要新建文件夹的地方，单击鼠标右键，在快捷菜单展开"新建"，可以新建文件夹，如图 2-75 所示；也可以展开资源管理器的"文件"菜单进行"新建"操作。

文件具有类型。不同类型的文件，其扩展名不同，因此新建的文件一般都具有扩展名。例如，一个文本文件（.TXT）的新建操作如图 2-76 所示。

（2）打开与修改

鼠标双击文件夹，可以打开文件夹查看文件夹里面的内容。鼠标双击文件，系统将自动调用该文件对应的编辑软件打开文件，并在相应的软件中看到文件的内容，如图 2-77 所示，此时如果对文件的内容进行修改，完成后保存，则实现了对文件的修改。

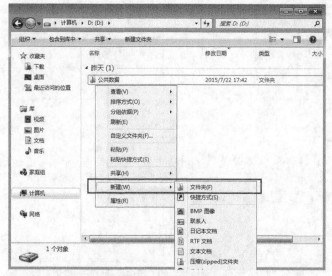

图 2-75 新建操作

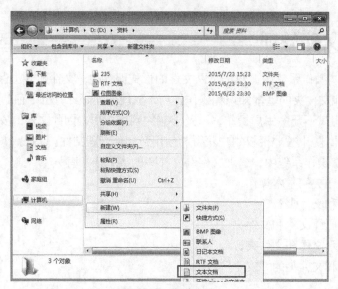

图 2-76 新建文件

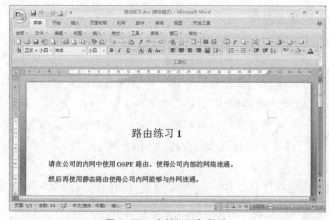

图 2-77 文件打开与修改

当然，打开一个对象，除了使用鼠标双击之外，还可以单击鼠标右键，在快捷菜单中选择"打开方式"或"打开"，如图2-78所示，或者先单击选中需要打开的对象，再展开资源管理器"文件"菜单，选择"打开"操作，或者先单击选中需要打开的对象，再按键盘上的回车键。

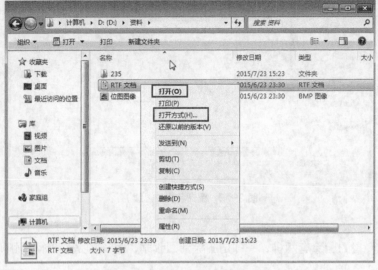

图 2-78　右键打开文件

（3）重命名

在 Windows 7 操作系统中，新创建的文件与文件夹的名称都是默认的名字，如"新建文件夹""新建文本文档.txt"，用户可以对文件与文件夹进行重命名操作。但要注意，在重命名时文件与文件夹不能被占用，即文件被打开了，或者文件夹的文件正在被处理等，都会导致重命名失败。

对文件与文件夹重命名的一般方法是：通过鼠标右键单击对象，在快捷菜单中选择"重命名"；或者先单击重命名的对象，再打开"文件"菜单，选择"重命名"，如图2-79所示。

快捷方法是：用鼠标单击重命名的对象，以选中该对象，间隔约 1 秒，再次用鼠标单击对象的文件名，即可进行重命名状态，如图2-79所示。

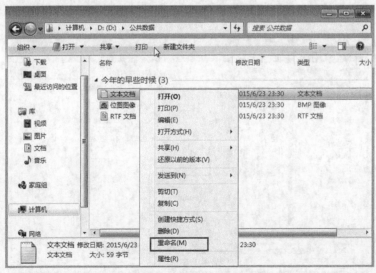

图 2-79　重命名文件

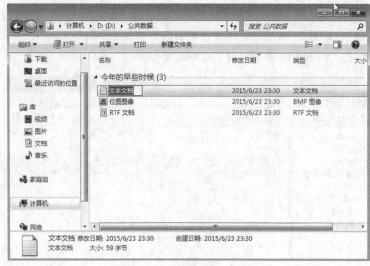

图 2-79　重命名文件（续）

（4）删除

文件与文件夹的删除有两种，一种是删除到回收站，另一种是直接彻底删除，如图 2-80 所示。

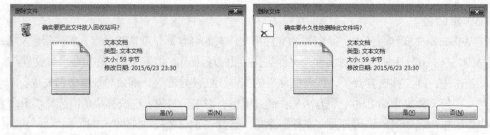

图 2-80　删除对话框

如果文件被删除到回收站，可以打开回收站找到被删除的文件与文件夹，若再进行删除操作，如图 2-81 所示，文件就被彻底删除而找不回来了，但可以使用第三方数据恢复软件找回来。

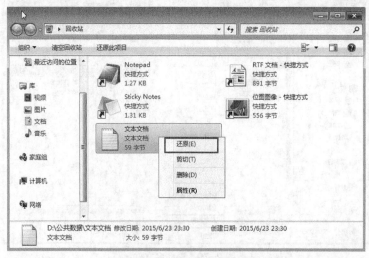

图 2-81　回收站还原删除文件

实行删除操作，可以通过鼠标右键菜单或资源管理器"文件"菜单进行删除；也可以先单击以选中要删除的对象，按键盘的【Delete】键，实现删除到回收站。如果要进行彻底删除，在删除时需要按着【Shift】键来删除，如按着【Shift】键不松手，用鼠标右键单击要删除的对象，再单击"删除"，直至弹出"删除文件"对话框才松开【Shift】键；或者先单击以选中要删除的对象，按键盘的【Shift+Delete】或【Shift+Del】组合键进行删除。

（5）复制、剪切与粘贴

用鼠标右键单击要复制或剪切的对象，在弹出的快捷菜单中找到"复制"或"剪切"，如图 2-82 所示。

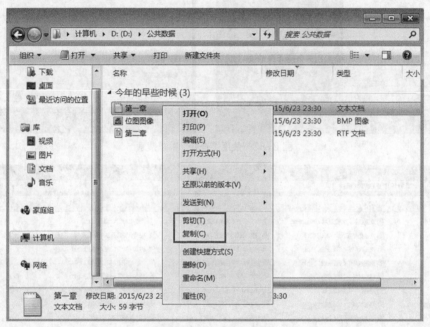

图 2-82　剪切或复制文件

复制与粘贴实现将对象复制一个备份，原对象还存在，在目标位置生成一个备份。而剪切与粘贴操作实现将对象移动到另一个位置存储，原对象不存在，只保存在目标位置。

在复制、剪切与粘贴操作时也可以使用键盘快捷键进行，复制快捷键是【Ctrl+C】，剪切快捷键是【Ctrl+X】，粘贴快捷键是【Ctrl+V】。

2. 搜索文件和文件夹

使用计算机的时间越长，计算机中的文件会越来越多，这时如果想从众多的文件和文件夹中找到自己所需的文件，可以使用搜索功能来查找。

（1）使用"开始"菜单的"搜索"框

单击"开始"按钮，弹出"开始"菜单，在"搜索程序和文件"文本框中输入想要查找的信息。例如，要查找计算机中所有扩展名为.jpg 的图片文件，则只要在文本框中输入".jpg"即可，如图 2-83 所示。

（2）使用资源管理器窗口中的"搜索"框

当用户大概知道所要查找的文件或文件夹位于计算机中的某个硬盘分区中时，可以使用"搜索"文本框搜索。"搜索"文本框位于每个文件夹或分区窗口的顶部，它根据输入的文本筛选当前的视图。例如，在 E 盘中搜索关于"端口"的文档，如图 2-84 所示。

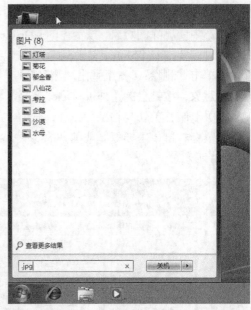

图 2-83　使用"开始"菜单搜索

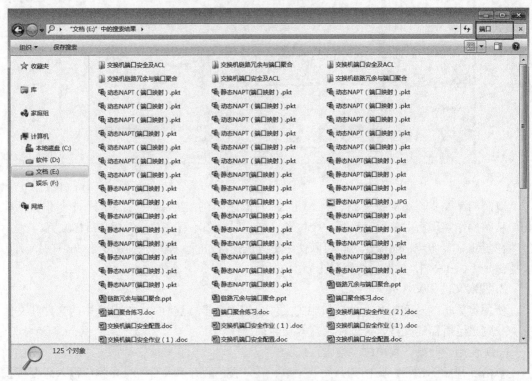

图 2-84　资源管理器窗口搜索

3.压缩、解压缩文件和文件夹

如果在计算机中保存的文件和文件夹占用的空间太大，可以将其进行压缩，以便节省磁盘空间。

在 Windows 7 操作系统中，置入了压缩文件程序，用户无需安装第三方的压缩软件（如WinRAR 等）也能对文件进行压缩和解压缩。

（1）压缩文件和文件夹

压缩文件和文件夹的操作是相类似的，下面以压缩文件夹"学习"为例，具体步骤如下。

在要压缩的文件夹"学习"上单击鼠标右键，然后从弹出的快捷菜单中选择"发送到"→"压缩（zipped）文件夹"菜单项，如图2-85所示。

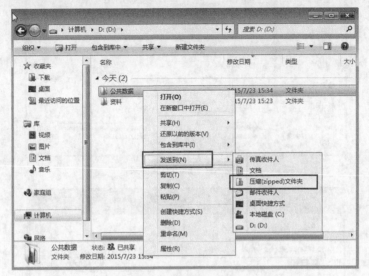

图 2-85　压缩文件夹

压缩后生成一个 zip 文件夹，如图 2-86 所示。

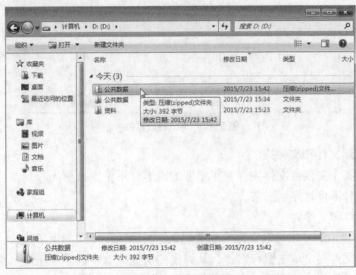

图 2-86　压缩后的文件夹

（2）解压缩文件和文件夹

解压缩文件和解压缩文件夹的操作类似，下面以解压缩文件夹为例，具体步骤如下。

在压缩文件夹上单击鼠标右键，在弹出的快捷菜单中选择"全部提取"菜单项，如图2-87所示。

在弹出的"提取压缩（Zipped）文件夹"对话框中输入路径，或者单击"浏览（R）"按钮选择存放路径，如图2-88所示。

然后单击"提取"按钮即可。

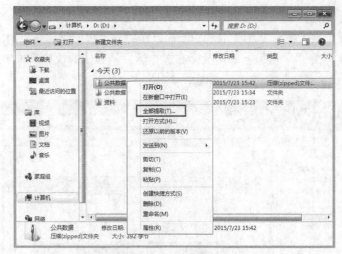

图 2-87　解压缩文件夹

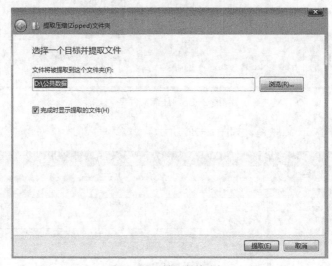

图 2-88　输入存放路径

4. 隐藏、显示文件和文件夹

如果用户的某个文件或文件夹保存了重要的内容，不希望被别人看到，可以将它隐藏起来，当需要查看时再将其显示出来。

（1）隐藏文件和文件夹

例如，将 D 盘中的"学习"文件夹隐藏起来，具体操作步骤如下所述。

在"学习"文件夹上单击鼠标右键，从弹出的快捷菜单中选择"属性"菜单项，在"属性"窗口中勾选"隐藏"复选框，然后单击"确定"按钮，如图 2-89 所示。

接着在"确认属性更改"对话框中选择"将更改应用于此文件夹、子文件夹和文件"单选钮，然后单击"确定"按钮，如图 2-90 所示。

返回"学习属性"对话框，单击"确定"按钮，此时文件呈半透明状态显示，如图 2-91 所示。

接下来要让设置为隐藏的文件夹不在窗口中显示出来，操作如下：单击窗口左上角的"组织"菜单，选择"文件夹和搜索选项"菜单项，如图 2-92 所示。

在弹出的"文件夹选项"对话框中切换到"查看"选项卡，如图 2-93 所示。

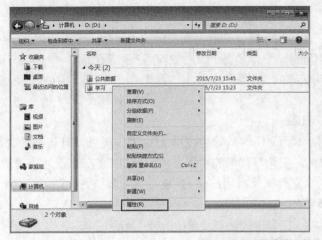

图 2-89　设置隐藏文件夹

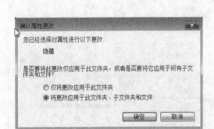

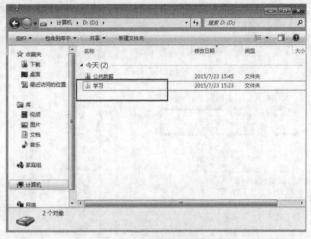

图 2-90　确认属性更改设置　　　　　　　　图 2-91　隐藏后的文件夹

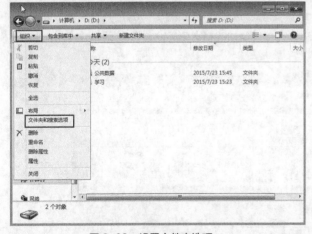

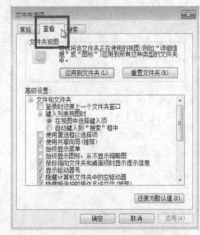

图 2-92　设置文件夹选项　　　　　　　　　图 2-93　打开"查看"选项卡

　　在"高级设置"列表框中选中"不显示隐藏的文件、文件夹和驱动器"单选钮，如图 2-94 所示，然后依次单击"应用""确定"按钮即可。

　　设置完后再打开 D 盘就看不见"学习"文件夹了。

（2）显示隐藏的文件和文件夹

如果用户想要查看已经隐藏的文件和文件夹，则按上面介绍的设置隐藏的方法反过来设置，即先在"文件夹选项"对话框中选择"显示隐藏的文件、文件夹和驱动器"单选钮，确定之后再回到 D 盘目录中找到半透明状态的"学习"文件夹，将其"属性"窗口中的"隐藏"复选框去掉即可。

5. 设置文件和文件夹的"安全"权限

为了防止用户自己的文件被破坏，除了可以将其设置为隐藏之外，还可以对其设置"安全"权限。不过，设置文件和文件夹的"安全"权限的操作必须在 NTFS 的分区上才能进行。

例如，我们要设置"D:\学习"这个文件夹只有用户 test 能够进行读取和更改等所有操作，其他用户都只能读取。具体的操作步骤如下。

① 用鼠标右键单击"学习"文件夹，在弹出的快捷菜单中选择"属性"菜单项，如图 2-95 所示。

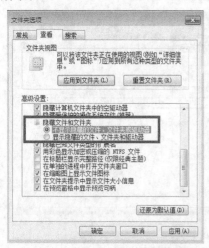

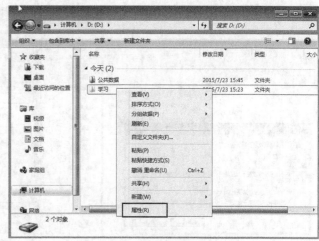

图 2-94　显示隐藏的文件、文件夹和驱动器　　　　　图 2-95　快捷菜单

② 在"学习属性"对话框中切换到"安全"选项卡，如图 2-96 所示。

③ 单击图 2-96 中的"高级"按钮，在"学习的高级安全设置"对话框中单击"更改权限"按钮，如图 2-97 所示。

图 2-96　"安全"选项卡　　　　　　　　图 2-97　"高级安全设置"对话框

④ 在弹出的对话框中取消选中"包括可从该对象的父项继承的权限（I）"复选框，并在"Windows 安全"对话框中单击"删除"按钮，如图 2-98 所示，然后单击"确定"按钮。

⑤ 再次单击"确定"按钮后返回"学习 属性"对话框，在其中单击"编辑"按钮，如图 2-99 所示。

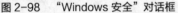

图 2-98　"Windows 安全"对话框

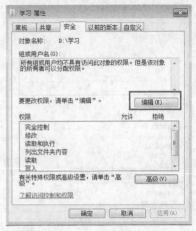

图 2-99　"学习 属性"对话框

⑥ 在"学习 的权限"对话框中单击"添加（D:）…"按钮，然后在弹出的"选择用户或组"对话框中单击"高级"按钮，如图 2-100 所示。

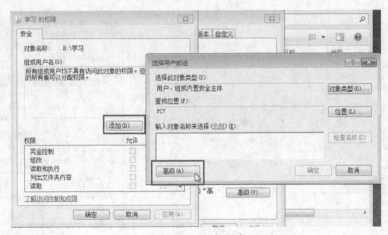

图 2-100　添加用户

⑦ 单击"立即查找"按钮，在下面的列表框中选定 test 用户，然后单击"确定"按钮，如图 2-101 所示。

⑧ 在"学习 的权限"对话框中选中 test 用户，在"允许"列下勾选"完全控制"复选框，如图 2-102 所示，然后单击"应用"按钮。

⑨ 继续单击"添加（D:）…"按钮，在弹出的"选择用户或组"对话框中单击"高级"按钮，这一次添加的用户为 everyone 组账户，如图 2-103 所示（everyone 是一个通用组账户，它包括了使用计算机的所有用户）。

⑩ 在"学习 的权限"对话框中的"允许"列下勾选"读取和执行""列出文件夹内容""读取"复选框，如图 2-104 所示，然后单击"确定"按钮。

图 2-101 查找用户

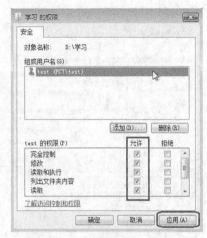

图 2-102 设置 test 用户的权限

图 2-103 添加 everyone 组账户　　　　　图 2-104 设置 everyone 组账户的权限

⑪ 最后返回"学习 属性"对话框中单击"确定"按钮即可。

知识点介绍

1. Windows 文件系统

目前 Windows 文件系统有两种类型，一种是 FAT32，另一种是 NTFS。用户可以在资源管理器窗口点选磁盘，通过状态栏看到，或者查看磁盘的属性窗口，如图 2-105 所示。

FAT32 早于 NTFS，但目前应用最广泛是 NTFS，它们之间的最大的区别是 FAT32 支持最大文件 4GB，磁盘（单个分区或卷）最大 8TB，受操作系统限制一般为 32GB，不支持文件安全属性；而 NTFS 支持最大文件理论上为 64EB，实际 16TB，MBR 磁盘最大 2TB，GPT

磁盘最大 16TB，同样也受操作系统限制，支持加密和安全属性。

2. 文件名

在进行文件管理时，要设置文件夹名称，如图 2-106 所示的 dir。而文件名一般由两部分组成，这两部分之间以"."间隔，前部分称为文件的基本名称（也称为文件主名），用于标识不同的文件；后部分称为文件的扩展名，用于标识文件的类型。安装在操作系统的应用程序会根据文件扩展名自动识别文件类型，并以相同的图标显示，表示这些文件是同一类型，是属于某一类型的文件。

在图 2-106 中，文件 aaa 没有扩展名，系统不识别该文件类型；文件"第一章.txt"是文本文档文件，文件"位图.bmp"是位图图像文件。

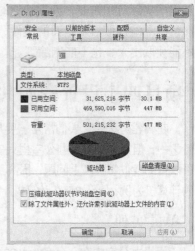

图 2-105　磁盘的文件系统类型

图 2-106　系统识别的文件类型

文件夹和文件的命名有如下原则。

- 文件名最长可以使用 255 个字符。
- 可以使用扩展名，扩展名用来表示文件类型，也可以使用多个间隔符"."间隔的扩展名。例如，win.ini.txt 是一个合法的文件名，但有效的文件类型由最后一个扩展名决定。
- 文件名中允许使用空格，但不允许使用下列字符（英文输入法状态），即"\""/"":""*""？""""""<"">""|"等 9 个字符，在命名时如果输入了这些字符，系统会出现错误提示。

Windows 系统对文件名中字母的大小写在显示时有不同，但在使用时不区分大小写。

项目小结

本项目重点学习了在 Windows 7 系统中，如何对文件和文件夹进行管理，如文件和文件夹的命名规范、文件的基本操作、文件的安全权限等。其中基础操作重点是文件操作，需要熟练掌握文件的创建、重命名、修改、删除、复制、剪切与粘贴等，熟悉多种鼠标与键盘操作方法。

对于文件系统的安全权限设置，由于在日常使用中，会经常遇到因为文件权限设置不当，共享不能被复制等问题，建议在学习时需要掌握基本的设置方法。在文件权限的设置中，可以根据实际应用需要，设置其他的权限特点，如一个共享目录，提供给大家创建文件与文件夹，但不能读取目录里面的文件，只能新建文件与文件夹，包括粘贴文件与文件夹进来，但不能读取出来，也不能删除等。

「项目四」设置资源共享

在日常办公时，人们常常需要与同事之间相互交换数据；打印机是办公过程中必不可少的设备之一，但是如果多人办公室里只安装了一台打印机，那该怎么办呢？设置文件夹与打印机共享可以帮助我们解决以上问题，提高工作效率。下面以办公室里的一台安装了 Windows 7 操作系统的计算机为例，介绍如何在计算机上设置文件夹与打印机共享，以及在其他计算机上使用共享资源。

项目实训

假设办公室中有一台名为 PC7 的 Windows 7 计算机，现需要在该计算机上共享一个名为"公共数据"的文件夹，存放办公室内的公共数据；再安装一台型号为 Epson AL-2600 的打印机，并设置打印机共享。然后在办公室里的其他 Windows7 计算机上访问和使用 PC7 的共享资源。

1.设置文件或文件夹共享

（1）设置文件夹共享

打开资源管理器，在 D 盘中新建一个准备用来共享的文件夹，并命名为"公共数据"，以后需要与其他计算机上的用户共享的文件，就可以存放在该文件夹中。用鼠标右键单击"公共数据"，如图 2-107 左图所示，打开其属性对话框，切换到"共享"选项卡，如图 2-107 右图所示。

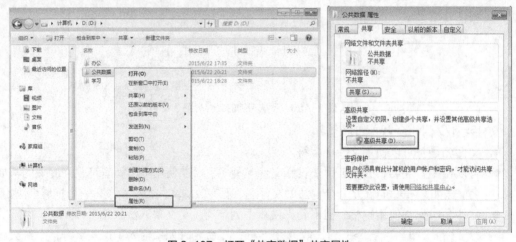

图 2-107　打开"共享数据"共享属性

在"共享"选项卡中，单击 高级共享(D)... 按钮，打开"高级共享"对话框，勾选"共享此文件夹"复选框，并根据实际需要设置同时共享的用户数量限制数，系统默认为 20，如图 2-108 左图所示。

（2）设置共享权限

如果允许其他用户在访问共享文件夹时更改其中的数据，则可以进一步对共享文件夹的共享权限进行设置。

单击"高级共享"对话框中的 权限(P) 按钮，打开"公共数据的权限"对话框，在"组或用户名"列表框中选中 Everyone 组账户，然后在权限设置框中勾选允许"更改"与"读取"

权限，如图 2-108 右图所示，单击"确定"按钮完成。此时文件夹"公共数据"将允许其他用户通过网络来访问，并可以对文件夹中的数据进行更改。

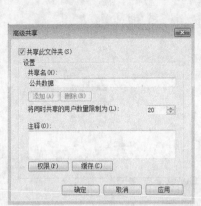

图 2-108　共享与共享权限设置

此外，还可以在图 2-108 右图中单击 添加(D)... 按钮，添加允许访问的用户名及设置相应的访问权限。

（3）设置共享文件夹的安全权限

在"公共数据属性"对话框中切换到"安全"选项卡，如图 2-109 左图所示，在"组或用户名"列表框的右下方单击 编辑(E)... 按钮，添加 Everyone 组，并设置相应的访问权限，如图 2-109 右图所示，最后连续单击"确定"按钮直至完成。

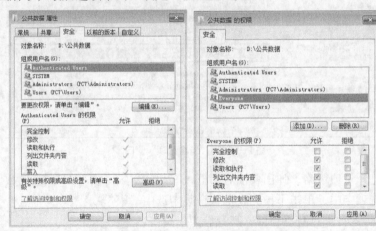

图 2-109　文件夹安全权限设置

（4）启用 Guest 来宾用户账户

在 Windows 7 系统中，默认情况下 Guest 来宾用户账户是禁用的，我们需要将其启用以便其他用户通过网络来访问本机的共享资源。启用方法如下所述。

单击"开始"按钮，依次选择打开"控制面板"|"管理工具"窗口，在其中双击打开"计算机管理"窗口，依次双击展开"系统工具"|"本地用户和组"，双击打开"用户"文件夹，在右侧的列表窗格中找到"Guest"用户，用鼠标右键单击该用户，选择"属性"菜单项，如图 2-110 左图所示。在弹出的"Guest 属性"对话框中，取消选中【账户已禁用】复选框，如图 2-110 右图所示，单击"确定"按钮完成设置。

图 2-110　启用 Guest 来宾用户

（5）设置本地安全策略

首先设置安全策略中的"安全选项"。依次打开"控制面板"|"系统和安全"|"管理工具"，打开"本地安全策略"，展开"安全设置"|"本地策略"，双击打开"安全选项"，在右侧的策略列表框中，找到"网络访问：本地账户的共享和安全模型"策略，如图 2-111 所示。

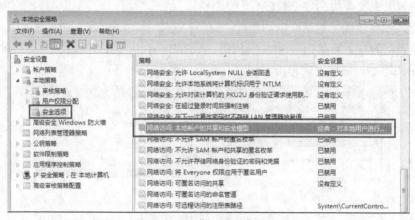

图 2-111　"安全选项"窗口

接着双击打开该项策略，弹出属性对话框，在"本地安全设置"选项卡中，单击下拉列表框，在其中选中"仅来宾—对本地用户进行身份验证，其身份为来宾"，然后单击"确定"按钮，如图 2-112 所示。

在"安全选项"的窗口中找到并选中"账户：使用空密码的本地账户只允许进行控制台登录"策略，如图 2-113 左图所示。

双击打开该项策略，弹出属性窗口，在"本地安全设置"选项卡中，将本项策略设置为 ◉ 已禁用 (S)，如图 2-113 右图所示，单击"确定"按钮。

最后设置"用户权限分配"。浏览窗格展开"本地策略"窗口，打开"用户权限分配"目录，在右侧的策略

图 2-112　网络访问设置

列表框中找到"拒绝从网络访问这台计算机"策略选项，如图 2-114 所示。

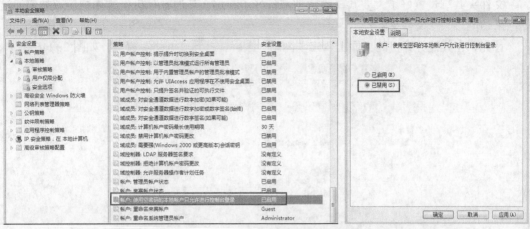

图 2-113　账户空白密码登录控制

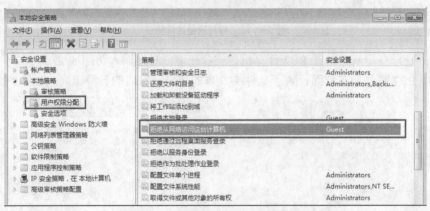

图 2-114　设置允许从网络访问计算机

双击打开该项策略，弹出属性窗口，在"本地安全设置"选项卡中，将列表框中的 Guest
账户删除，如图 2-115 所示，单击"确定"按钮。

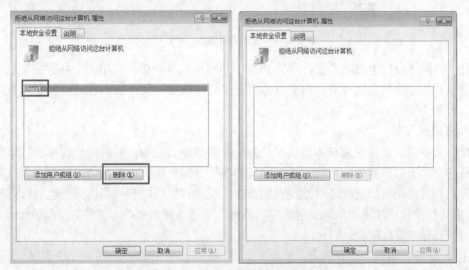

图 2-115　从网络访问计算机删除 Guest

（6）通过网络访问共享文件夹

文件夹共享设置好了，要共享的数据准备好了，那么其他计算机上的用户应该如何通过网络来访问该共享文件夹呢？

首先，在其他计算机的桌面上双击"网络"图标，打开"网络"窗口，如图2-116所示。

图2-116　打开网络访问窗口

然后，在该窗口双击打开PC7计算机，或者在地址栏处输入访问地址"\\PC7"，再按回车键。其中PC7是我们在前面设置了文件夹共享的那台计算机的计算机名，如图2-117所示。

图2-117　输入访问地址"\\PC7"

此时在网络窗口中出现了在计算机PC7上所有的共享资源，其中"公共数据"就是我们在前面设置的那个共享文件夹，只要双击打开"公共数据"文件夹，就可以复制或者修改里面的各个文件了。

2. 打印机共享

在办公室中，通常使用打印机共享的方法来节省办公成本，提高办公效率。打印机共享的方法与文件夹共享类似，因此设置打印机共享的计算机是配备了打印机的那一台计算机，而需要访问并使用打印机的是其他没有配备打印机的计算机。在网络访问上也同样需要启用Guest来宾用户账户和设置本地安全策略，具体方法请参阅前述的"文件共享"设置方法。

（1）安装本地打印机

① 在配备打印机的计算机上，单击"开始"按钮，在"开始"菜单中找到 设备和打印机 选项，并单击打开。也可以选择"控制面板"|"硬件和声音"，打开"设备和打印机"窗口，如

图 2-118 所示。

图 2-118　"设备和打印机"窗口

② 在"设备和打印机"窗口中，单击"添加打印机"按钮，打开"添加打印机"对话框，如图 2-119 所示。

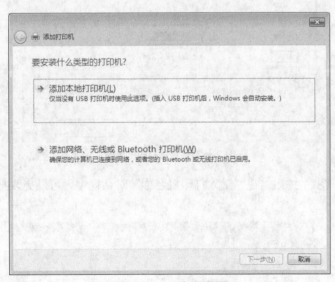

图 2-119　添加打印机

③ 在"添加打印机"对话框中选择"添加本地打印机（L）"，进入"选择打印机端口"对话框，LPT 是旧式打印机的并行接口，计算机上一般只有一个 LPT 接口，也就是 LPT1，此处直接单击"下一步（N）"按钮，如图 2-120 所示。

④ 在"安装打印机驱动程序"对话框中，选择需要安装的打印机驱动程序，此处的打印机驱动程序是 Windows 7 系统驱动库自带的驱动程序。注意，如果需要安装打印机附带的专用驱动程序，则此处可以单击"从磁盘安装（H）..."按钮进行安装。

此处选择使用 Windows 7 系统自带的驱动程序安装 Epson AL-2600 型号的打印机，如图 2-121 所示。

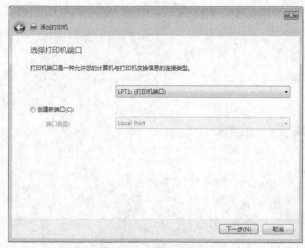

图 2-120　选择打印机端口

图 2-121　选择打印机型号

⑤ 单击"下一步"按钮，在"键入打印机名称"对话框中，可以更改打印机的名称，如图 2-122 所示。

图 2-122　设置打印机名称

⑥ 单击"下一步"按钮，系统开始安装该打印机驱动程序。该步骤完成后，进入"打印机共享"对话框。在此处可以直接选择"共享此打印机以便网络中的其他用户可以找到并使用它"来共享该打印机。

因为考虑到有些已经装好的本地打印机开始并未设置为共享，因此本项目在此处选择"不共享这台打印机（O）"，在后面的步骤中再进行共享，如图 2-123 所示。

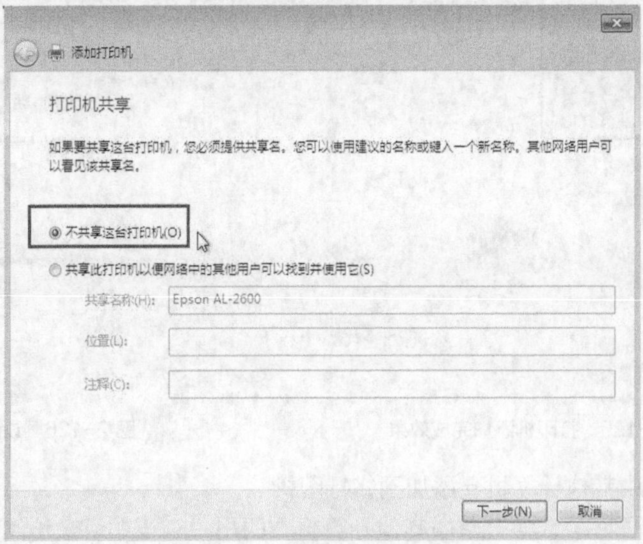

图 2-123　设置暂不共享打印机

⑦ 在添加打印机完成之前，可以单击"打印测试页"按钮测试打印机能否正常工作，或者直接单击"完成（F）"按钮，如图 2-124 所示。

图 2-124　完成打印机安装

安装完成后，在【设备和打印机】窗口中可以看到 Epson AL-2600 打印机的图标，如图 2-125 所示。

（2）共享打印机

在"设备和打印机"窗口，用鼠标右键单击 Epson AL-2600 打印机，打开其属性对话框，切换到"共享"选项卡，勾选"共享这台打印机（S）"复选框，并为打印机设置一个共享名，如图 2-126 所示，单击"确定"按钮。

图 2-125　打印机添加完成效果

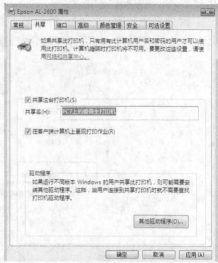

图 2-126　设置打印机共享

（3）在局域网中其他计算机上添加网络打印机

共享打印机设置好了，办公室中其他计算机上的用户应该如何来访问并使用这台共享打印机呢？

首先，按照访问共享文件的方法，在办公室的另一台计算机上打开"网络"窗口，访问计算机 PC7 上的共享资源，我们可以看到现在计算机 PC7 上共享的资源多了一台打印机，如图 2-127 所示。

图 2-127　访问共享打印机

用鼠标右键单击共享打印机"PC7 上的爱普生打印机"图标，在弹出的快捷菜单中选择"连接（N）…"选项，如图 2-128 所示。

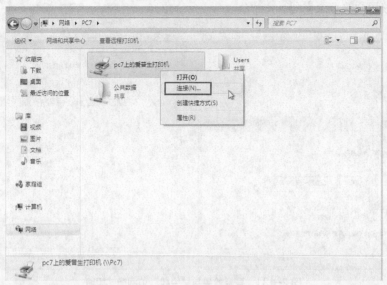

图 2-128 连接共享打印机

接着会弹出一个对话框询问是否确定要安装该网络打印机的驱动，如图 2-129 所示。

单击"安装驱动程序"按钮成功添加后，在"设备和打印机"窗口中，可以看到新添加的打印机，如图 2-130所示。

图 2-129 确认对话框

图 2-130 安装完成共享打印机

知识点介绍

1. 文件共享的经典用户访问

在前面的项目实训中，我们应用了"仅来宾"的访问模式，除此之外，还有"经典"访问模式，当设置为"经典"访问之后，在网络上其他计算机访问它时需要输入用户名和密码，设置方法与测试效果如图 2-131 所示。注意这里输入的用户名和密码是你要访问的计算机上的用户名和该用户的登录密码。

图 2-131　登录效果与"经典"访问模式策略

2. 访问网络共享的方式

前面的项目四介绍了在"网络"窗口地址栏中输入"\\计算机名称"的方式访问共享资源。此外还可以在资源管理器地址栏输入对方的 IP 地址进行访问。例如，假设 PC7 的 IP 地址是 192.168.3.5，访问时也可以在地址栏输入"\\192.168.3.5"进行访问，如图 2-132 所示。

图 2-132　用 IP 地址访问共享资源

3. 打印机安装

前面的项目四介绍了安装 Windows 7 系统中自带的打印机驱动程序，在实际工作中，打印机的品牌和型号很多，不一定都能在 Windows 能找到驱动程序。目前市面上很多打印机都是 USB 接口，也有的打印机具有网络接口，通过网线可以接入到网络共享使用。因此安装时，通常需要打开打印机附带的驱动程序，运行安装程序依据向导进行驱动安装。在安装过程中，有的会提示连接上打印机再继续安装，也有的是安装完成后再连接上打印机。

如果驱动程序丢失，也可以到打印机官网下载，如图 2-133 所示。

图 2-133　打印机驱动网下载驱动

安装时双击打开运行下载的程序包，进行安装即可。

4. 打印机共享

共享打印机时如果遇到跨平台访问，如打印机安装在一台 Windows 7 32 位计算机上，但需要在 Windows 64 位计算机上访问，则需要安装适合这些平台的驱动程序。在图 2-134 左图中单击 其他驱动程序(D)... 按钮，进入安装其他驱动程序界面，在列表框中勾选需要的平台，单击"确定"按钮进入程序安装，如图 2-134 右图所示。

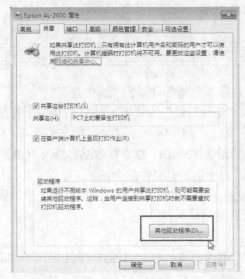
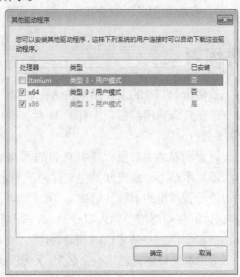

图 2-134　安装 64 位系统的打印机驱动

项目小结

本项目通过对 Windows 7 操作系统中如何设置文件夹与打印机共享的讲解，让大家对如何在局域网中共享软件与硬件资源有了比较全面的了解，对 Windows 7 操作系统提供的网络功能有了进一步的认识。

设置数据与硬件设备的资源共享可以让网络中的用户访问和使用其他计算机上的资源，节省了办公成本，大大提高办公的效率。可共享的资源包括硬件资源和软件资源。硬件资源包括打印机、扫描仪、传真机、硬盘、光驱等；软件资源包括各种数据、应用程序等。办公室同一部门中常见的操作有：同一部门的所有工作人员，可以在自己的计算机上共同读取本部门某台计算机上的数据，或者共同使用办公室里的同一台打印机来打印文件等。

模块小结

本模块的学习目标如下：

● Windows 7 操作系统的使用与个性化设置；
● 掌握 Windows 7 用户管理；
● 掌握 Windows 7 文件管理；
● 掌握 Windows 7 共享文件夹和打印机。

本模块学习了 Windows 7 操作系统的基本操作，对 Windows 7 有了一个较为全面的认识，学习时应立足于技能训练，通过项目一熟悉 Windows 7 系统的具体操作使用，也可以在项目一的基础上增加一些 Windows 的常用操作，以尽可能多地充分的了解和使用 Windows 的功能。

掌握了 Windows 7 系统的基本操作后，我们还学习了 3 个方面的技能，分别是 Windows 系统的用户管理、文件管理和文件与打印机共享设置。在用户管理中，最基本的操作是增加、删除用户，修改用户密码，启用用户账户等。在文件管理中，最基本的操作是掌握创建、删除、复制、移动文件或文件夹，重命名文件，理解文件名的命名规则，懂得对文件进行整理、归类等。在文件与打印机共享中，掌握设置共享资源与访问共享资源的方法，提高办公自动化的效率。在教学上可以结合实际，重点训练基本技能，再进一步加深学习。

模块练习

1. 请使用 NTFS 的文件系统格式化 E 盘，并将 E 盘卷标设置为"学生盘"。

2. 请在资源管理器窗口中打开 D 盘，并以"修改日期"为依据，对 D 盘中的所有文件和文件夹进行分组。

3. 设置回收站的容量，其中 C 盘的回收站容量为 500MB，D 盘回收站容量为 1GB。

4. 设置系统不隐藏已知类型文件的扩展名，显示出所有文件的全名。

5. 请设置本机的屏幕分辨率为 1024*768 像素，并启用屏幕保护程序，等待 1 分钟后即进入屏保，屏保唤醒需要输入口令 abcd，5 分钟后关闭显示器。

6. 请在本机上安装"金山词霸软件"，安装完成后再对它进行卸载。

7. 请在本机 D 盘上新建一个名为"小组资料"的文件夹，将 C:\Windows 目录下的"Boot"文件夹复制到"小组资料"文件夹中，然后请作出相应的共享设置，以达到如下效果：将"小组资料"文件夹共享，网络上的所有用户都能读取"小组资料"文件夹中的数据，但只有特定用户"xiaoming"才能更改文件夹中的数据。

PART 3

模块三
文字处理软件应用

文字处理软件是用于文字格式化和排版的应用程序，是办公软件的一种，具有文字录入、存储、编辑、排版、打印等基本功能。Word 是微软公司 Office 系列办公组件之一，是最流行的文字编辑软件之一，集文字处理、表格处理、图文排版于一身，能够满足用户的各种文档处理要求。目前常用的 Word 版本有 Word 2003、Word 2007、Word 2010 以及在 2013 年推出的 Word 2013 几种版本。

本模块在讲解过程中以项目为主线，循序渐进地介绍 Word 2010 中文版的常用功能和使用技巧，实例浅显易懂，非常实用。

「项目一」制作活动通知

⇨ **项目内容**　李小红同学是学校团委秘书长，需要拟定一份关于"迎新晚会节目报名与甄选通知"的活动通知打印发送到各班。要求：版面清晰，内容完整并且突出重点，标题为三号加粗，其余为小四号。

⇨ **效果预览**　活动通知文件样文如图 3-1 所示。

项目实训

1. 输入文本内容

输入如图 3-1 所示的通知内容。

2. 设置字符格式

如图 3-2 所示，设置标题为三号、加粗；正文及最后两行为小四。"活动主题""活动办法及要求""晚会举办时间""未尽事宜另行通知"添加字符底纹。

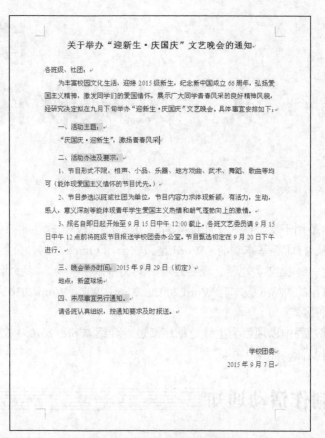

图 3-1　活动通知文件样文图

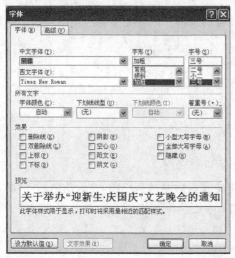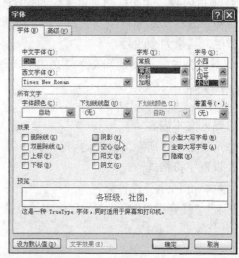

图 3-2　设置标题和正文的字符格式

3. 设置段落格式

如图 3-3 所示，标题居中对齐，段后 1 行；正文各行首行缩进 2 个字符，除标题外其余各行为 1.5 倍行距；第 6、8、16、18 行，段前 0.5 行；倒数第 2 行段前 3 行；最后 2 段右对齐。

4. 保存文档

编辑完成后，把文档保存到 D 盘学生文件夹内，文件名为"迎新生庆国庆文艺晚会通知.doc"。

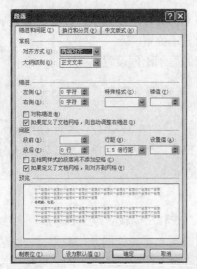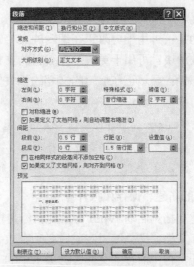

图 3-3　文档各段落的格式设置

知识点介绍

1. 操作界面认识

Word 2010 的操作界面如图 3-4 所示。

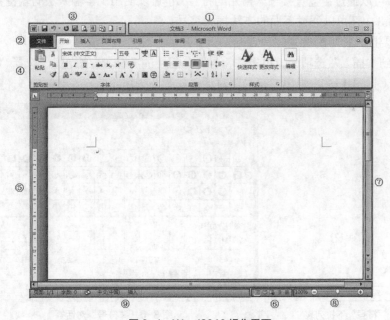

图 3-4　Word2010 操作界面

① 标题栏：显示正在编辑的文档的文件名以及所使用的软件名。

② "文件"选项卡：基本命令如"新建""打开""关闭""另存为..."" 打印"位于此处。

③ 快速访问工具栏：常用命令位于此处，如"保存"和"撤销"。也可以根据需要添加个人常用命令。

④ 选项卡：工作时需要用到的命令位于此处。它与其他软件中的"菜单"或"工具栏"相同。

⑤ "编辑"窗口：显示正在编辑的文档。

⑥ "显示"按钮：可用于更改正在编辑的文档的显示模式以符合用户的要求。

⑦ 滚动条：可用于更改正在编辑的文档的显示位置。

⑧ 缩放滑块：可用于更改正在编辑的文档的显示比例设置。

⑨ 状态栏：显示正在编辑的文档的相关信息。

 什么是"选项卡"？

"选项卡"是水平区域，就像一条带子，启动 Word 后分布在 Office 软件的顶部。用户工作所需的命名将分组在一起，且位于选项卡中，如"开始"和"插入"。可以通过单击选项卡来切换显示的命令集。

2. 文档的新建、保存和打开

① 新建文档：启动 Word 后自动新建文档，或利用模板新建文档。

② 保存文档：文档编辑完成后必须存放到磁盘上才能长期保存。

③ 打开文档：通过"文件"选项卡中的"打开"命令或选项卡的"打开"按钮 📂，弹出"打开"对话框。

3. 编辑文本

① 输入文字：创建文档后，可在编辑窗口中输入文字、插入字符，对文档中的文字可以删除、修改。

插入符号可以通过键盘直接输入常用的符号，也可以使用汉字输入法的软键盘输入符号。另外，在 Word 中还可以通过下面的方法插入符号。

● 单击要插入符号的位置。

● 切换到"插入"选项卡，单击"符号"分组中的"符号"按钮 Ω，选择"其他符号"选项（见图 3-5），弹出"符号"对话框如图 3-6 所示。

图 3-5　"符号"下拉列表

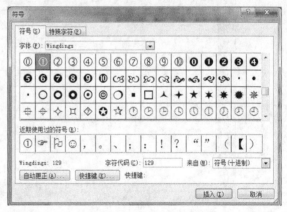

图 3-6　"符号"对话框

② 选定文本：把 I 型指针移动到要选择文本开始位置的文字前，按住鼠标左键不放，拖动鼠标到选定文本的末尾，然后松开鼠标左键，这时所选内容为黑底白字（反像显示）。如果要选定整篇文档，可直接利用组合键【Ctrl+A】进行选定。

③ 删除文本：选定要删除的文本，然后按【Delete】键或【Backspace】键。

④ 移动文本：选定要移动的文本，将选定内容拖至新位置。

⑤ 复制文本：选定要复制的文本，单击"开始"选项卡"剪贴板"分组中的"复制"按钮 📋复制 （或按【Ctrl+C】组合键），单击插入点位置，再单击"开始"选项卡"剪贴板"分

组中的"粘贴"按钮 （或按【Ctrl+V】组合键）。

4. 查找和替换

Word 提供的查找和替换功能可方便地对某些内容进行查找或同一替换。

① 查找文本：在文档中找到指定文本出现的位置。单击"开始"选项卡"编辑"组中的"查找"按钮 ，打开"查找和替换"对话框的"查找"选项卡（见图 3-7），在"查找内容"文本框中键入要查找的文本。

② 替换文本：自动将某个词语替换为其他词语，替换文本将使用与所替换文本相同的格式。单击"开始"选项卡"编辑"组中的"替换"按钮 ，打开"查找

图 3-7 "查找和替换"对话框的"查找"选项卡

和替换"对话框的"替换"选项卡（见图 3-8），在"查找内容"文本框中键入要搜索的文本，在"替换为"文本框中键入替换文本。

5. 字符格式处理

① 基本格式：字体、字形、字号、颜色、字符的边框与底纹、下画线和着重符号的设置。一般可以在"开始"选项卡的"字体"组中设置各选项（见图 3-9），极个别设置需打开"字体"对话框进行设置（见图 3-10）。另外，还可在"字体"对话框的"高级"选项卡中对字符的缩放、间距、位置进行设置（见图 3-11）。

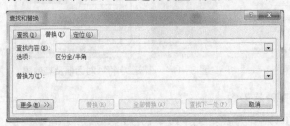

图 3-8 "查找和替换"对话框中"替换"选项卡

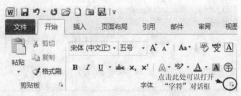

图 3-9 在"开始"选项卡中打开"字符"对话框

图 3-10 "字符"对话框的"字体"选项卡

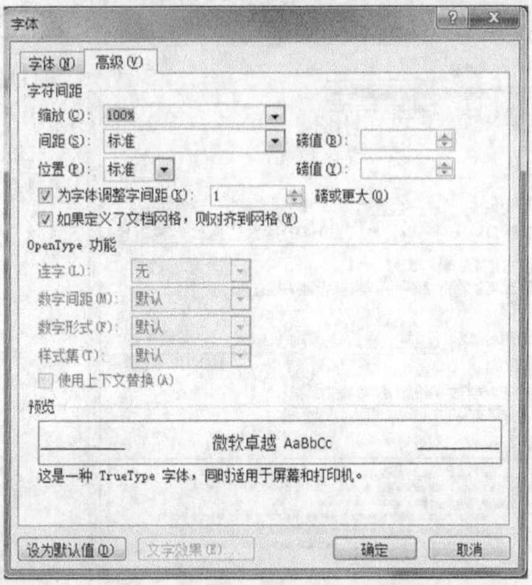

图 3-11 "字符"对话框的"高级"选项卡

② 特殊格式。

● 合并字符：合并字符的含义是在一行范围内排列两排字符，并基本保持原字符的格式，

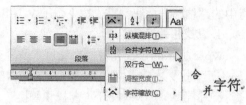

这个合并字符在整个文档中还是充当一个字符的角色。（注意：合并字符设置在"开始"选项卡"段落"组中的"字符间距"按钮下进行设置。）合并字符设置及其效果如图3-12所示。

图3-12 合并字符设置及其效果

- 拼音指南：原意是在汉字上面标注拼音，后来扩展为让两行文字排列在一行中，并具备行的特征。在"开始"选项卡"字体"组中单击"拼音指南"按钮，打开"拼音指南"对话框进行设置。"拼音指南"对话框及其效果如图3-13所示。
- 带圈字符：在单个字符外加上圈，分别有"缩小文字"和"增大圆圈"可选。"带圈字符"对话框及其效果如图3-14所示。

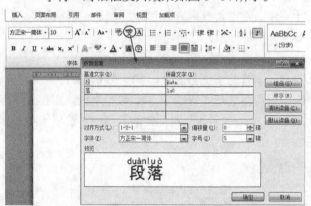

图3-13 "拼音指南"对话框及其效果

图3-14 "带圈字符"对话框及其效果

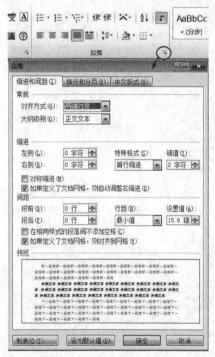

图3-15 "段落"对话框

6. 段落设置

① 对齐方式：确定段落边缘的外观和方向。选定设置的段落，单击"开始"选项卡"段落"组中的各个相应的按钮：两端对齐▤；左对齐▤；右对齐▤；居中对齐▤；分散对齐▤。

② 段落缩进：决定段落到左右页边距的距离。在"段落"对话框的"缩进和间距"选项卡中进行设置。

"段落"组及"段落"对话框如图3-15所示。

- 左缩进：段落每一行开始到左页边距的距离。
- 右缩进：段落每一行结束到右页边距的距离。
- 首行缩进：段落的第一行文本缩进，其他行不缩进。
- 悬挂缩进：除段落中的第一行不缩进外，其他行缩进。

③ 段间距：各段落之间的距离，包括段前间距和段后间距（见图3-16），在"段落"对话框的"缩进和间距"选项卡中进行设置。

- 段前间距：目标段落的首行与上一段落末行之

124

间的距离。

● 段后间距：目标段落的末行与下一段落首行之间的距离。

④ 行距：同一段落中各行之间的距离。默认情况下，文档中段落间距和行距都是统一的"单倍行距"，在"段落"对话框的"缩进和间距"选项卡中进行设置（见图 3-17）。

图 3-16　段间距设置

图 3-17　行距设置

项目小结

本项目需要掌握 Word 中的基本操作，特别是格式的设置，包括字符、段落、页面 3 个方面。只要掌握本项目的知识点，就能完成常用简单的文档编辑。

在文档编辑中，需要对"正文"和"全文"的概念有正确的理解。正文是指著作的本文，区别于"序言""注解""附录"等，像标题、署名之类并不包括在内。全文则是指整篇文章，包括文章的全部文字。

段落是 Word 中一个很重要的概念，也是文档的重要组成结构。一篇文章或者一本书的内容，基本组成元素是文字，文字又构成段落。因此弄清段落，对于 Word 文档的编辑而已，是一件重要的工作。Word 中的段落和通常我们所说的文章段落的概念有点不同，我们通常说的一段文字，有一个起始位置，也就是空两格开始的位置，而段尾处必须要换行。比如上一段，以"段落是……"开始，以"……重要的工作。"结束，然后换行。在 Word 中，段落的概念稍微有点不同，它不是以换行结束的，而是以回车键为标记的。

Word 中的段落标记如图 3-18 所示。

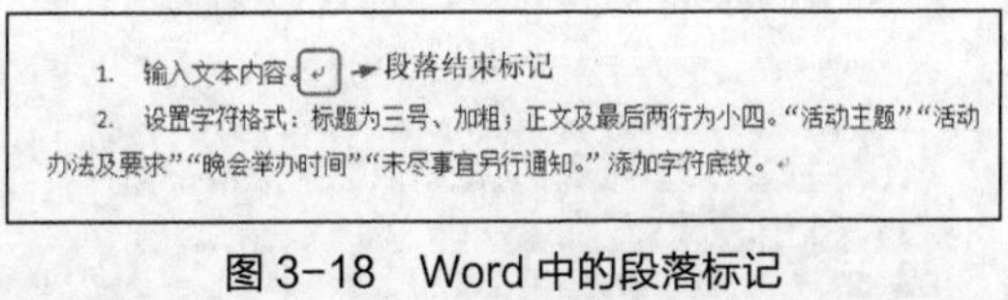

1. 输入文本内容 ↵ ← 段落结束标记
2. 设置字符格式：标题为三号、加粗；正文及最后两行为小四。"活动主题""活动办法及要求""晚会举办时间""未尽事宜另行通知。"添加字符底纹。↵

图 3-18　Word 中的段落标记

在格式设置中，对于一些简单格式的设置可利用工具栏快速进行设置，减少操作时间。

底纹可以利用填充进行设置，具体可以单击"开始"选项卡"段落"组中的"填充"按钮，打开下拉列表进行设置，如图 3-19 所示。

行距可以利用"行或段落间距"按钮进行快速设置，具体可以单击"开始"选项卡"段落"组中的"行或段间距"按钮 ‡三，打开下拉列表进行设置，如图 3-20 所示。

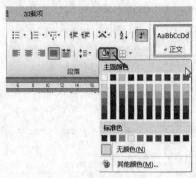

图 3-19 "填充"下拉列表

图 3-20 "行或段间距"下拉列表

「项目二」制作小报

⇨ **项目内容** 学校进行一次地理知识比赛，宣传部配合该比赛宣传需赛前在宣传栏粘贴一些关于地理知识的宣传小报，要求简单整洁。

⇨ **效果预览** 宣传海报样文效果如图 3-21 所示。

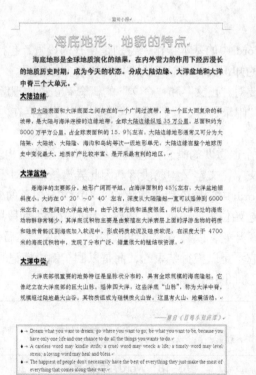

图 3-21 宣传小报样文效果图

项目实训

1. 输入文本内容

在 Word 中输入宣传海报的内容。

2. 设置字符格式

① 将文档标题的字体设置为幼圆、一号，并为其添加"填充-蓝色，强调文字颜色 1，内部阴影-强调文字颜色 1"的文本效果，如图 3-22 所示。

② 将正文第 1 段的字体设置为黑体、四号、加粗，并为其添加"紫色，5pt 发光，强调文字颜色 4"的发光文本效果，如图 3-23 所示。

图 3-22 文档标题文本效果设置　　　　图 3-23 正文第 1 段文本效果

③ 将正文第 3、5、7 段的文字设置为华文中宋、小四；将正文第 2、4、6 段的字体设置为华文琥珀、四号，添加紫色的双波浪线下画线，如图 3-24 所示。

④ 将文档最后一行的字体设置为方正姚体、小四、绿色、倾斜，如图 3-25 所示。

图 3-24 设置下画线　　　　图 3-25 设置字体

3. 设置段落格式

① 将文档的标题行居中对齐，最后一行文本右对齐。

② 将正文中第 1 段这只为首行缩进 2 字符，并设置行距为固定值 24 磅。

③ 将正文第 3、5、7 段设置为首行缩进 2 字符，段落间距为段后 1 行，行距为固定值 22 磅。

正文的段落格式设置如图 3-26 所示。

正文第1段段落格式　　　　　　正文第3、5、7段段落格式

图 3-26　设置正文各段段落格式

4. 改正文档中英文内容中拼写错误的单词

如图 3-27 所示，可对文档中的英文内容进行自动更正。

图 3-27　拼写内容自动更正

5. 添加项目符号

按照样文所示为文档相应段落添加项目符号（见图 3-28），并设置英文部分段落格式为悬挂缩进 0.74 厘米。

6. 添加段落边框

为文档英文部分内容添加段落边框，具体设置如图 3-29 所示。

7. 设置页面格式

设置页边距上下各为 2.4 厘米，左右各为 3 厘米。

8. 设置页眉

给文档添加如样文所示的页眉。

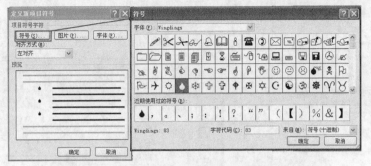

图 3-28 在项目符号列表中选定样文所示的项目符号

图 3-29 "边框和底纹"对话框

编辑完成后,把文档保存到 D 盘学生文件夹内,文件名为"宣传小报.doc"。

知识点介绍

1.格式刷的使用

格式刷 ✔格式刷 位于"开始"选项卡的"剪贴板"组中,用它"刷"格式,可以快速将指定段落或文本的格式用于其他段落或文本上。

① 单次使用:选中文档中的某个带格式的文本 1,然后单击"格式刷" ✔格式刷 ,接着单击要替换格式的文本 2,此时被替换的文本 2 的格式就会与开始选择的文本 1 的格式相同。

② 多次使用:选中文档中的某个带格式的文本 1,然后双击"格式刷" ✔格式刷 ,接着可多次单击要替换格式的文本,此时被替换的文本的格式就会与开始选择的文本 1 的格式相同,所有文本成功替换后再单击"格式刷"按钮结束格式刷的多次使用。

2.段落的边框和底纹

单击"开始"选项卡"段落"组中的"边框线"按钮 ⊞▾ 旁的下拉按钮,在下拉菜单中选择"边框与底纹"选项(见图 3-30),可以弹出"边框与底纹"对话框,在其中可以对文本进行边框与底纹设置,如图 3-31 所示。

设置段落的边框和底纹时,右下角的应用于对象为"段落"。

3.项目符号与编号

项目符号与编号是放在文本前的点或其他符号,起到强调作用。合理使用项目符号和编号,可以使文档的层次结构更清晰、更有条理。

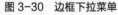

多次使用：选中文档中的某个带格...
接着可多次单击要替换格式的文本...
卡 1 的格式相同，所有文本成功替换...
用。

段落的边框和底纹。

段落边框：点击"开始"功能区中...
列表。

段落底纹。

项目符号与编号。

项目符号与编号是放在文本前的点...
编号，可以使文档的层次结构更清...

图 3-30　边框下拉菜单　　　　　　　　图 3-31　"边框和底纹"对话框

① 项目符号：单击"开始"选项卡"段落"组中的"项目符号"按钮 ≡· 旁的下拉按钮，在下拉列表中为段落前添加相应的项目符号（见图 3-32），如项目符号库中没有所需的符号，可单击"定义新项目符号"选项，弹出"定义新项目符号"对话框进行设置，如图 3-33 所示。

图 3-32　"项目符号"下拉列表　　　　　图 3-33　"定义新项目符号"对话框

② 项目编号：单击"开始"选项卡"段落"组中的"项目编号"按钮 ≡· 旁的下拉按钮，在下拉列表为段落前添加相应的项目编号（见图 3-34），如编号库中没有所需的编号，可单击"定义新编号格式"选项，弹出"定义新编号格式"对话框进行设置，如图 3-35 所示。

图 3-34　"项目编号"下拉列表　　　　　图 3-35　"定义新编号格式"对话框

4.页眉和页脚

页眉和页脚通常显示文档的附加信息，常用来插入时间、日期、页码、单位名称、微标等。其中，页眉在页面的顶部，页脚在页面的底部。

① 添加页眉页脚。单击"插入"选项卡"页眉和页脚"组中的"页眉"按钮 或"页脚"按钮 ，可以打开"页眉和页脚"工具栏（见图 3-36）。另外，也可以在下拉列表中选择内置格式的页眉和页脚，如图 3-37 所示。

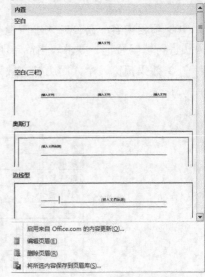

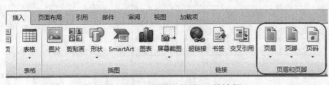

图 3-36　页眉和页脚工具按钮	图 3-37　"页眉"下拉列表

② 在"页眉和页脚工具"选项卡中有"页眉和页脚""插入""导航""选项""位置""关闭" 6 个组，如图 3-38 所示。

图 3-38　"页眉和页脚工具"选项卡

- 页眉和页脚：设置页眉和页脚的样式。
- 插入：可进行插入日期、时间、自动图文集、图片及剪贴画的操作。
- 导航：可在页眉和页脚之间进行切换。
- 选项：设置"首页不同""奇偶页不同""显示文档文字"。
- 位置：设置页眉和页脚的位置。
- 关闭：退出页眉和页脚编辑区域。

项目小结

本项目要求掌握 Word 基本格式编辑操作外，还需要掌握项目符号与编号的设置，利用边框和底纹的设置使文档中的重点内容突出显示，给文档添加页眉页脚等格式设置。在编辑文档中多处需要设置同一个格式时经常会使用到格式刷。在校对文档时，对于某些格式的修正，若适当使用格式刷可以大大提高修正的速度。

在进行边框和底纹的设置时，需注意的是：若选择的对象包括了段落标记在内则系统自动辨识为应用于段落；若没把段落标记选择在内时，系统自动辨识为应用于文字，而此时设置的是段落的边框和底纹则需把选项更改为段落才可设置为段落的边框和底纹。

「项目三」制作履历表

➡ **项目内容**　某公司人事专员小李，需要制作一份简单的履历表，用于前来公司面试的人员进行填写登记，要求表格简单明了，条理清晰。

➡ **效果预览**　个人简历样文效果图如图 3-39 所示。

履　历　表

姓　名		性别		出生日期		一寸免冠照片粘贴处
曾用名		民族		政治面貌		
籍　贯				最后学历		
身份证号				技术职称		
家庭住址						
学习简历	起止年月	所在学校			所学专业	
工作简历	起止年月	服务单位			担任职务	
表彰或处分	（要填写全表彰或处分时间、表彰名称或处分原因、表彰或处分单位）					
说　明	1. 必须用蓝黑墨水笔或签字笔以正楷字体填写。 2. 学习简历从专科或本科开始填写。					

图 3-39　“个人简历”样文效果图

制作要求

- 标题为一号字、黑体、居中。
- 表格的行高为“0.65 厘米”，表格宽度为默认宽度。
- 表格中的标题文字为五号字、宋体、加粗，水平居中、垂直居中，说明性文字不加粗。

项目实训

① 输入“履历表”标题，并设置为黑体、一号字、居中。

② 选择“插入”|“表格”|“插入表格”命令，弹出“插入表格”对话框，指定“列数”

为"1"，"行数"为"25"，如图 3-40 所示。单击"确定"按钮，插入一个 1 列 25 行的表格。

③ 选定表格，选择"表格"工具 | "布局" | "单元格大小"展开按钮，弹出"表格属性"对话框中打开"行"选项卡，选择"指定高度"复选框，然后在其右边的设置框中输入"0.65厘米"，如图 3-41 所示，单击"确定"按钮。

图 3-40 设定表格的行、列基本数

图 3-41 设置表格的行高

④ 选择"表格"工具 | "设计" | "绘图边框"组中的"绘制表格"按钮，鼠标指针变为铅笔状。

⑤ 在刚建立的表格中，根据履历表中表格竖线的位置，在表格的相应位置中拖动鼠标，添加一条表格竖线，如图 3-42 所示。如此继续，把 12 条表格竖线添加完后，双击鼠标。

⑥ 选择表格 1~5 行中的最后 1 列，单击"表格"工具栏"布局"选项卡"合并"组中的"合并单元格"按钮。用同样的方法合并表格 6~11 行中的第 1 列、12~17 行中的第 1 列、18~23 行中的第 1 列、24~25 行中的第 1 列、24~25 行中的第 2 列。

⑦ 选定表格，在"表格"工具栏"设计"选项卡"绘图边框"组中线型下拉列表中选择双线线型，单击"表格样式"组中"边框"按钮右边的箭头按钮，在打开的列表中选择外围边框。

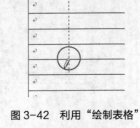

图 3-42 利用"绘制表格"按钮为表格划分列

⑧ 在"表格"工具栏"设计"选项卡"绘图边框"组中线型下拉列表中选择单线线型，线粗下拉列表中选择"1.5"磅，选定"学习简历"一行，单击"表格样式"组中"边框"按钮右边的箭头按钮，在打开的列表中选择上框线。用同样的方法，设置"工作简历""表彰或处分""说明"间的横线。

⑨ 选定表格，在"表格"工具栏"布局"选项卡"对齐方式"组中对齐按钮列表中单击"中部居中"按钮 ▤。

⑩ 在表格中输入文字。

⑪ 光标移动到"表彰或处分"单元格右边的单元格处，单击"表格"工具栏"布局"选项卡"对齐方式"组中的"靠上两端对齐"按钮。用类似方法设置"说明"单元格右边的单元格为"中部两端对齐"。

⑫ 设置表格标题文字为五号字、宋体、加粗，说明性文字为五号字、宋体。

⑬ 将光标移动到"学习简历"单元格处，单击"表格"工具栏"对齐方式"组中的"文

字方向"按钮,如图 3-43 所示,使文字方向
改变为纵向。用类似方法,设置"工作简历"
和"表彰或处分"单元格的文字方向为纵向。

⑭ 选择"文件"|"保存"命令,在弹出
的对话框中选择"我的文档"文件夹,输入
保存的文件名为"履历表.doc",保存文档。

图 3-43　设置表格单元格文字方向为垂直方向

知识点介绍

1. 插入表格

(1)自动生成表格(常使用在建立标准的表格)

● 建立快速表格。把光标置于需要插入表格的位置,单击"插入"选项卡"表格"组 "表格"按钮下的箭头打开下拉列表,单击"快速表格"选项可以打开快速表格内置 的列表,在列表内有很多系统内置的表格如图 3-44 所示。单击需要的表格,则立刻 在光标所在处插入该快速表格。

● 使用"表格"菜单生成表格。把光标放置在需要创建表格的位置上,单击"插入"选 项卡"表格"组"表格"下的箭头打开下拉列表,单击"插入表格"(见图 3-45), 打开"插入表格"对话框(见图 3-46),然后选择所需的列数和行数,单击"确定" 按钮后,在光标所在位置即可生成表格。

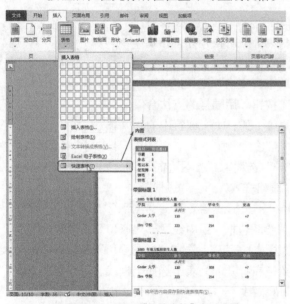

图 3-44　利用"快速表格"新建表格

图 3-45　"表格"按钮下拉列表

图 3-46　"插入表格"对话框

(2)手工绘制表格(通常使用在建立非标准的表格)

● 绘制表格。把光标放置在需要创建表格的位置上,单击 "插入"选项卡的"表格"组"表格"按钮下的箭头打 开下拉列表,单击"绘制表格",此时鼠标指针变成 ⁄ 状,即可在所需位置单击鼠标左键,从左上方到右下 方拖动鼠标绘制表格内外框线;表格绘制后,会在选 项卡显示"表格工具",其中包括"设计"和"布

局", 如图 3-47 所示。

图 3-47 表格工具内的"设计"选项卡

图 3-48 表格工具内的"布局"选项卡

● 擦除框线。将光标置于表格中任意处,单击"表格工具"中"设计"栏中的"擦除"按钮,鼠标指针变成橡皮擦形状,在要擦除的框线上拖动橡皮擦指针,松开鼠标左键就擦除了选定框线。

2. 编辑表格

将光标置于表格内任意处,会在选项卡显示"表格工具",其中包括"设计"和"布局"两栏。

(1) 表格设计

在"设计"栏内可以对表格样式、表格的边框和底纹进行设置,如图 3-49 所示。

图 3-49 表格工具内的"设计"选项卡

(2) 表格布局

在"布局"栏内可以对表格属性,行、列与单元格格式,对齐方式,数据等进行设置,如图 3-50 所示。

图 3-50 表格工具内的"布局"选项卡

3. 删除表格

将光标置于表格内任意处,选择"表格工具"选项卡"布局"栏"行和列"组中"删除"按钮下的下拉列表进行设置,如图 3-51 所示。

图 3-51 表格"删除"按钮下拉列表

项目小结

表格的运用在 Word 中是十分常见的,本项目制作的是表格中常见的一种——履历表。

在这个项目里，由于表格的复杂性，因此在建立表格的时候，首先使用建立标准表格的常用方法——自动绘制来设定表格的行数，然后使用手动绘制的方法来添加表格中的各列，最后还使用了合并单元格的操作对表格进行结构上的修正。在制作本项目的过程中，除了表格结构的设置外，还需要注意的是表格中文字的排列方向与对齐方式的设置，采用适当的格式设置，最后使表格达到简单、全面、一目了然的效果。

在进行表格的边框设置时，往往很容易出现设置了外边框，内边框没设置好或内边框设置好了而外边框设置又没设置的情况。此时应该注意的是：首先单元格区域对象的选择要适当；其次在选择"边框设置"项时，需选择"自定义"一项；最后在预览区域确认设置，使预览区域显示所设置效果后再单击"确定"按钮完成设置，如图 3-52 所示。

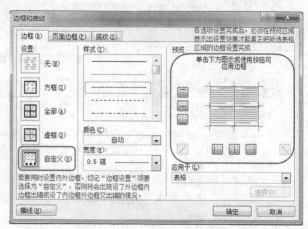

图 3-52　表格的边框和底纹设置

「项目四」批量制作物业管理缴费通知

⇒ **项目内容**　轻功小区物业管理中心，每个月都需要给用户派发物业管理费缴费通知，要求能根据财物制作的缴费电子表格批量制作各住户物业管理缴费通知书。

⇒ **效果预览**　用户物业管理费缴费通知如图 3-53、图 3-54 和图 3-55 所示。

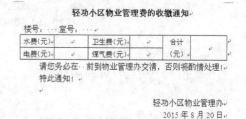

图 3-53　用户缴费电子表格

图 3-54　用户物业管理费缴费通知主文档

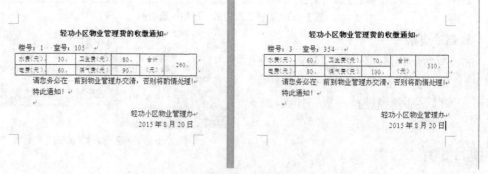

图 3-55　用户物业管理费缴费通知

图 3-55　用户物业管理费缴费通知（续）

项目实训

① 新建一个文档，设置纸张大小为 A6，输入"用户物业管理费缴费通知主文档.docx"的内容，并保存。

② 选择"邮件"|"开始邮件合并"组|"开始邮件合并"下拉列表内的"邮件合并分步向导"命令，编辑区右边出现"邮件合并"任务窗格，选择"信函"单选钮，单击"下一步：正在启动文档"任务链接，如图 3-56 所示。

③ 选择"使用当前文档"单选钮，单击"下一步：选取收件人"任务链接，如图 3-57 所示。

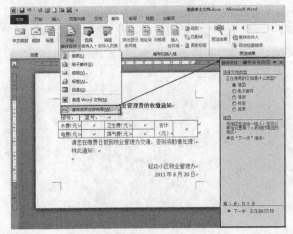

图 3-56　打开邮件合并分步向导

图 3-57　选择开始文档

④ 单击"浏览"任务链接，弹出"选取数据源"对话框，选取 "物管费缴费表.xlsx"（见图 3-58），单击"打开"按钮，弹出【邮件合并收件人】对话框，不作设置，单击 确定 按钮。

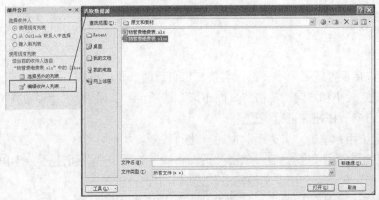

图 3-58　选取数据源

⑤ 在"邮件合并"任务窗格中，单击"下一步：撰写信函"任务链接，将光标移动到"楼号"前，在"邮件合并"任务窗格中，单击"其他项目"任务链接，在弹出的"插入合并域"对话框，选择"楼号"，单击 插入(I) 按钮，如图 3-59 所示。用相同的方法，在主文档中插入数据源中的其他域，如图 3-60 所示。

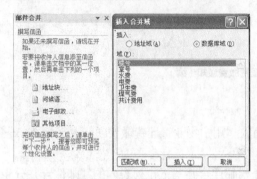

图 3-59　插入合并域

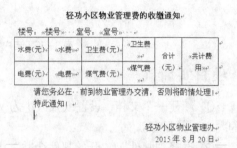

图 3-60　插入合并域后的用户物业管理费缴费通知主文档

⑥ 在"邮件合并"任务窗格中，单击"下一步：预览信函"任务链接，文档中为第 1 个学生的通知书，如图 3-61 所示。

⑦ 在"邮件合并"任务窗格中，单击"下一步：完成合并"任务链接，单击"编辑个人信函"任务链接（见图 3-62），在弹出的"合并到新文档"对话框中，选择"合并记录"中的"全部"全项，Word 2010 新建一个文档，文档的内容是每个收件人的信函。

图 3-61　预览信函

图 3-62　完成全部记录的合并

⑧ 把新建的文档以"轻功小区用户物业管理费的收缴通知.docx"为文件名存档到 D 盘中。

知识点介绍

1．页面设置

页面设置包括设置纸张大小、每行字数和每页行数、页面方向、页边距等。

① 设置纸张大小和方向：单击"页面布局"选项卡"页面设置"组中的"纸张大小"按钮和"纸张方向"按钮进行设置。

② 设置页边距：单击"页边距"按钮进行设置。

③ 设置每行字数和每页行数：单击"页面布局"选项卡"页面设置"组中的展开按钮，打开"页面设置"对话框，在"文档网格"选项卡中进行设置。

④ 设置页眉与页脚的位置：在"版式"选项卡中进行设置。

关于"页面设置"的内容全部都可以单击"页面布局"选项卡"页面设置"组的展开按钮，打开"页面设置"对话框，在各个相关选项卡中进行设置。

2. 计算和排序

（1）公式和函数计算

在使用 Word 2010 制作和编辑表格时，如果需要对表格中的数据进行计算，则可以使用公式和函数两种方法进行计算。具体操作方法如下。

① 将光标放置于表格内记录运算结果的单元格中，单击"表格工具"中"布局"内的"数据组"中的"公式"按钮 f_x （见图 3-63），弹出"公式"对话框（见图 3-64）。

图 3-63 表格工具中的公式按钮

② 在"公式"对话框中"公式"文本框中输入公式或函数，单击"确定"按钮，则光标所在的单元格将显示公式或函数运算的结果。

（2）排序

在使用 Word 2010 制作和编辑表格时，如果需要对表格中的数据进行排序，则可以使用表格工具中的排序功能来实现。具体操作方法如下所述。

① 将光标置于表格内，单击"表格工具"中"布局"内的"数据组"中的"排序"按钮，弹出"排序"对话框如图 3-65 所示。

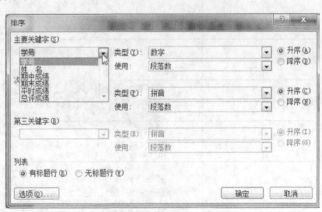

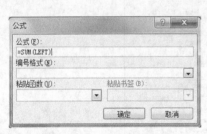

图 3-64 "公式"对话框   图 3-65 "排序"对话框

② 在"排序"对话框中"主要关键字""次要关键字""第三关键字"等下拉列表中选择相应的排序关键字，并选择好排序方式，单击"确定"按钮，则表格中的数据按照要求进行排序并显示出来。

3. 邮件合并

在日常生活中，经常要发送一些成绩单给学生或班级，如果逐一制作成绩单，再一张张地发给学生比较费时费力，而 Word 中的"邮件合并"功能可以很好地解决这个问题。它可以将内容有变化的部分如姓名或成绩等制作成数据源，将文档内容固定的部分制作成一个主文档，然后将其结合起来。

① 主文档的创建——将文档内容固定部分制作成文档。

② 数据源（收件人列表）的创建——将内容有变化的部分制作成数据源。

③ 合并数据（域的使用）——插入合并域。

④ 文档的输出。

项目小结

在本项目主要运用了对表格中数据的简单计算、页面设置以及邮件合并功能批量制作统一格式的成绩单，简化了重复编辑的巨大工作量。实现邮件合并功能，需要具备以下几个条件：文档中固定的内容作为统一标准格式的主文档，变化的内容作为数据源文件（源文件可以是 Word 文档表格同时也可以是 Excel 表格）。

在日常工作中，需批量制作请柬、工资单、成绩单、信封等的时候大多会使用邮件合并功能进行编辑。使用此功能既能统一格式，又能根据不同对象发出相应的内容，不但大大提高了工作的效率，而且降低了出现错误的概率。

「项目五」制作宣传单

⇨ **项目内容**　利用 Word 2010 制作一份关于"乌镇简介"的宣传海报。

⇨ **效果预览**　宣传海报如图 3-66 所示。

图 3-66　宣传海报

项目实训

1. 页面设置

设置纸张大小为信纸,将页边距设为上、下各 3 厘米,左、右各 3.7 厘米。按照样文所示,在文档的页眉处添加页眉文字,在页脚处添加页码,并设置相应的格式。"页面设置"对话框如图 3-67 所示。

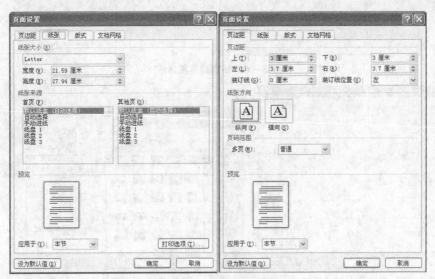

图 3-67 "页面设置"对话框

2. 艺术字

将标题"乌镇简介"设置为艺术字,艺术字式样为"填充-橄榄色,强调文字颜色 3,粉状棱台";字体为华文琥珀,字号为 44 磅,文字环绕方式为"嵌入型";为艺术字添加映像变体中的"紧密映像,接触"和转换中"朝鲜鼓"弯曲的文本效果。

3. 分栏

将正文第 3、4 段设置为栏宽相等的三栏格式,显示分隔线。"分栏"对话框如图 3-68 所示。

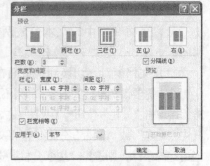

图 3-68 设置分栏

4. 边框和底纹

为正文第 2 段添加 1.5 磅、标准色中的"浅绿"色、双实线边框,并为其填充浅橙色(RGB:251,212,180)底纹,如图 3-69 所示。

5. 图片

在样文所示位置插入图片 pic3-5.jpg,设置图片缩放为 50%(见图 3-70);将文字环绕方式为四周环绕,并为图片添加"柔化边缘矩形"的外观样式,如图 3-71 所示。

6. 尾注

为正文第 1 段第 1 行"古镇"两个字插入尾注"古镇:一般指有着百年以上历史的,供集中居住的建筑群。"

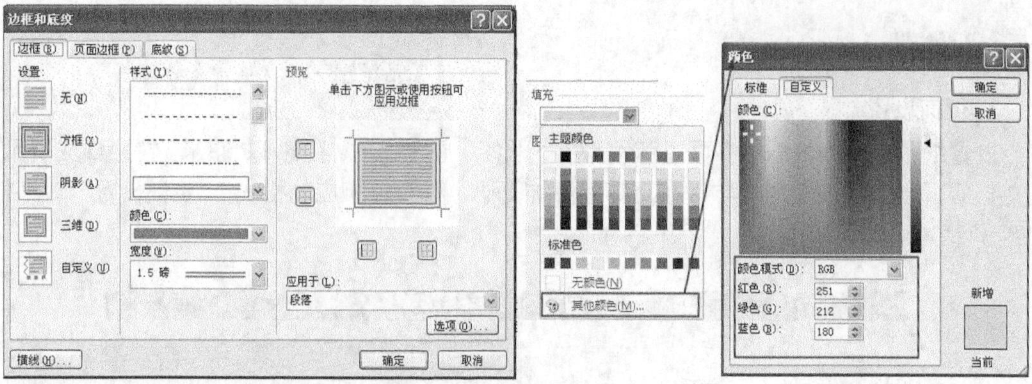

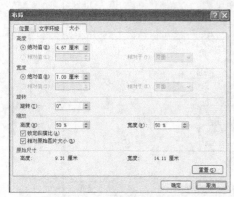

图 3-69 设置边框和底纹

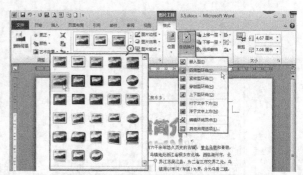

图 3-70 设置图片缩放格式

图 3-71 设置图片快速样式及环绕方式

知识点介绍

1. 分栏

分栏是将文档中的文本分成两栏或多栏，是文档编辑中的一个基本方法。默认情况，Microsoft Word 提供 5 种分栏类型，即一栏、两栏、三栏、偏左、偏右。

打开文档窗口，切换到"页面布局"选项卡。

选中需要设置分栏的内容，如果不选中特定文本则为整篇文档或当前节设置分栏。在"页面设置"分组中单击"分栏"按钮 （见图 3-72），并在打开的分栏列表中选择合适的分栏类型（见图 3-73）。其中"偏左"或"偏右"分栏是指将文档分成两栏，且左边栏或右边栏相对较窄。如果列表内无适当可选的条件，则选择"更多分栏"选项，打开"分栏"对话框进行设置（见图 3-74）。

图 3-72 分栏按钮

图 3-73 "分栏"下拉列表

2. 插入图片、自选图形与处理图片

（1）图片与剪贴画

● 插入图片或剪贴画

插入图片：单击"插入"选项卡"插图"组中的"图片"按钮，打开"插入图片"对话框（见图 3-75），然后选择计算机上的图片，单击"插入"按钮则可在光标所在处插入图片。

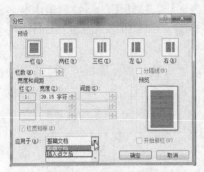

图 3-74 "分栏"对话框　　　　图 3-75 "插入图片"对话框

插入剪贴画：单击"插入"选项卡"插图"组中的"剪贴画"按钮，可在编辑区右边打开"剪贴画"窗格（见图 3-76），在搜索文本框内输入关键词，则在下面会显示相应的剪贴画，单击剪贴画图标，则可在光标所在处插入该剪贴画。

● 设置图片或剪贴画格式

在"图片工具"的"格式"选项卡中可设置图片或剪贴画格式，如图 3-77 所示。

调整：可对图片或剪贴画进行调整，包括亮度、对比度、压缩图片、重新着色和重设图片，如图 3-78 所示。

阴影效果：可对图片或剪贴画添加阴影并进行设置，如图 3-79 所示。

边框：可对图片或剪贴画添加边框并对边框进行设置，如图 3-80 所示。（若图片或剪贴画是嵌入型的话则为灰色不可选）

排列：可对图片或剪贴画进行排列设置，包括环绕方式、与文本关系、所在图层、对齐方式和旋转/翻转等进行设置，如图 3-81 所示。

图 3-76 "剪贴画"任务窗格

图 3-78 图片工具栏"调整"设置　　图 3-79 图片工具栏"阴影效果"设置　　图 3-80 图片工具栏"边框"设置

大小：可对图片或剪贴画进行裁剪或大小的调整，如图 3-82 所示。

图 3-81　图片工具栏"排列"设置　　　　　　图 3-82　图片工具栏"大小"设置

（2）自选图形

● 插入自选图形。在"插入"选项卡"插图"组"形状"按钮下的下拉列表中有各种自选图形，包括线条、基本形状、箭头总汇、流程图、标注和星与旗帜，如图 3-83 所示。选取所需的图形在编辑区空白处进行绘制则可。

● 编辑自选图形。此操作与设置图片及剪贴画的格式大致相同，详见设置图片及剪贴画的格式部分内容。

3. 艺术字

艺术字是由用户创建的，带有预设效果的图像对象。

（1）插入艺术字

① 单击"插入"选项卡"文本"组中的"艺术字"按钮 ，打开艺术字快速样式库（见图 3-84），选择其中一种样式，可弹出"编辑艺术字文字"文本框（见图 3-85）。

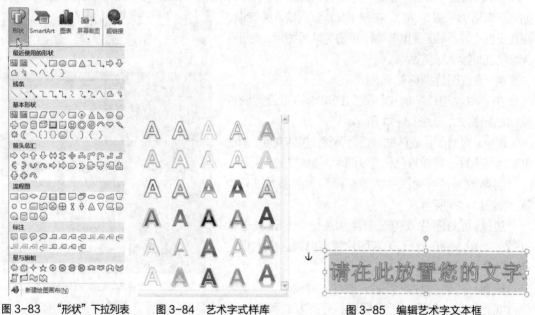

图 3-83　"形状"下拉列表　　　图 3-84　艺术字式样库　　　图 3-85　编辑艺术字文本框

② 在"编辑艺术字文字"文本框内输入艺术字内容。

③ 然后单击文本框，在功能区会自动产生"绘图工具|格式"选项卡（见图 3-86），在该选项卡下可以对艺术字进行各种设置，如图 3-87、图 3-88 所示。

图 3-86　绘图工具

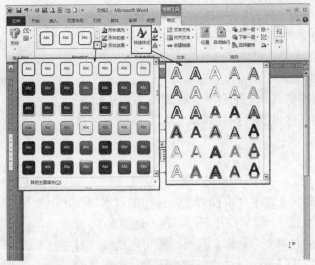

图 3-87　"形状样式"组和"艺术字样式"组

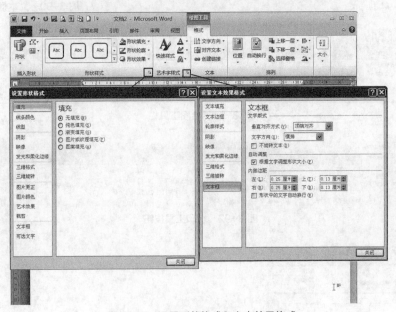

图 3-88　设置形状格式和文本效果格式

（2）艺术字属性设置

用鼠标选定艺术字对象，在选项卡会加载"艺术字工具"栏（见图 3-89），其内分为文字、艺术字样式、阴影效果、三维效果、排列和大小 6 个组，可对艺术字格式进行设置。

图 3-89　艺术字工具栏

4. 文本框

（1）插入文本框

① 单击"插入"选项卡"文本"组中的"文本框"按钮（见图 3-90），可在文档中插

入文本框。文本框分为"内置"、横排文本框和竖排文本框。

②单击所需的文本框，在文档中单击鼠标左键，以对角线拖曳，画出文本框大小则可。

（2）设置文本框格式

用鼠标选定文本框对象，在选项卡会加载"绘图工具"栏（见图3-91），具体设置参照"绘图工具"各部分进行操作。

5.水印

（1）添加水印

单击"页面布局"选项卡"页面背景"组中的"水印"工具按钮 （见图3-92），即可打开下拉列表（见图3-93），在其中可选择常用的几种文字水印。此外，还可以选择"自定义水印"选项，打开"水印"对话框对水印进行个性化设置，如图3-94所示。

图3-90 文本框下拉列表

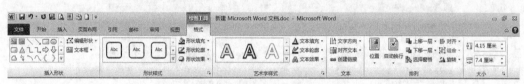

图3-91 绘图工具栏

图3-92 水印工具按钮

图3-93 "水印"下拉列表

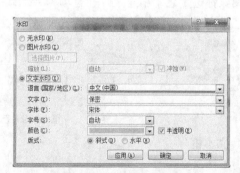

图3-94 "水印"对话框

（2）删除水印

单击"页面布局"选项卡"页面背景"组中的"水印"工具按钮，打开下拉列表，选择"删除水印"选项即可。

项目小结

本项目主要实现了 Word 的图文混排功能，在其中包括了艺术字、分栏、图片、页眉和页脚等知识点。日常生活和工作中经常会在 Word 中通过添加图片、艺术字或使用文本框使文档的版面更丰富和美观，多见于画报、宣传单、贺卡等编辑。在图片、艺术字等对象的属性设置中主要包括"填充""边框""大小""环绕方式""对齐方式"等设置。一般在默认情况下，如果需要插入自选图形，系统会自动产生画布，此时设置"环绕方式"需设置画布的属性；若不需要产生画布，则单击"文件"菜单的"选项"，打开"Word 选项"对话框，在"高级"选项中去除"插入'自选图形'时自动创建绘图画布"的勾选，如图 3-95 所示。

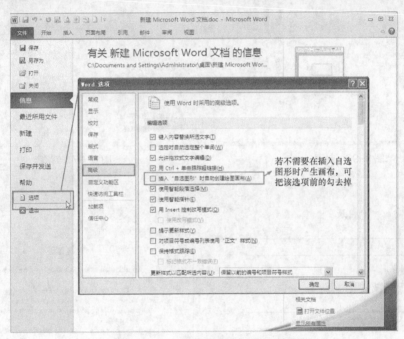

图 3-95　Word 选项设置中的高级选项

「项目六」制作新生入学导航手册

⇨ **项目内容**　小李是学校学生会的部长，现需要制作一份新生入学导航手册，包括封面、封底及内容排版。

具体要求如下。

● 第一页为封面页。

● 封二为目录页，不设置页眉页脚。

● 卷首语页在目录页的右侧，不设置页眉，页码采用罗马字。

● 每一篇内容的第一页均开始于奇数页。奇偶页页眉不同，奇数页为"新生入学导航手册"，偶数页为"计算机系"。页码采用阿拉伯数字，从 1 开始重新编号。

⊪⟩ **效果预览** 新生入学导航手册（部分内容）如图 3-96、图 3-97，图 3-98、图 3-99、图 3-100 和图 3-101 所示。

图 3-96 封面　　　　　　　　　　　　　　　　　　　　图 3-97 封底

目录

卷首语

秋风送爽，芳香馥郁，经历了高考洗礼的一批新同学进入大学，开始了人生新的一章。

大学是高中时就追求的梦想，十余年来的耕耘，四千日子的苦读，就是为了能够走进这个神圣庄严的学术殿堂，就是要在高高的象牙塔上刻上自己的名字。无疑你们是成功的，当你们满怀喜悦的掌到自己的大学录取通知书的时候，这个梦想实现了。

然而，新鲜和激动的之后，你会发现大学生活并非想象中的那么完美，不仅平几有时甚至无趣。大学里一样要上课做作业，大学还要晚自修，同同学共处一室会有种种不便，食堂的饭菜也不合自己的口味，那些课程、甚至一些原来看得好的课程也平之味；面对眼前的课程和大把可以自由的时间，不知该如何选择和支配；专业不再是你心仪的，而老师似乎总是很忙，下课后你就不知道到哪儿去找他们……此时你会有种种疑问和困惑，甚至会时来感到迷茫。

疑问和困惑说明你在思考，而迷茫是因为你缺乏必要的指引和方法，在众多的问题中，下面几个问题将从入入学就要认真思考，在这里就能学到什么？此迷茫么学？我会有怎样的发展？对这些问题的不同认识和态度将影响到四年之后的人生之路。大学是人生的关键阶段，这是一生精力最充沛的黄金时段，你可以把整四年可以专心用于学习，锻炼能力。这课可能是你一生中最后一次有如此大的完的时间于学习，有机会系统地接受教育和建立知识基础。因此，从入学的第一天起，你就应当对大学四年有一个正确的认识和规划。

做规划，首先要了解你即将开始的大学生活，认识你所在的学院，了解将要读的专业，寻找帮你自己成功的平台，确定自己的发展目标，这也正是我们编写这本小册子的目的。

今后的四年，这里将是你们的家。在这里，希望与困难同在，机遇与挑战并存。四年的磨砺，你会变得成熟，四年的耕耘，你会收获成果，请记住：只要你努力，就什么事情都会发生。如果你偷懒，同样也是什么事情都会发生。

大学新生：迈好关键的第一步，让你的生命质量增值。

图 3-98 目录　　　　　　　　　　　　　　　　　　　　图 3-99 卷首页

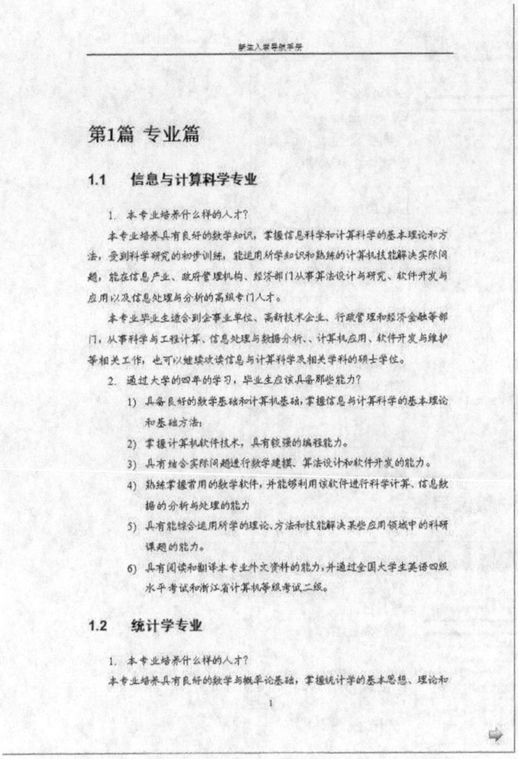

新生入学导航手册

第1篇 专业篇

1.1 信息与计算科学专业

1. 本专业培养什么样的人才？

本专业培养具有良好的数学知识，掌握信息科学和计算科学的基本理论和方法，受到科学研究的初步训练，能运用所学知识和熟练的计算机技能解决实际问题，能在信息产业、政府管理机构、经济部门从事算法设计与研究、软件开发与应用以及信息处理与分析的高级专门人才。

本专业毕业生适合到企事业单位、高新技术企业、行政管理和经济金融等部门，从事科学与工程计算、信息处理与数据分析、、计算机应用、软件开发与维护等相关工作，也可以继续攻读信息与计算科学及相关学科的硕士学位。

2. 通过大学的四年的学习，毕业生应该具备那些能力？

1) 具备良好的数学基础和计算机基础，掌握信息与计算科学的基本理论和基础方法；
2) 掌握计算机软件技术，具有较强的编程能力。
3) 具有结合实际问题进行数学建模、算法设计和软件开发的能力。
4) 熟练掌握常用的数学软件，并能够利用该软件进行科学计算、信息数据的分析与处理的能力
5) 具有能综合运用所学的理论、方法和技能解决某些应用领域中的科研课题的能力。
6) 具有阅读和翻译本专业外文资料的能力，并通过全国大学生英语四级水平考试和浙江省计算机等级考试二级。

1.2 统计学专业

1. 本专业培养什么样的人才？

本专业培养具有良好的数学与概率论基础，掌握统计学的基本思想、理论和

1

图 3–100 内页 1

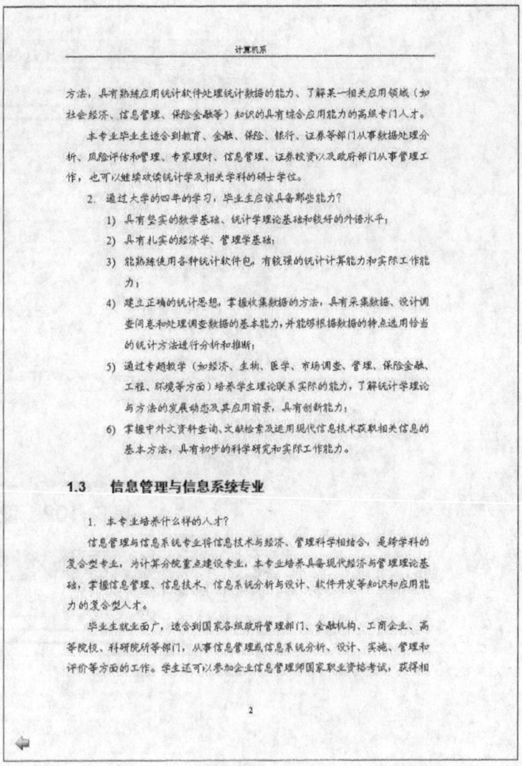

计算机系

方法，具有熟练应用统计软件处理统计数据的能力、了解某一相关应用领域（如社会经济、信息管理、保险金融等）知识的具有综合应用能力的高级专门人才。

本专业毕业生适合到教育、金融、保险、银行、证券等部门从事数据处理分析、风险评估和管理、专家理财、信息管理、证券投资以及政府部门从事管理工作，也可以继续攻读统计学及相关学科的硕士学位。

2. 通过大学的四年的学习，毕业生应该具备那些能力？

1) 具有坚实的数学基础、统计学理论基础和较好的外语水平；
2) 具有扎实的经济学、管理学基础；
3) 能熟练使用各种统计软件包，有较强的统计计算能力和实际工作能力；
4) 建立正确的统计思想，掌握收集数据的方法，具有采集数据、设计调查问卷和处理调查数据的基本能力，并能够根据数据的特点选用恰当的统计方法进行分析和推断；
5) 通过专题教学（如经济、生物、医学、市场调查、管理、保险金融、工程、环境等方面）培养学生理论联系实际的能力，了解统计学理论与方法的发展动态及其应用前景，具有创新能力；
6) 掌握中外文资料查询、文献检索及运用现代信息技术获取相关信息的基本方法，具有初步的科学研究和实际工作能力。

1.3 信息管理与信息系统专业

1. 本专业培养什么样的人才？

信息管理与信息系统专业将信息技术与经济、管理科学相结合，是跨学科的复合型专业，为计算分院重点建设专业，本专业培养具备现代经济与管理理论基础，掌握信息管理、信息技术、信息系统分析与设计、软件开发等知识和应用能力的复合型人才。

毕业生就业面广，适合到国家各级政府管理部门、金融机构、工商企业、高等院校、科研院所等部门，从事信息管理或信息系统分析、设计、实施、管理和评价等方面的工作。学生还可以参加企业信息管理师国家职业资格考试，获得相

2

图 3–101 内页 2

项目实训

1. 对称页边距设置

在常规页面设置中只允许设置装订线位置在左侧或上侧，若是在双面打印中装订线始终位于页面左侧，显然无法满足要求。此时应先设定页面为对称页边距。

2. 标题样式设置

① 新建“卷首语”样式：字体大小与标题 1 样式相同，对齐方式为居中对齐，应用于“卷首语”标题处。

② 正文标题样式：正文需要设置两级标题，直接套用内置的样式“标题 1”和“标题 2”。

3. 多级符号设置

① 设置一级编号格式，如图 3–102 所示。

② 设置二级编号格式，如图 3–103 所示。

4. 正文样式

在“样式”任务窗格中单击“新建样式”按钮，打开“新建样式”对话框，如图 3–104 所示。输入样式名称为“正文文字”、样式类型为“段落”、样式基于“正文”、后续段落样式选择“正文文字”。设置字体为“楷体”、字号为“小四”，单击“格式”按钮，设置段落间距为“1.5 倍行距”“首行缩进 2 字符”。

5. 组织结构图绘制

单击“插入”选项卡中的“SmartArt”按钮，打开“图示库”对话框，选择“组织结构图”，打开“组织结构图样式库”对话框，如图 3–105 所示，录入相关内容并设置组织机构图的样

式为"边框"。

图 3-102 设置一级编号格式

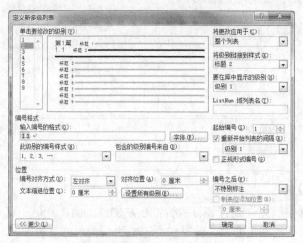

图 3-103 设置二级编号格式

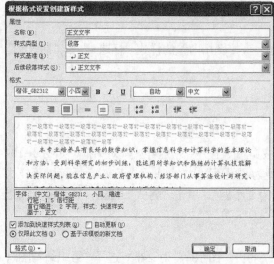

图 3-104 新建"正文文字"样式

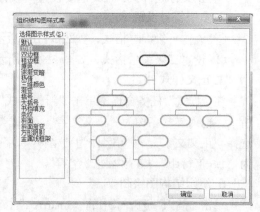

图 3-105 绘制组织机构图

6. 插入带章节编号的题注

组织结构图制作完成后，可以在图片下方插入对图片的注释文字。单击"引用"选项卡中的"插入题注"。

7. 创建目录

将光标置于封面页后的第二页，输入"目录"二字，字体大小与标题 1 样式相同，由于需要按照样式生成目录，因此在此"目录"二字不能使用样式。单击"引用"选项卡"目录"组中的"插入目录"，并设置相应格式。

8. 分节与节格式设置

① 在卷首语页、正文各篇后均插入一个"奇数页"分节符，从而使新的一节从奇数页开始。

② 卷首语页的页码设置。插入页码，并取消"链接到前一个"，将页码居中，并设置数字格式为罗马字。

③ 正文页的页眉页脚设置。设置"奇偶页不同"，在奇数页输入"新生入学导航手册"，在偶数页输入"计算机系"，奇偶页页眉都居中；在奇偶页页脚中分别插入页码，将光标置于第一篇的奇数页中，取消"链接到前一个"，并设置页码格式为阿拉伯数字 1，居中显示；用同样的方法在偶数页中插入页码。

知识点介绍

1. 样式

样式是格式的集合，它包括字体、段落、制表位、边框和底纹、图文框、语言和编号等格式。常见的段落样式有章节标题、正文、正文缩进、大纲缩进、项目符号、目录、题注、页眉/页脚、脚注和尾注等。

（1）样式的创建和修改

● 样式的创建。单击"开始"选项卡"样式"组右下角的展开标志（见图 3-106），可在编辑区右边展开样式窗格。单击样式窗格左

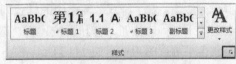

图 3-106 展开样式窗格

下角的"新建样式"按钮可以打开"根据格式设置创建新样式"对话框。在该对话框中进行格式设置，完成后单击"确定"按钮则可成功创建一新样式，如图 3-107 所示。

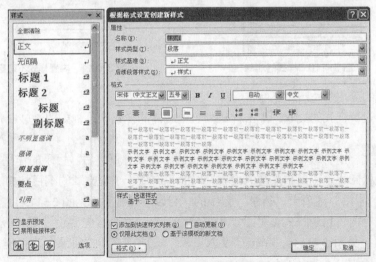

图 3-107 根据格式设置创建新样式

- 样式的修改。如果现有样式需要修改，可以先在"样式"窗格中的样式列表中选定需要修改的样式，单击该样式右边的下拉列表按钮（见图 3-108），打开下拉列表，选择"修改"可打开"修改样式"对话框（见图 3-109），在其中可对所选样式进行修改，完成后单击"确定"按钮则完成修改的操作。

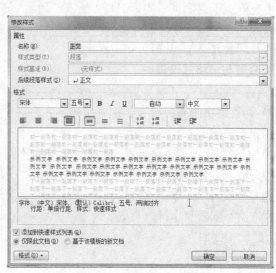

图 3-108　修改样式　　　　　　　　　图 3-109　"修改样式"对话框

（2）样式的删除

在 Word 2010 中，用户不能删除 Word 提供的内置样式，而只能删除用户自定义的样式。操作方法为：在"样式"窗格中的样式列表中选定要删除的样式（见图 3-110），单击该样式右边的下拉列表按钮，打开下拉列表，选择"删除"选项（注意：内置样式的"删除"选项是灰色不可选的（见图 3-111））。

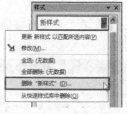

图 3-110　样式的删除　　　　　　　　图 3-111　内置样式不可删

（3）样式的应用

选定需要设置样式的文本，单击样式列表中所需的样式即可，如图 3-112 所示。

2. 目录

目录就是文档中各级标题的列表，它通常位于文章首页之后。目录的作用在于方便阅读者可以快速地检阅或定位到感兴趣的内容，同时也有助于了解文章的纲目结构。

① 单击"引用"选项卡"目录"组中的"目录"按钮（见图 3-113），可以打开下拉列表，列表内有内置目录样式（可手动也可自动，自动目录首先要设置好各级大纲）及"插入目录"选项（见图 3-114），单击"插入目录"选项可打开"目录"对话框，如图 3-115 所示。

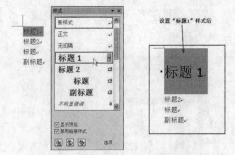

图 3-112　样式的应用

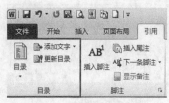

图 3-113　目录组内容

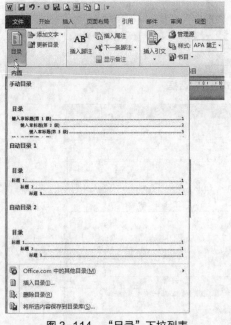

图 3-114　"目录"下拉列表

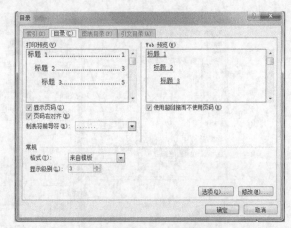

图 3-115　"目录"对话框

② 在"目录"对话框中可以对即将生成的目录的格式进行设置和修改。单击"选项"按钮可打开"目录选项"对话框，在其中可以对目录显示的大纲级别进行设置（见图 3-116）；单击"修改"按钮可打开目录的"样式"对话框对目录的样式进行设置（见图 3-117、图 3-118）。

图 3-116　对目录样式显示级别进行设置

③ 设置完成后单击"目录"对话框中的"确定"按钮，即在光标所在处自动生成一个目录（见图 3-119）。按住【Ctrl】键能直接跳转到该目录所在页。

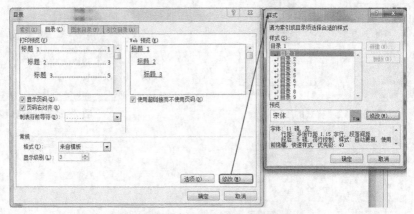

图 3-117　打开"目录"样式列表对话框

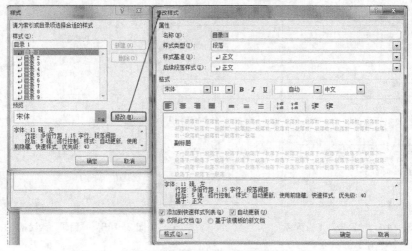

图 3-118　对目录样式进行修改

图 3-119　目录制作完成效果

3. 脚注和尾注

脚注和尾注是对文本的补充说明：脚注一般位于页面的底部，可以作为文档某处内容的注释；尾注一般位于文档的末尾，列出引文的出处等。脚注和尾注由两个关联的部分组成，包括注释引用标记和其对应的注释文本。用户可利用 Word 自动为标记编号或创建自定义的标记。在添加、删除或移动自动编号的注释时，Word 将对注释引用标记重新编号。

① 在"引用"选项卡"脚注"组中可以添加"脚注"和"尾注"设置。当单击"插入脚注"按钮后，光标会自动移动到该光标所在页的底部进行脚注输入操作，而在原光标所在地方则会显示一个脚注引用编号（见图 3-120）。"尾注"的设置操作与"脚注"操作大致相同。

② 若需要对脚注和尾注进行更详细的设置，则需单击"脚注"组右下角的展开按钮，打开"脚注和尾注"对话框进行设置（见图 3-121）。

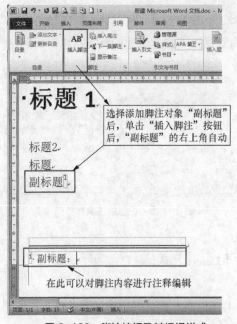

图 3-120　脚注按钮及其标记样式

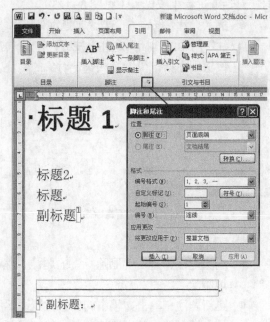

图 3-121　打开"脚注和尾注"对话框

③ 删除脚注和尾注。脚注和尾注的内容都是可以直接删掉，但是上面的横线不会消失。如需要把横线也一并删除则直接把文档中的注释引用标记删除即可。

4. 题注

题注就是给图片、表格、图表、公式等项目添加的名称和编号。

使用题注功能可以保证长文档中图片、表格或图表等项目能够顺序地自动编号。如果移动、插入或删除带题注的项目时，Word 可以自动更新题注的编号，而且一旦某一项目带有题注，还可以对其进行交叉引用。

（1）插入题注

插入题注时，单击"引用"选项卡"题注"组中的"插入题注"按钮，可以打开"题注"对话框并进行相关设置，如图 3-122 所示。

● 定义标签：在 Word 中，系统带有几个默认的标签（见图 3-123），如果在标签列表中没有显示，则可以自己新建标签并对其进行定义。

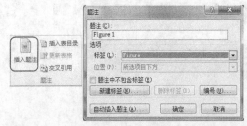

图 3-122　"插入题注"按钮及"题注"对话框

图 3-123　题注"标签"下拉列表

定义标签时，先单击"题注"对话框中的"新建标签"按钮，弹出"新建标签"对话框（见

图 3-124），输入所需的标签后单击"确定"按钮，则新的标签将显示在"标签"下拉列表内。

如果标签需要添加章节号则需要在"题注"对话框中单击"编号"按钮，打开"题注编号"对话框进行相应设置（见图 3-125）。

- 插入题注：选定一个要添加题注的图片或表格、公式等对象。单击"引用"选项卡"题注"组中的"插入题注"按钮，打开"题注"对话框，选定合适的标签，单击"确定"按钮则在指定位置插入选定对象的题注。

图 3-124 为题注新建标签

图 3-125 设置题注编号

（2）删除和更新题注

- 删除题注：选定要删除标签的题注，然后按【Delete】键删除它。题注只能一个一个地删除。
- 更新题注：单击文档中的任意位置，然后按【Ctrl+A】组合键选择整个文档。单击鼠标右键，然后单击快捷菜单中的"更新域"命令。

5. 批注

在修改 Word 文档时如果遇到一些不能确定是否要修改的地方，可以通过插入 Word 批注的方法暂时做记号。或者是审阅 Word 文稿的过程中审阅者对作者提出的一些意见和建议时，也可以通过 Word 批注的形式表达自己的意思。

（1）添加批注

选择要添加批注的文本，打开"审阅"选项卡，单击"批注"组中的"新建批注"按钮（见图 3-126），在文档右侧出现批注框（见图 3-127），在其中输入批注内容。

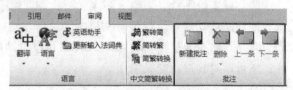
图 3-126 批注组中的各个按钮

（2）删除批注

将光标置于批注框内，单击"批注"组中的"删除"按钮即可，如图 3-128 所示。

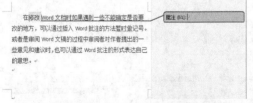
图 3-127 批注一般显示在编辑区域的右侧

图 3-128 删除批注

项目小结

本项目主要实现长文档的编辑，除了简单的图文混排外，长文档还包括了封面封底的制作、样式的编辑和设定、目录制作、脚注和尾注的添加、题注的插入等知识点。长文档的编辑在日常生活和工作中常用于论文、工程文档制作、营销策划书等。

模块小结

本模块学习目标如下：
- 能利用 Word 软件制作标准格式文书文档；
- 能利用 Word 软件制作表格并对表格数据进行简单统计；
- 能利用 Word 制作图文并茂的宣传单张及长文档；
- 了解宏在 Word 中的创建及运用。

本模块通过 6 个项目的讲解，学会了在日常生活和工作中如何利用 Word 软件编辑文书、宣传单张以及长文档和特殊文档。其中主要包括了 Word 的基本操作、文档格式、页面设置、表格的设置、样式的使用、各种引用的使用以及域的概念和使用。在编辑文档过程中应按照文档格式要求进行编辑设计，如一些宣传册、长文档的编辑往往需要文字、图片、表格等多知识点的混合应用，在版面编排上需要做到突出重点，版面美观。

模块练习

1. 打开文档"嫦娥工程的三步走.docx"，根据如下要求完成编辑，效果如图 3-129 所示。

（1）将文中所有错词"地求"替换为"地球"。

（2）将标题段文字（"嫦娥工程的三步走"）设置为红色、三号、黑体字、居中，并添加蓝色底纹。

（3）将正文第 4 段文字（"第 2 步为'落'……自动巡视勘测技术"）移至第 3 段文字（"第 3 步为'回'……自动返回地球的技术。"）之前。

（4）设置正文各段文字为五号楷体，各段落左右各缩进 1.5 字符、首行缩进 2 字符。

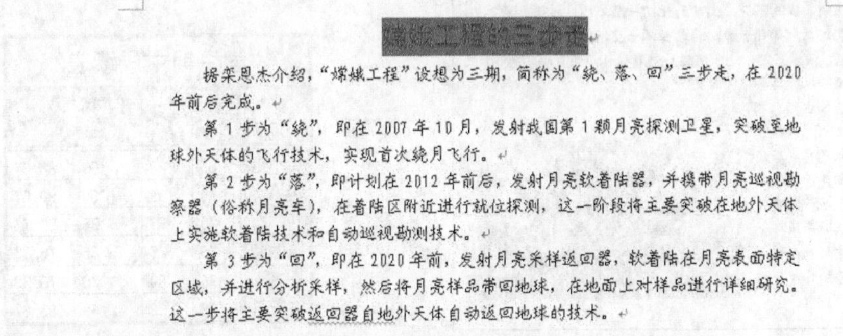

嫦娥工程的三步走

据栾恩杰介绍，"嫦娥工程"设想为三期，简称为"绕、落、回"三步走，在 2020 年前后完成。

第 1 步为"绕"，即在 2007 年 10 月，发射我国第 1 颗月亮探测卫星，突破至地球外天体的飞行技术，实现首次绕月飞行。

第 2 步为"落"，即计划在 2012 年前后，发射月亮软着陆器，并携带月亮巡视勘察器（俗称月亮车），在着陆区附近进行就位探测，这一阶段将主要突破在地外天体上实施软着陆技术和自动巡视勘测技术。

第 3 步为"回"，即在 2020 年前，发射月亮采样返回器，软着陆在月亮表面特定区域，并进行分析采样，然后将月亮样品带回地球，在地面上对样品进行详细研究。这一步将主要突破返回器自地外天体自动返回地球的技术。

图 3-129 "嫦娥工程的三步走"样文效果

2. 建立文档，要求如下所述。

（1）纸型为"A5"，上、下页边距为"1.5 厘米"，左、右页边距为"2 厘米"。

（2）标题为四号字、隶书、居中；署名为五号字、楷体、居中；作者介绍为小五号字、仿宋；正文为五号字、楷体。

（3）分别插入范仲淹图像和岳阳楼图片。范仲淹像设置大小为原图片的 130%，文字环绕方式为"四周型"。岳阳楼图片设置大小为原图片的 36%，文字环绕方式为"四周型"。

（4）以"岳阳楼记.docx"为文件名保存，效果如图 3-130 所示。

3．按照要求制作表格，完成后保存为"学生期中成绩表.docx"，效果如图 3-131 所示。

（1）新建一个 8 行 5 列的表格，分别输入相应文字内容。

（2）第一列列宽为 1.7 厘米，其余各列根据内容调整为最适合的列宽；根据样文合并相应的单元格。

（3）表格第一行标题文字为黑体、小二号、居中；第二行文字为楷体、加粗、小四，并水平、垂直居中；姓名水平居中，各科成绩及平均分靠右对齐。

（4）设置整个表格水平居中。

（5）利用函数公式计算每个人的平均分。

（6）设置表格外框线及第一行的下框线为 3 磅的蓝色粗线，其余内框线为 1 磅的紫色细线。表格第 2 行的下框线及第 1 列的右框线为 1.5 磅紫色双线。

（7）将第一行的底纹设置成图案为浅绿色、浅色下斜线；第二行的底纹填充色为灰色25%；第一列姓名内容部分为浅绿色底纹。

图 3-130 "岳阳楼记"样文效果

图 3-131 "学生期中成绩表"样文效果

4．打开文档"甲壳虫.docx"，按照以下要求进行编辑，最后以"甲壳虫.docx"为文件名保存并上交，效果如图 3-132 所示。

（1）设置字符格式：设置正文第一、三段为楷体，第二段为仿宋；设置正文为四号；给最后一段正文加下画线（波浪线）。

（2）设置段落：设置正文第一、二、三段首行缩进 0.75 厘米，行距为单倍行距。

（3）设置分栏格式：把正文第二段分两栏显示。

（4）设置边框底纹：给本文最后一段添加底纹，填空颜色是白色，图案式样为 25%，颜色为绿色。

（5）设置艺术字：设置标题为艺术字，艺术字式样为第 3 行第 1 列，字体为黑体，颜色为绿色，艺术字形状为腰鼓形，艺术字阴影为阴影样式 1，对齐方式为居中。

（6）插入图片：在样文所示的位置插入图片，图片为“car.jpg”，图片的宽度为 4.9 厘米、高度为 2.7 厘米，图片围绕方式为四周围绕。

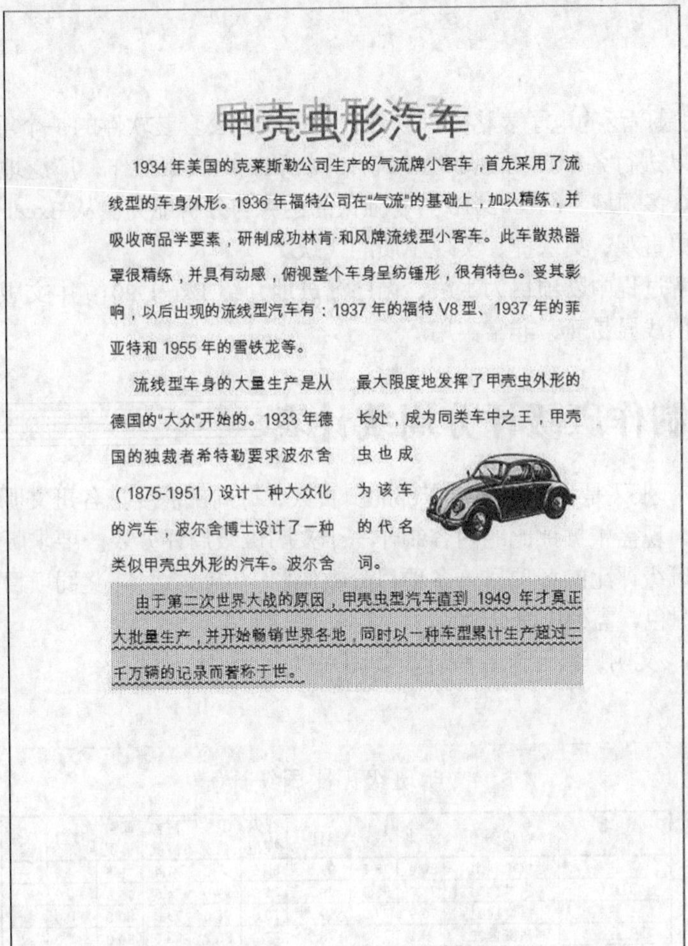

甲壳虫形汽车

1934 年美国的克莱斯勒公司生产的气流牌小客车，首先采用了流线型的车身外形。1936 年福特公司在“气流”的基础上，加以精练，并吸收商品学要素，研制成功林肯·和风牌流线型小客车。此车散热器罩很精练，并具有动感，俯视整个车身呈纺锤形，很有特色。受其影响，以后出现的流线型汽车有：1937 年的福特 V8 型、1937 年的菲亚特和 1955 年的雪铁龙等。

流线型车身的大量生产是从德国的“大众”开始的。1933 年德国的独裁者希特勒要求波尔舍（1875-1951）设计一种大众化的汽车，波尔舍博士设计了一种类似甲壳虫外形的汽车。波尔舍最大限度地发挥了甲壳虫外形的长处，成为同类车中之王，甲壳虫也成为该车的代名词。

由于第二次世界大战的原因，甲壳虫型汽车直到 1949 年才真正大批量生产，并开始畅销世界各地，同时以一种车型累计生产超过二千万辆的记录而著称于世。

图 3-132　“甲壳虫”样文效果

PART 4

模块四
电子表格处理软件应用

Excel 是应用最广泛的电子表格处理软件，是微软办公套装软件的一个重要的组成部分，其通用性强，可以进行各种数据的处理、统计分析和辅助决策操作，广泛地应用于管理、统计财经、金融等众多领域。Excel 2010 具有强大的运算与分析能力。从 Excel 2007 开始，改进的功能区使操作更直观、更快捷，实现了质的飞跃。

本模块在讲解过程中以项目为主线，循序渐进地介绍 Excel 2010 中文版的常用功能和数据处理技巧，实例浅显易懂，非常实用。

「项目一」制作班级评分周统计表

⇨ **项目内容**　张飞是学校纪律检查部的负责人，每周都需要把各班文明班级评比的分数进行记录和统计，现需根据评比的内容制作一个文明班级周评分表。要求版面清晰明了，表格数据包括文明班级评比的各项目，各项目分数保留一位小数，在奖罚项目只要是加分显示红色、扣分显示绿色，需列出总分项。

⇨ **效果预览**　文明班级评比周统计表如图 4-1 所示。

系别	班级	升旗	早读	晚自习	行为规范	卫生情况	宿舍情况	课堂情况	奖罚	总分
工业系	机电1401	80.0	78.7	99.8	80.0	99.2	77.4	79.6	-4.0	
工业系	模具1401	78.0	78.0	99.3	75.0	99.6	74.5	75.3	0.0	
工业系	汽修1401	76.9	77.0	99.2	78.6	98.6	73.0	80.0	0.0	
工业系	汽修1402	79.1	79.0	98.7	77.2	80.2	78.0	80.0	2.0	
工业系	食品1401	74.0	77.2	99.7	75.0	99.4	74.0	66.8	8.0	
工业系	数控1401	78.0	80.0	99.6	78.8	100.0	76.0	78.0	0.0	
商管系	电商1401	73.6	77.1	95.1	79.4	99.8	73.3	67.5	-2.0	
商管系	会电1401	78.0	80.0	99.2	79.4	100.0	70.0	62.0	8.0	
商管系	会电1402	76.2	80.0	99.3	78.7	98.8	77.6	78.5	4.0	
商管系	商英1401	80.0	79.8	99.7	80.0	99.6	75.0	79.8	8.0	
商管系	物流1401	78.0	79.7	100.0	80.0	98.8	74.1	77.3	8.0	
商销系	营销1401	77.8	77.0	99.9	75.4	98.4	69.6	75.2	8.0	
信息与艺术系	动漫1401	77.9	77.2	99.1	63.0	99.4	67.5	79.8	0.0	
信息与艺术系	服装1401	77.0	79.3	99.2	78.8	100.0	65.5	75.4	0.0	
信息与艺术系	广告1401	74.0	65.0	79.1	43.6	99.2	61.0	40.0	0.0	
信息与艺术系	计网1401	80.0	77.0	97.6	73.0	99.6	72.0	75.4	4.0	
信息与艺术系	室内1401	76.0	80.0	100.0	71.2	99.0	70.5	80.0	8.0	
信息与艺术系	物联网1401	70.5	79.3	99.8	76.2	95.6	79.0	77.5	-2.0	

文明班级评比周统计表

图 4-1　文明班级评比周统计表

项目实训

① 打开 Excel 2010，在工作表 Sheet1 中输入相关的文字内容及数据，并修改工作表的名称为"第 3 周"。

② 设置标题行行高为 40 磅，其余各行行高为"自动调整行高"，各列列宽为"自动调整列宽"。

③ 合并居中单元格区域 B1:L1，设置字号为 24 磅，垂直居中；第一行标题行，字号为 14 磅加粗，文字方向中部居中；其余各行字号为 14 磅，文字方向中部居中。

④ 选定单元格区域 B3:L18，打开"设置单元格属性"对话框，选择"边框"选项卡，设置边框样式为第 5 行第 2 列的粗实线，然后单击"外边框"按钮 ⊞ 设置表格的外边框为粗实线；选定单元格区域 B3:L3，打开"设置单元格属性"对话框，选择"边框"选项卡，设置边框样式为第 5 行第 2 列的粗实线，然后单击"下边框"按钮 ⊟ 设置该单元格区域的下边框为粗实线。

⑤ 选定单元格区域 B3:L3，打开"设置单元格属性"对话框，选择"填充"选项卡，设置该区域的填充背景色为茶色，背景 2，深色 10%；选定单元格区域 B4:L9，打开"设置单元格属性"对话框，选择"填充"选项卡，设置该区域的填充背景色为橄榄色，强调文字颜色 3，淡色 80%；选定单元格区域 B10:L15，打开"设置单元格属性"对话框，选择"填充"选项卡，设置该区域的填充背景色为蓝色，强调文字颜色 1，淡色 80%；选定单元格区域 B16:L21，打开"设置单元格属性"对话框，选择"填充"选项卡，设置该区域的填充背景色为红色，强调文字颜色 2，淡色 80%。单元格区域填充设置如图 4-2 所示。

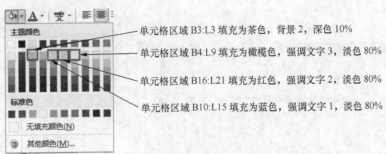

图 4-2　单元格填充设置

⑥ 选定单元格区域 D4:L21，打开"设置单元格属性"对话框，选择"数值"选项卡，并设置小数点位数为 1，负数格式如图 4-3 所示，设置数据的显示方式。

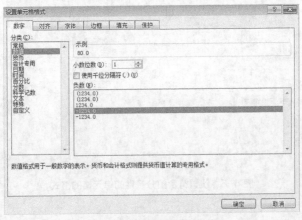

图 4-3　设置数据显示方式

⑦ 选定单元格区域 K4:K21，分别选择"条件格式"下拉菜单中"突出显示单元格规则"选项中的"大于"和"小于"，如图 4-4 所示。分别对加分格式和扣分格式进行条件"自定义"设置（加分为标准色红色，扣分为标准色绿色），并如图 4-5、图 4-6 所示设置数据的显示方式。

⑧ 完成并保存工作簿。

图 4-4 选择条件格式的规则

图 4-5 设置符合加分条件的单元格的格式

图 4-6 设置符合扣分条件的单元格的格式

知识点介绍

1. 操作界面认识

Excel 2007 的操作界面如图 4-7 所示。

图 4-7　Excel 2010 操作界面

① 自定义快速访问工具栏：可以快速访问频繁使用的工具。

② 标题栏：显示正在编辑的文档的文件名以及所使用的软件名。

③ "文件"选项卡：基本命令如"新建""打开""关闭""另存为...""打印"位于此处。

④ 快速访问工具栏：常用命令位于此处，如"保存"和"撤销"。也可以根据需要添加个人常用命令。

⑤ 选项卡：工作时需要用到的命令位于此处。它与其他软件中的"菜单"或"工具栏"相同。

⑥ 名称框：显示单元格名称与地址。

⑦ 编辑栏：对单元格进行数据录入及公式函数等编辑。

⑧ 视图快捷方式：可用于更改正在编辑的文档的显示模式以符合编辑时的要求。

⑨ 工作表标签：显示工作簿内的工作表。

⑩ 显示比例：可调整正在编辑的文档的显示比例。

2. 基本概念及文件操作

（1）基本概念

● 工作簿：用来存储并处理数据的文件，一个工作簿对应一个磁盘文件。

● 工作表：工作簿文件由工作表组成。在一个工作簿文件中，可以建立多个工作表。

● 单元格：工作表中行列交叉处的长方形格，叫单元格。它是 Excel 中数据填充的基本单位，用来存放字符、数值、日期、时间以及公式等数据。每个单元格均有一个固定的地址，常用的地址编号由列表和行号组成。单元格的地址可以代表一个单元格。

在 Excel 2010 中打开的工作簿个数受可用内存和系统资源的限制；工作表大小为 65536 行乘以 256 列。

（2）文件操作

● 新建与保存：新建，最常用的方式是建立一个空白工作簿，此外还可以利用模板来建立具有固定格式的工作簿。其操作与 Word 相同，此处不再赘述。保存分为"保存"和"另存为"两个命令。"另存为"命令可以为已保存过的工作簿建立一个副本。

● 打开与关闭：此处操作与 Word 大同小异，不再赘述，详细参考 Word 相关内容。

● 工作表更名：根据需要，可以为工作表命名，使工作表的名字更为直观。双击需要改名的工作表标签，然后输入新的名字，按回车键确认修改。

3. 编辑数据

（1）选定、插入、移动、复制、清除与删除

● 选定：单击需要选择的单元格，该单元格就变成了活动单元格。单元格区域是多个单元格，可以是整行、整列的单元格，也可以是矩形单元格区域，不连续的多个单元格区域，甚至是整个工作表。选定单元格区域的常用方法是使用鼠标拖曳的方法选择。

● 插入："开始"选项卡的"单元格"组内的"插入"按钮可以进行关于行、列、单元格的插入操作。

● 移动和复制：移动或复制行、列、单元格，实际就是移动或复制行、列、单元格中的数据，而进行剪切、复制、粘贴操作，则利用剪贴板，是移动或复制数据的通用方法。

● 清除与删除：清除操作的功能是清除选定区域的内容，而不会删除选定行、列或单元格。操作时只需要选定单元格，然后按【Delete】键就可以了。而删除操作的功能是将选定区域的行、列或单元格删除，由其他行、列或单元格来填补空位。操作时选定区域，然后打开"开始"选项卡"单元格"组中的"删除"按钮进行相应的操作即可。

（2）数据输入

● 输入：一个单元格中只能填充一个数据。输入时，先选定单元格，然后再单元格中输入，也可以在编辑栏输入，最后按回车键结束输入。

● 文本数据：指不能参与算术运算的任何字符，默认为"左对齐"。

● 数值数据：一般指数值常量等，是可进行数值运算的数据。在单元格内输入的数字，系统默认为数值常量。数值数据默认为"右对齐"。

（3）编辑单元格中的数据

当需要在单元格原有数据的基础上编辑修改时，可以双击待编辑的单元格，移动文本光标，确定修改位置后进行插入、删除等操作。也可以选定需编辑的单元格为当前单元格，在编辑栏中对数据进行插入、删除等操作。

（4）填充

● 使用填充柄：填充柄的主要功能是实现数据的自动填充。用户选定所需的单元格或单元格区域后，在当前单元格或选定区域的右下角出现一个黑色方块，这就是填充柄，如图 4-8 所示。用鼠标拖曳填充柄，可自动填充数据。填充的数据可以是复制的数据，也可以是序列数据。

● 序列填充：Excel 还提供了"序列"填充的功能，主要对一些有规律、成序列的数字进行自动填充。具体操作可以在"开始"选项卡"编辑"组中的"填充"按钮下拉列表中选择"系列"选项，打开"序列"对话框如图 4-9 所示。

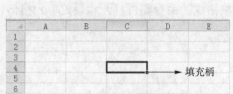

图 4-8　填充柄

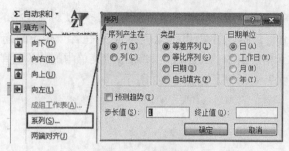

图 4-9　序列填充

等差序列：需要进行填充的数据都是后面一个数据与前一个数据之间的差是相等的。

等比序列：需要进行填充的数据都是后面一个数据与前一个数据之间的比是相等的。

日期：对有规律的日期进行填充，可以分别以"日""工作日""月""年"进行计算填充。

自动填充：按顺序进行填充。

步长值：前一个数据到其相邻数据的增量。

4. 格式设置

（1）行高和列宽

在 Excel 中，使用鼠标或功能按钮都可以改变工作表中的行高和列宽。

Excel 的工作表中，每个单元格的默认宽度为 8.38，此时可显示 8.38 个英文字符或 4.19 个汉字。当输入的字符超过列宽时，在列的右边没有字符的情况下，字符会"溢出"到下一列。若需要改变列宽，使其适应列中的字符，可以选定需调整的列，选择"开始"选项卡"单元格"组中的"格式"按钮下拉菜单中的"自动调整列宽"命令即可，如图 4-10 所示。

调整行高的操作与调整列宽的操作基本相同，但在"单元格大小"内没有"默认行高"。

（2）"单元格格式"对话框

在 Excel 2010 中，"开始"选项卡中有个"数字"组用来快速设置单元格的格式，如图 4-11 所示。可以通过下拉菜单直接快速设置单元格格式或展开"单元格格式"对话框对活动单元格的格式进行设置。

图 4-10　格式下拉列表

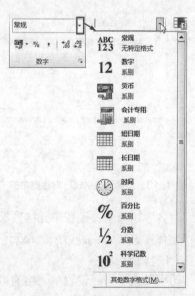

图 4-11　快速设置单元格格式

在"单元格格式"对话框中，可以对单元格的各种格式进行设置，包括数字、对齐、字体、边框、图案和保护。它们分别在各个相应的选项卡内进行设置。选择"开始"选项卡"单元格"组中的"格式"按钮下拉菜单中的"设置单元格格式"命令即可打开"设置单元格格式"对话框，如图 4-12 所示。

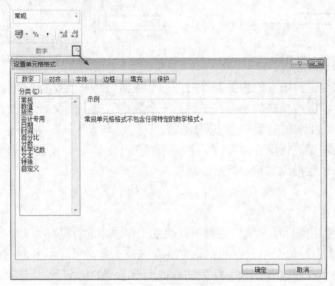

图 4-12 "设置单元格格式"对话框

● "数字"选项卡：设置各种数据的显示格式，如图 4-13 所示。
各种数据显示方式图例如图 4-14 所示。

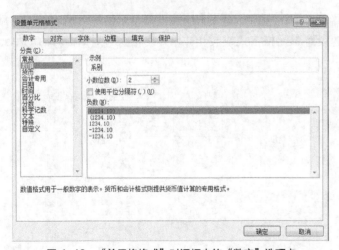

图 4-13 "单元格格式"对话框中的"数字"选项卡　　图 4-14 各种数据显示方式图例

● "对齐"选项卡：设置单元格数据的对齐方式及文本方向，如图 4-15 所示。
● "字体"选项卡：设置所选单元格中文本的字体、字形、字号以及其他格式选项，如图 4-16 所示。
● "边框"选项卡：设置单元格的边框格式，如图 4-17 所示。

图 4-15　"单元格格式"对话框中的"对齐"选项卡

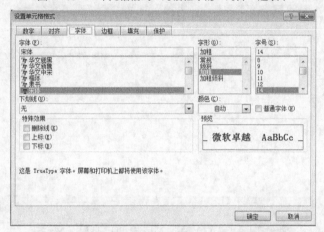

图 4-16　"单元格格式"对话框中的"字体"选项卡

图 4-17　"单元格格式"对话框中的"边框"选项卡

- "图案"选项卡：设置单元格的底纹，如图 4-18 所示。
- "保护"选项卡：设置单元格的数据和公式是否被保护和隐藏，如图 4-19 所示。

（3）套用表格格式

套用表格格式时，首先选定需设置的单元格区域，单击"开始"选项卡"样式"组中的"套用表格格式"按钮下拉列表进行选择，如图 4-20 所示。

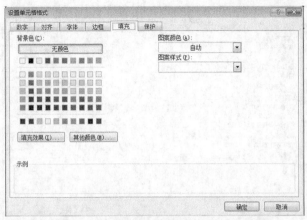

图 4-18 "单元格格式"对话框中的"填充"选项卡

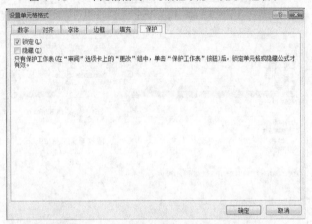

图 4-19 "单元格格式"对话框中的"保护"选项卡

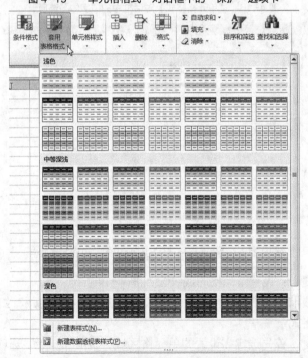

图 4-20 "套用表格格式"下拉列表

如需要取消套用表格则需要选定该单元格区域，单击"表格设计"选项卡"表格样式"组中的下拉列表，选择"清除"命令清除格式（见图 4-21），然后单击该选项卡"工具"组中的"转换为区域"按钮（见图 4-22），则可以把该单元格还原到最初的原始状态。

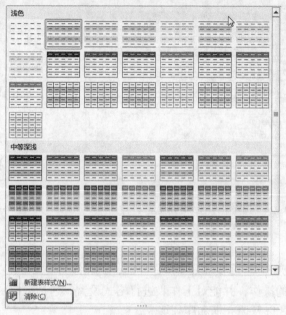

图 4-21　清除套用的表格样式

（4）格式刷的使用

和 Word 一样，Excel 也提供了使用格式刷复制单元格格式的功能。当用户需要设置相同的格式时，可以先选定设置好格式的单元格区域，再单击或双击"开始"选项卡"剪贴板"组中的"格式刷"按钮，光标回到工作表数据区呈刷子状，在目标区域单击或拖动鼠标，即可复制格式。

（5）条件格式设置

使用条件格式，可以设置符合某些条件的数据为特殊的格式效果，用来突出这些数据。操作时，先选定需要判断条件的数据所在的单元格区域，单击"开始"选项卡"样式"组中的"条件格式"按钮下拉列表，选择"新建规则"命令（见图 4-23），打开"新建格式规则"对话框（见图 4-24）。在对话框内可以根据所需条件建立格式规则，完成后单击"确定"按钮。

图 4-22　把套用格式区域还原为原始状态　　　　图 4-23　新建条件格式规则

若需要取消"条件格式"的设置，则可以选定需要取消设置的单元格区域，然后单击"开始"选项卡"样式"组中的"条件格式"按钮下拉列表，选择"清除规则"命令即可，如图4-25所示。

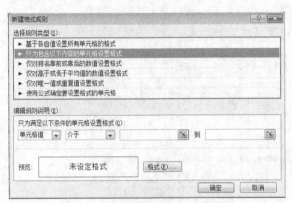

图4-24 选择条件格式规则类型　　　　　　图4-25 清除条件格式的规则

项目小结

通过本项目，要求学生了解 Excel 操作界面，了解各类型数据在单元格中的显示方式，熟练掌握建立工作表的操作，并能对工作表进行格式设置，包括数据录入、表格边框、单元格格式设置、条件格式以及填充柄和序列填充。

在日常工作中，掌握填充柄和序列填充灵活运用，往往能提高工作效率，快速完成表格数据的录入处理。掌握条件格式设置，则能更简单直观地显示数据。

「项目二」制作班级评分月统计表

⇨ **项目内容** 已经开学一段时间了，文明班级评比也从第3周正式开始统计，而每4周需要做一次汇总，张飞需要根据6~9周的文明班级评分情况进行统计及排名，并制作文明班级评比月统计表。要求：计算出各班4周的总分、月平均分及月总评，并以各班的月总评分为标准进行排序。

⇨ **效果预览** 文明班级月评比表如图4-26所示。

系列	班级	升旗	早读	晚自习	行为规范	卫生情况	宿舍情况	课堂情况	奖罚	月统计	排名
工业系	模具1401	76.6	77.3	99.2	76.2	99.7	74.5	75.0	0.5	579.0	9
工业系	机电1401	79.4	78.0	99.6	78.1	99.0	76.3	79.7	3.0	593.1	1
工业系	数控1401	77.1	79.8	98.9	79.1	99.9	76.1	78.4	0.5	589.7	4
工业系	汽修1401	76.2	78.0	98.5	77.2	99.3	73.8	78.3	1.0	582.2	6
工业系	汽修1402	76.0	78.3	96.3	72.9	99.6	74.9	75.1	0.0	573.0	15
工业系	食品1401	75.3	77.0	98.8	74.0	99.2	74.2	69.6	6.0	574.0	13
商管系	商英1401	79.0	79.2	99.7	78.4	99.6	75.0	76.6	4.0	591.4	3
商管系	会电1401	78.1	78.2	97.9	79.4	99.9	72.1	62.0	6.0	573.6	14
商管系	会电1402	78.8	78.7	99.3	76.8	99.2	73.1	74.2	5.5	585.5	5
商管系	电商1401	73.2	77.5	96.4	71.0	99.8	72.3	69.4	2.0	561.6	17
商管系	营销1401	77.9	78.4	99.3	75.9	98.5	68.7	75.7	5.5	580.2	8
商管系	物流1401	78.6	79.0	100.0	80.0	98.7	74.1	76.8	4.5	591.7	2
信息与艺术系	计网1401	79.4	77.7	97.4	72.9	99.6	72.0	73.4	4.0	576.3	11
信息与艺术系	物联网1401	77.8	78.3	99.3	74.3	98.0	69.2	76.9	2.5	576.3	12
信息与艺术系	广告1401	74.0	66.8	78.8	44.0	98.8	63.2	41.3	0.5	467.5	18
信息与艺术系	动漫1401	77.9	77.2	99.1	63.0	99.0	65.9	79.9	0.0	562.0	16
信息与艺术系	室内1401	76.9	79.6	99.6	79.0	99.0	70.5	80.0	4.5	580.9	7
信息与艺术系	服装1401	77.6	79.3	99.3	78.9	99.9	66.6	75.4	0.0	576.9	10

图4-26 文明班级月评比表

项目实训

1. 插入工作表

打开工作簿“4.2.xlsx”，插入一个新工作表，命名为“月统计”，复制评比周统计表至评比月统计表中，并作相应修改，如图 4-27 所示。

文明班级评比周统计

系别	班级	升旗	早读	晚自习	行为规范	卫生情况	宿舍情况	课堂情况	奖罚	月统计	排名
工业系	模具1401										
工业系	机电1401										
工业系	数控1401										
工业系	汽修1401										
工业系	汽修1402										
工业系	食品1401										
商管系	商英1401										
商管系	会电1401										
商管系	会电1402										
商管系	电商1401										
商管系	营销1401										
商管系	物流1401										
信息与艺术系	计网1401										
信息与艺术系	物联网1401										
信息与艺术系	广告1401										
信息与艺术系	动漫1401										
信息与艺术系	室内1401										
信息与艺术系	服装1401										

第6周 第7周 第8周 第9周 月统计

图 4-27　复制并修改文明班级月评比表

2. 计算周总分

选择工作表“第 6 周”，把光标置于单元格 L4，并输入函数“=SUM（D3：K4）”，按回车键完成公式录入，则在 L4 单元格内显示运算结果，编辑栏内显示公式内容；利用填充柄对其他班总分进行处理，完成后如图 4-28 所示。依次完成各班在其余各周的总分计算，如图 4-29、图 4-30、图 4-31 所示。

文明班级评比周统计

系别	班级	升旗	早读	晚自习	行为规范	卫生情况	宿舍情况	课堂情况	奖罚	总分
工业系	模具1401	78.0	78.0	99.3	75.0	99.6	74.5	75.3	0.0	579.7
工业系	机电1401	80.0	78.7	99.8	80.0	99.2	77.4	79.6	8.0	602.7
工业系	数控1401	78.0	80.0	99.6	78.8	100.0	76.0	78.0	0.0	590.4
工业系	汽修1401	76.9	77.0	99.2	78.6	98.6	73.0	80.0	0.0	583.3
工业系	汽修1402	72.0	78.8	96.3	65.6	99.8	73.3	67.5	0.0	553.3
工业系	食品1401	74.0	77.2	99.7	75.0	99.4	74.0	66.8	8.0	574.1
商管系	商英1401	80.0	79.8	99.7	80.0	99.6	75.0	79.8	8.0	601.9
商管系	会电1401	78.0	80.0	99.2	79.4	100.0	70.0	62.0	8.0	576.6
商管系	会电1402	80.0	80.0	99.2	71.2	99.0	70.5	79.8	0.0	579.7
商管系	电商1401	73.6	77.1	95.1	69.4	99.8	73.3	67.5	0.0	555.8
商管系	营销1401	77.8	77.0	99.3	75.4	98.4	69.6	75.2	8.0	580.7
商管系	物流1401	78.0	79.7	100.0	80.0	98.8	74.1	77.3	8.0	595.9
信息与艺术系	计网1401	80.0	77.0	97.6	73.0	99.6	72.0	75.4	4.0	578.6
信息与艺术系	物联网1401	77.0	79.3	98.9	78.8	100.0	65.5	75.4	0.0	574.9
信息与艺术系	广告1401	74.0	65.0	79.1	43.6	99.2	61.0	40.0	0.0	461.9
信息与艺术系	动漫1401	77.9	77.2	99.1	63.0	99.4	67.5	79.8	0.0	563.9
信息与艺术系	室内1401	76.0	80.0	100.0	71.2	99.0	70.5	80.0	8.0	584.7
信息与艺术系	服装1401	77.0	79.3	99.2	78.8	100.0	65.5	75.4	0.0	575.2

第6周 第7周 第8周 第9周 月统计

图 4-28　计算第 6 周总分

文明班级评比周统计

系别	班级	升旗	早读	晚自习	行为规范	卫生情况	宿舍情况	课堂情况	奖罚	总分
工业系	模具1401	70.5	78.0	99.0	75.0	100.0	74.5	74.0	0.0	571.0
工业系	机电1401	80.0	76.0	99.1	77.6	98.3	76.0	79.6	4.0	590.6
工业系	数控1401	75.3	79.0	99.6	78.8	99.7	77.3	78.0	0.0	587.7
工业系	汽修1401	76.9	78.0	96.0	75.0	100.0	73.0	73.4	0.0	572.3
工业系	汽修1402	78.0	78.0	99.3	75.0	99.6	74.5	75.3	0.0	579.7
工业系	食品1401	74.0	76.7	98.4	76.4	99.4	75.6	66.8	2.0	569.3
商管系	商英1401	80.0	79.8	99.7	79.7	99.6	76.0	79.8	4.0	598.5
商管系	会电1401	78.5	77.0	98.8	78.8	100.0	75.0	62.0	8.0	578.1
商管系	会电1402	80.0	78.7	99.8	80.0	99.2	77.4	79.6	8.0	602.7
商管系	电商1401	72.0	78.8	96.3	65.6	99.8	73.3	67.5	0.0	553.3
商管系	营销1401	76.5	79.2	99.3	77.2	98.4	69.6	75.2	6.0	581.4
商管系	物流1401	78.2	79.7	99.9	80.0	96.4	74.1	77.3	2.0	587.6
信息与艺术系	计网1401	79.6	76.8	97.6	73.0	99.9	72.0	75.4	4.0	578.3
信息与艺术系	物联网1401	77.8	77.0	99.3	75.4	98.4	69.6	75.2	8.0	580.7
信息与艺术系	广告1401	74.0	67.3	79.1	45.3	98.5	64.3	45.0	0.0	473.5
信息与艺术系	动漫1401	78.0	77.2	99.1	63.0	97.3	67.5	79.8	0.0	561.9
信息与艺术系	室内1401	75.5	80.0	100.0	70.0	98.8	70.5	80.0	2.0	576.8
信息与艺术系	服装1401	77.0	79.3	98.9	78.8	100.0	65.5	75.4	0.0	574.9

第6周　第7周　第8周　第9周　月统计

图 4-29　计算第 7 周总分

文明班级评比周统计

系别	班级	升旗	早读	晚自习	行为规范	卫生情况	宿舍情况	课堂情况	奖罚	总分
工业系	模具1401	78.0	75.0	99.3	76.0	99.6	74.5	75.3	2.0	579.7
工业系	机电1401	79.5	78.7	99.8	79.8	99.2	74.3	79.6	0.0	590.9
工业系	数控1401	78.0	80.0	96.8	78.8	100.0	76.0	78.0	0.0	587.6
工业系	汽修1401	77.0	77.0	99.2	76.7	98.6	73.0	80.0	4.0	585.5
工业系	汽修1402	74.0	79.8	99.6	78.6	100.0	74.0	79.8	0.0	587.8
工业系	食品1401	74.0	77.2	97.9	75.0	99.4	74.0	66.8	8.0	572.3
商管系	商英1401	80.0	79.8	99.7	79.0	99.6	75.0	79.8	4.0	596.9
商管系	会电1401	78.0	78.6	98.6	79.4	100.0	70.0	62.0	8.0	574.6
商管系	会电1402	78.5	77.0	99.8	78.8	100.0	75.0	62.0	8.0	578.1
商管系	电商1401	73.6	77.1	95.1	69.4	99.8	73.3	67.5	0.0	555.8
商管系	营销1401	79.4	79.2	99.3	75.4	98.4	65.4	75.2	2.0	572.3
商管系	物流1401	78.0	79.7	100.0	80.0	96.0	74.1	77.3	0.0	589.1
信息与艺术系	计网1401	80.0	77.0	96.7	72.4	99.6	72.0	75.4	0.0	573.1
信息与艺术系	物联网1401	78.0	77.2	99.1	63.0	97.3	67.5	79.8	0.0	561.9
信息与艺术系	广告1401	74.0	70.0	79.1	43.6	99.2	60.0	40.0	0.0	465.9
信息与艺术系	动漫1401	77.9	77.2	99.1	63.0	100.0	67.5	79.8	0.0	564.5
信息与艺术系	室内1401	76.0	78.5	99.0	71.2	99.0	70.5	80.0	6.0	580.2
信息与艺术系	服装1401	79.2	79.3	99.2	79.0	99.5	70.0	75.4	0.0	581.6

第6周　第7周　第8周　第9周　月统计

图 4-30　计算第 8 周总分

文明班级评比周统计

系别	班级	升旗	早读	晚自习	行为规范	卫生情况	宿舍情况	课堂情况	奖罚	总分
工业系	模具1401	80.0	78.0	99.3	78.8	99.6	74.5	75.3	0.0	585.5
工业系	机电1401	78.0	78.7	99.8	75.0	99.2	77.4	80.0	0.0	588.1
工业系	数控1401	76.9	80.0	99.7	80.0	100.0	75.0	79.6	2.0	593.2
工业系	汽修1401	74.0	79.8	99.6	78.6	100.0	74.0	79.8	0.0	587.8
工业系	汽修1402	80.0	76.5	89.9	72.4	99.1	75.9	77.6	0.0	571.4
工业系	食品1401	79.0	77.0	99.2	69.4	98.6	73.0	78.0	0.0	580.2
商管系	商英1401	76.0	77.2	99.7	75.0	99.4	74.0	66.8	0.0	568.1
商管系	会电1401	78.0	77.1	95.1	80.0	99.6	73.3	62.0	0.0	565.1
商管系	会电1402	76.5	79.2	99.3	77.2	98.4	69.6	75.2	0.0	581.4
商管系	电商1401	73.6	77.0	99.2	79.4	99.8	69.6	75.2	2.0	581.8
商管系	营销1401	77.8	79.7	99.3	75.4	98.6	70.0	77.3	8.0	586.3
商管系	物流1401	80.0	77.0	100.0	80.0	99.6	74.1	75.4	8.0	594.1
信息与艺术系	计网1401	78.0	80.0	97.6	73.0	99.2	72.0	67.5	0.0	575.3
信息与艺术系	物联网1401	78.2	79.7	99.9	80.0	96.4	74.1	77.3	2.0	587.6
信息与艺术系	广告1401	74.0	65.0	78.0	43.6	98.4	67.5	40.0	2.0	468.5
信息与艺术系	动漫1401	77.9	77.2	99.1	63.0	98.4	61.0	79.8	0.0	557.6
信息与艺术系	室内1401	80.0	80.0	99.2	71.2	99.0	70.5	79.8	2.0	581.7
信息与艺术系	服装1401	77.0	79.3	100.0	78.8	100.0	65.5	75.4	0.0	576.0

第6周　第7周　第8周　第9周　月统计

图 4-31　计算第 9 周总分

3.计算各班各项目的月平均分

选定"月统计"工作表，并把光标置于 B4 单元格，输入公式"= AVERAGE（第 6 周! D5，第 7 周! D5，第 8 周! D5，第 9 周! D5）"，完成后按回车键确认，则 D4 单元格内显示运算结果，编辑栏内显示公式内容；利用填充柄对剩余的各项目以及各班各个项目的平均分进行统计。

4.计算各班月统计

利用 SUM 函数对各班的文明班级月统计进行计算，结果如图 4-32 所示。

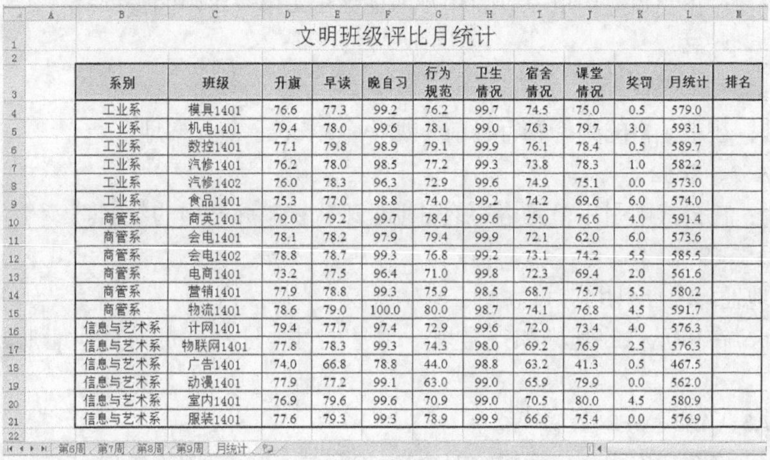

系别	班级	升旗	早读	晚自习	行为规范	卫生情况	宿舍情况	课堂情况	奖罚	月统计	排名
						文明班级评比月统计					
工业系	模具1401	76.6	77.3	99.2	76.2	99.7	74.5	75.0	0.5	579.0	
工业系	机电1401	79.4	78.0	99.6	78.1	99.0	76.3	79.7	3.0	593.1	
工业系	数控1401	77.1	79.8	98.9	79.1	99.9	76.1	78.4	0.5	589.7	
工业系	汽修1401	76.2	78.0	98.5	77.2	99.3	73.8	78.3	1.0	582.2	
工业系	汽修1402	76.0	78.3	96.3	72.9	99.6	74.9	75.1	0.0	573.0	
工业系	食品1401	75.3	77.0	98.8	74.0	99.2	74.2	69.6	6.0	574.0	
商管系	商英1401	79.0	79.2	99.7	78.4	99.6	75.0	76.6	4.0	591.4	
商管系	会电1401	78.1	78.2	97.9	79.4	99.9	72.1	62.0	6.0	573.6	
商管系	会电1402	78.8	78.7	99.3	76.8	99.2	73.1	74.2	5.5	585.5	
商管系	电商1401	73.2	77.5	96.4	71.0	99.8	72.3	69.4	2.0	561.6	
商管系	营销1401	77.9	78.8	99.3	75.9	98.5	68.7	75.7	5.5	580.2	
商管系	物流1401	78.6	79.0	100.0	80.0	98.7	74.1	76.8	4.5	591.7	
信息与艺术系	计网1401	79.4	77.7	97.4	72.9	99.6	72.0	73.4	4.0	576.3	
信息与艺术系	物联网1401	77.8	78.3	99.3	74.3	98.0	69.2	76.9	2.5	576.3	
信息与艺术系	广告1401	74.0	66.8	78.8	44.0	98.8	63.2	41.3	0.5	467.5	
信息与艺术系	动漫1401	76.9	77.2	99.1	63.0	99.0	65.9	79.9	0.0	562.0	
信息与艺术系	室内1401	76.9	79.6	99.6	70.9	99.0	70.5	80.0	4.5	580.9	
信息与艺术系	服装1401	77.6	79.3	99.3	78.9	99.9	66.6	75.4	0.0	576.9	

图 4-32　计算各班月统计

5.对各班进行排名

利用 RANK 函数对月统计分数进行排名。在 M4 单元格中输入公式"=RANK（L4，$L$4:$L$21，0）"并利用填充柄对其他各班进行排名运算，结果如图 4-33 所示。

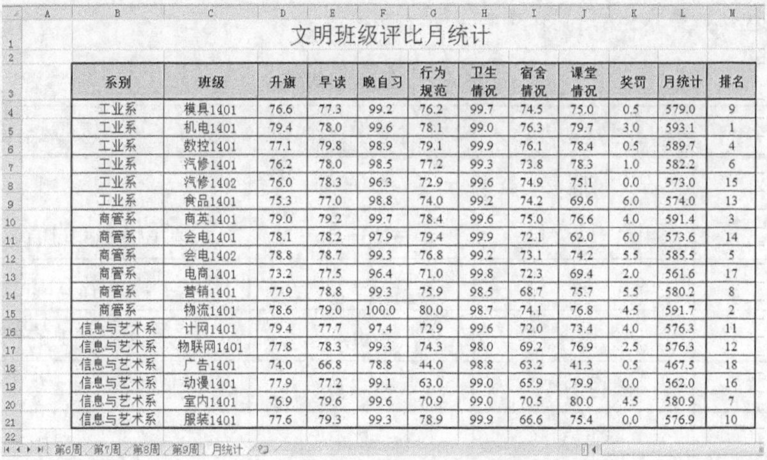

系别	班级	升旗	早读	晚自习	行为规范	卫生情况	宿舍情况	课堂情况	奖罚	月统计	排名
						文明班级评比月统计					
工业系	模具1401	76.6	77.3	99.2	76.2	99.7	74.5	75.0	0.5	579.0	9
工业系	机电1401	79.4	78.0	99.6	78.1	99.0	76.3	79.7	3.0	593.1	1
工业系	数控1401	77.1	79.8	98.9	79.1	99.9	76.1	78.4	0.5	589.7	4
工业系	汽修1401	76.2	78.0	98.5	77.2	99.3	73.8	78.3	1.0	582.2	6
工业系	汽修1402	76.0	78.3	96.3	72.9	99.6	74.9	75.1	0.0	573.0	15
工业系	食品1401	75.3	77.0	98.8	74.0	99.2	74.2	69.6	6.0	574.0	13
商管系	商英1401	79.0	79.2	99.7	78.4	99.6	75.0	76.6	4.0	591.4	3
商管系	会电1401	78.1	78.2	97.9	79.4	99.9	72.1	62.0	6.0	573.6	14
商管系	会电1402	78.8	78.7	99.3	76.8	99.2	73.1	74.2	5.5	585.5	5
商管系	电商1401	73.2	77.5	96.4	71.0	99.8	72.3	69.4	2.0	561.6	17
商管系	营销1401	77.9	78.8	99.3	75.9	98.5	68.7	75.7	5.5	580.2	8
商管系	物流1401	78.6	79.0	100.0	80.0	98.7	74.1	76.8	4.5	591.7	2
信息与艺术系	计网1401	79.4	77.7	97.4	72.9	99.6	72.0	73.4	4.0	576.3	11
信息与艺术系	物联网1401	77.8	78.3	99.3	74.3	98.0	69.2	76.9	2.5	576.3	12
信息与艺术系	广告1401	74.0	66.8	78.8	44.0	98.8	63.2	41.3	0.5	467.5	18
信息与艺术系	动漫1401	76.9	77.2	99.1	63.0	99.0	65.9	79.9	0.0	562.0	16
信息与艺术系	室内1401	76.9	79.6	99.6	70.9	99.0	70.5	80.0	4.5	580.9	7
信息与艺术系	服装1401	77.6	79.3	99.3	78.9	99.9	66.6	75.4	0.0	576.9	10

图 4-33　对月统计进行降序排名

6.保存

保存工作簿，退出 Excel。

知识点介绍

1.公式运算

公式是由数据、单元格地址、函数以及运算符等组成的表达式。公式必须以等号"="开头，系统将"="号后面的字符串识别为公式。在默认状态下，单元格内显示计算结果，编辑栏显示公式。

（1）地址引用

● 相对地址与相对引用

相对地址：使用单元格的列标和行号表示单元格地址。

例如：A3、F2 等。

相对引用：在公式中引用单元格的相对地址来代表单元格中的数据。

例如：A3+F2 等。

● 绝对地址与绝对引用

绝对地址：在单元格的列标和行号前各加一个$来表示单元格地址。

例如：$A$3、$F$2 等。

绝对引用：在公式中引用单元格的绝对地址来代表单元格中的数据。

例如：$A$3+$F$2 等。

● 混合地址与混合引用

混合地址：在单元格的列标和行号里一个是相对地址一个是绝对地址来混合表示单元格地址。

例如：$A3、A$3、$F2、F$2 等。

混合引用：在公式中引用单元格的混合地址来代表单元格中的数据。

例如：$A3+$F2、A$3+ F$2 等。

在公式中各种地址的引用在复制到一个新的位置时，相对地址会随之变化，绝对地址不发生变化。

（2）运算方式

● 算术运算。算术运算符如表 4-1 所示。

表 4-1　算术运算符

运算符	运算功能	例	运算结果
+	加	=10+5	15
−	减	=B8−B5	单元格 B8 的值减 B5 的值
*	乘	=B1*2	单元格 B1 的值乘 2
/	除	=A1/4	单元格 A1 的值除以 4
%	求百分数	=75%	0.75
^	乘方	=2^4	16

● 字符运算。字符运算符如表 4-2 所示。

表 4-2　字符运算符

运算符	运算功能	例	运算结果
&	字符串连接	="Excel"&"工作表"	Excel 工作表
		=C4&"工作簿"	C4 中的字符串与"工作簿"连接

● 比较运算。比较运算符如表 4-3 所示。

表 4-3　比较运算符

运算符	运算功能	例	运算结果
=	等于	=100+20=170	FALSE（假）
<	小于	=100+20<170	TRUE（真）
>	大于	=100>99	TRUE
<=	小于或等于	=200/4<=22	FALSE
>=	大于或等于	=2+25>30	FALSE
<>	不等于	=100<>120	TRUE

● 运算顺序。Excel 规定了不同运算的优先级。各种运算的优先级由高到低的顺序如表 4-4 所示。

表 4-4　运算顺序表

－（负号）
%（百分数）
^（乘方）
*、/（乘、除）
+、－（加、减）
&（字符连接）
=、<、>、<=、>=、<>（比较）

2. 简单函数

函数是 Excel 系统已经定义好的、能够完成特定计算的内置功能。用户需要时，可在公式中直接调用函数。

Excel 中的函数是由函数名和用括号括起来的一系列参数构成。

<函数名>（参数 1，参数 2，…）

Excel 函数中的参数有数值、字符串、逻辑值、错误值、引用和数组 6 种。

（1）求和 SUM

格式：SUM（number1，number2，…）

功能：求出连续或不连续区域的数值的和。参数最多允许有 30 个。

例：SUM（C2:C12）　　　　　→求 C2 至 C12 区域单元格中的数值的和

（2）求平均 AVERAGE

格式：AVERAGE（number1，number2，…）

功能：求出连续或不连续区域的数值的平均值。参数最多允许有 30 个。

例：AVERAGE（C2:C12）　　　→求 C2 至 C12 区域单元格中的数值的平均值

（3）最大值 MAX

格式：MAX（number1，number2，…）

功能：求出连续或不连续区域的数值的最大值。

例：MAX（C2:C12）　　　　　→求 C2 至 C12 区域单元格中的数值的最大值

（4）最小值 MIN

格式：MIN（number1，number2，…）

功能：求出连续或不连续区域的数值的最小值。

例：MIN（C2:C12）　　　　　→求 C2 至 C12 区域单元格中的数值的最小值

（5）计数 COUNT

格式：COUNT（number1，number2，…）

功能：求出连续或不连续区域的数字个数。

例：COUNT（C2:C12）　　　　→求 C2 至 C12 区域单元格中的数字的个数

（6）排序 RANK

格式：RANK（number，ref，order）

功能：求出单元格数值在单元格区域内的排序，其中 order 参数中 0 为降序排列，1 为升序排列。

例：RANK（C2，C2:C12，0）　→求 C2 单元格中的值在 C2 至 C12 区域的降序排名

3.排序和筛选

（1）排序

排序就是将数据按一定的顺序重新排列。数据排序通常按列进行，也可以按行进行。

对数据进行排序的操作首先要选定数据区域，然后在"数据"选项卡的"排序和筛选"组中单击"升序"按钮 ，、"降序"按钮 、 或"排序"按钮 （见图 4-34）。如需要多个关键字的排序，则只能使用"排序"按钮打开"排序"对话框进行添加条件设置，如图 4-35 所示。

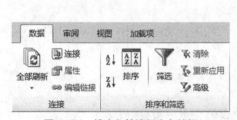

图 4-34　排序和筛选组内各按钮

图 4-35　"排序"对话框

（2）筛选

如果表格中的数据太多，使用"排序"功能来查找数据还是不太方便。Excel 的数据筛选功能，可使用户在数据中方便地查询到满足特定条件的记录。

Excel 提供了"自动筛选"和"高级筛选"两种筛选方式。"自动筛选"操作简单，可满足大部分使用的需要。在自动筛选中，用得比较多的是自定义的自动筛选。选定数据区域，单击"数据"选项卡的"排序和筛选"组中的"筛选"按钮 ，即可在所选数据区域中的字段名内添加"自动筛选"下拉按钮 。在"自动筛选"下拉列表的"文本筛选"中选择"自定义筛选"选项（见图 4-36），打开"自定义自动筛选方式"对话框（见图 4-37），用户设定筛选条件后完成筛选。

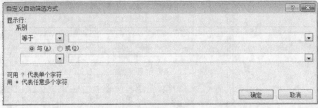

图 4-36　打开自定义筛选对话框　　　　图 4-37　"自定义自动筛选方式"对话框

项目小结

　　数据处理是 Excel 强大的功能之一，在日常工作中经常使用此功能，如成绩统计、工资计算、仓库货物存量统计等。

　　本项目中利用了常用简单公式函数对数据进行运算和处理，通过 Excel 的排序、筛选功能对数据进一步整理，使原来的基础数据得到了有效的整理和排列，达到得出简单结论的目的。在本项目中，主要要求学生掌握 Excel 中公式地址引用的灵活使用，特别是根据实际情况采取地址绝对引用；掌握几个常用函数（SUM、AVERAGE、MAX、MIN、COUNT、RANK）的使用。在项目中函数配合填充柄的使用可以事半功倍。

「项目三」制作班级评分学期汇总表

　　⇒ 项目内容　一个学期快过去了了，纪律检查部需要对这学期各个系的评分进行汇总，分析各个系在这学期存在的问题。要求先处理每个月的汇总，然后在 4 个月的统计表基础上进行学期汇总并对数据进行分析。

　　⇒ 效果预览　文明班级评比汇总表如图 4-38、图 4-39、图 4-40、图 4-41、图 4-42 和图 4-43 所示。

文明班级3月评比表

系列	班级	升旗	早读	晚自习	行为规范	卫生情况	宿舍情况	课室情况	奖罚	月总评	排名
工业系	机电1401	79.4	78.0	99.6	78.1	99.0	76.3	79.7	3.0	593.1	1
工业系	数控1401	77.1	79.8	98.9	79.1	99.9	76.1	78.4	0.5	589.8	4
工业系	汽修1402	77.1	78.0	98.9	77.2	98.5	73.8	80.0	4.0	587.5	5
工业系	汽修1401	76.2	78.0	98.5	77.2	99.3	73.8	78.3	1.5	582.8	8
工业系	模具1401	76.6	77.3	99.2	76.2	99.7	74.5	75.0	0.5	579.0	13
工业系	食品1401	75.3	77.0	98.8	74.0	99.2	74.2	69.6	6.0	574.1	16
工业系 平均值		77.0	78.0	99.0	77.0	99.3	74.8	76.8	2.6	584.4	
商管系	物流1401	78.6	79.0	100.0	80.0	98.7	74.1	76.8	4.5	591.7	2
商管系	商英1401	79.0	79.2	99.7	78.4	99.6	75.0	76.6	4.0	591.5	3
商管系	会电1402	77.6	77.0	97.4	78.9	99.9	74.5	75.4	4.0	584.7	7
商管系	营销1401	77.9	78.8	99.3	75.9	98.5	68.7	75.5	5.5	580.1	12
商管系	会电1401	78.1	78.2	97.9	79.4	99.7	72.1	62.0	6.0	573.6	17
商管系	电商1401	73.9	77.5	96.4	71.0	99.8	72.3	69.4	2.0	562.3	18
商管系 平均值		77.5	78.3	98.5	77.3	99.4	72.8	72.6	4.3	580.7	
信息与艺术系	物联网1401	76.6	77.7	96.4	79.1	99.6	75.0	78.3	0.0	582.7	9
信息与艺术系	室内1401	76.9	79.6	99.6	70.0	99.0	70.5	80.0	4.0	580.1	11
信息与艺术系	服装1401	77.6	79.3	99.3	78.9	99.6	75.4	0.0	0.0	577.0	14
信息与艺术系	计算1401	79.2	77.7	97.4	72.7	99.6	72.0	73.4	4.0	576.0	15
信息与艺术系	动漫1401	77.9	77.2	99.1	63.0	99.0	65.9	79.9	0.0	562.3	19
信息与艺术系	广告1401	74.0	66.8	78.8	44.0	98.8	63.2	41.3	0.5	467.4	20
信息与艺术系 平均值		77.0	76.4	95.1	68.0	99.3	68.9	71.4	1.5	557.5	
总计平均值		77.2	77.6	97.5	74.1	99.3	72.1	73.6	2.8	574.2	

图 4-38　文明班级评比 3 月汇总

文明班级4月评比表

系列	班级	升旗	早读	晚自习	行为规范	卫生情况	宿舍情况	课堂情况	奖罚	月总评	排名
工业系	机电1401	78.6	79.0	99.6	78.1	99.0	76.3	79.7	3.0	593.3	1
工业系	汽修1402	79.3	78.0	99.3	77.2	99.3	75.4	80.0	4.0	592.5	2
工业系	数控1401	76.2	79.8	98.5	80.0	99.7	68.7	75.5	4.0	582.4	11
工业系	汽修1401	79.4	79.6	96.6	70.0	99.6	74.1	75.0	1.5	578.8	14
工业系	模具1401	77.9	79.3	99.3	79.4	99.9	72.1	69.6	0.5	578.0	15
工业系	食品1401	79.2	78.2	99.2	72.7	99.2	66.6	73.4	2.0	570.5	16
工业系 平均值		78.4	79.0	99.3	76.2	99.5	72.2	75.5	2.3	582.6	
商管系	会电1402	77.0	79.0	99.6	78.1	99.6	76.3	79.7	3.0	591.7	3
商管系	物流1401	79.0	79.2	99.7	78.4	98.7	76.1	76.8	2.0	589.9	4
商管系	营销1401	77.9	78.0	99.3	76.2	99.2	76.4	78.4	5.5	588.5	6
商管系	商英1401	77.1	78.0	98.9	77.2	98.5	73.8	80.0	4.0	587.5	7
商管系	电商1401	73.9	77.5	99.1	71.0	99.8	72.3	69.4	2.0	565.0	17
商管系	会电1401	75.3	78.8	98.8	74.0	99.2	72.0	62.0	0.0	560.8	19
商管系 平均值		76.7	78.4	99.2	75.8	99.2	74.1	74.4	2.8	580.6	
信息与艺术系	物联网1401	78.0	79.2	99.7	78.4	98.7	78.3	76.8	0.0	589.1	5
信息与艺术系	计网1401	77.6	77.0	97.4	78.9	99.9	74.5	75.4	4.0	584.7	8
信息与艺术系	服装1401	76.6	77.7	96.4	79.1	99.6	75.0	78.3	0.0	582.7	9
信息与艺术系	室内1401	76.9	77.3	100.0	75.9	99.3	76.6	78.4	4.5	581.0	12
信息与艺术系	动漫1401	78.1	77.2	97.9	63.0	99.0	65.9	79.9	0.0	561.0	18
信息与艺术系	广告1401	72.4	66.8	78.8	50.0	99.1	68.0	45.3	2.0	482.4	20
信息与艺术系 平均值		76.6	75.9	95.0	70.9	99.3	72.0	72.1	1.8	563.5	
总计平均值		77.2	77.9	97.8	74.3	99.3	72.8	74.0	2.3	575.5	

图 4-39 文明班级评比 4 月汇总

文明班级5月评比表

系列	班级	升旗	早读	晚自习	行为规范	卫生情况	宿舍情况	课堂情况	奖罚	月总评	排名
工业系	机电1401	78.6	79.0	99.6	78.1	99.0	76.3	79.7	1.0	591.3	1
工业系	汽修1402	77.1	79.8	98.9	79.1	99.9	76.1	78.4	0.5	589.8	2
工业系	汽修1401	77.6	78.0	96.4	79.1	99.6	74.2	78.3	1.5	584.7	7
工业系	模具1401	77.1	77.3	99.6	77.2	99.9	76.1	76.6	0.5	584.3	8
工业系	数控1401	76.6	77.7	99.3	79.4	99.0	70.5	75.5	3.0	581.9	11
工业系	食品1401	76.9	78.2	99.2	75.9	99.6	66.6	73.4	2.0	571.8	15
工业系 平均值		77.3	78.3	98.8	78.1	99.7	73.3	77.0	1.4	584.0	
商管系	商英1401	77.9	79.3	99.3	76.2	99.0	74.1	80.0	4.0	589.8	2
商管系	营销1401	79.0	79.6	98.5	72.7	99.2	75.0	75.0	6.0	585.0	5
商管系	会电1402	76.2	78.0	98.5	77.2	99.3	73.8	78.3	1.5	582.8	10
商管系	物流1401	77.9	79.2	99.7	78.4	98.7	68.7	76.8	2.0	581.4	12
商管系	电商1401	73.9	77.5	99.1	71.0	99.8	72.3	69.4	2.0	565.0	17
商管系	会电1401	75.3	78.8	98.8	74.0	99.3	72.0	62.0	0.0	560.2	19
商管系 平均值		76.7	78.7	99.0	74.9	99.2	72.7	73.6	2.6	577.4	
信息与艺术系	室内1401	79.2	79.8	98.9	78.9	99.9	72.1	75.4	4.5	588.7	4
信息与艺术系	服装1401	76.6	78.0	100.0	80.0	98.5	73.8	78.4	0.0	584.9	6
信息与艺术系	物联网1401	76.9	79.6	99.6	70.0	99.0	70.5	80.0	4.5	580.1	13
信息与艺术系	计网1401	79.4	77.0	97.4	70.0	99.7	74.5	69.6	4.0	571.6	16
信息与艺术系	动漫1401	78.1	77.2	97.9	63.0	99.0	65.9	79.9	2.0	563.0	18
信息与艺术系	广告1401	72.4	66.8	78.8	50.0	99.1	68.0	45.3	2.0	482.4	20
信息与艺术系 平均值		77.0	76.4	95.4	68.7	99.2	70.8	71.4	2.8	561.8	
总计平均值		77.0	77.8	97.8	73.9	99.4	72.3	74.0	2.3	574.4	

图 4-40 文明班级评比 5 月汇总

文明班级6月评比表

系列	班级	升旗	早读	晚自习	行为规范	卫生情况	宿舍情况	课堂情况	奖罚	月总评	排名
工业系	机电1401	77.0	79.0	99.6	78.1	99.0	76.3	79.7	3.0	591.7	2
工业系	数控1401	77.7	79.8	99.3	80.0	99.0	73.4	75.5	4.0	588.7	4
工业系	食品1401	79.2	76.9	99.2	79.4	99.2	74.5	68.7	2.0	579.1	8
工业系	汽修1401	77.0	79.6	96.4	79.1	99.9	62.0	75.0	1.5	570.5	12
工业系	汽修1402	73.9	77.5	99.1	71.0	99.8	72.3	69.4	2.0	565.0	14
工业系	模具1401	77.9	77.1	98.5	70.0	98.5	72.0	69.6	0.5	564.1	16
工业系 平均值		77.1	78.3	98.7	76.3	99.2	71.8	73.0	2.2	576.5	
商管系	商英1401	79.3	78.0	99.3	77.2	99.3	75.4	80.0	4.0	592.5	1
商管系	物流1401	78.0	79.2	99.7	78.4	98.7	78.3	76.8	2.0	589.1	3
商管系	营销1401	77.9	79.0	99.3	72.7	99.7	74.2	78.4	5.5	582.5	7
商管系	会电1401	75.3	78.8	98.8	74.0	99.9	66.6	74.1	3.0	570.5	12
商管系	电商1401	73.9	77.5	99.1	71.0	99.8	72.3	69.4	2.0	565.0	14
商管系	会电1402	78.1	77.2	97.9	63.0	99.0	65.9	79.9	0.0	561.0	17
商管系 平均值		77.1	78.3	99.0	72.7	99.4	72.1	76.4	1.8	576.8	
信息与艺术系	计网1401	77.6	79.4	100.0	76.2	99.6	75.0	73.8	4.5	586.1	5
信息与艺术系	室内1401	78.2	77.3	97.4	78.9	99.6	70.5	76.6	4.5	583.0	6
信息与艺术系	服装1401	76.6	76.2	99.6	75.9	99.7	72.1	76.1	0.0	576.2	11
信息与艺术系	动漫1401	78.1	77.2	97.9	63.0	99.0	65.9	79.9	0.0	561.0	17
信息与艺术系	物联网1401	75.3	78.8	98.8	74.0	99.9	72.0	62.0	0.0	560.8	19
信息与艺术系	广告1401	72.4	66.8	78.8	50.0	99.1	62.0	45.3	2.0	476.4	20
信息与艺术系 平均值		76.4	76.0	95.4	69.7	99.5	69.6	69.0	1.8	557.3	
总计平均值		76.9	77.5	97.7	72.9	99.4	71.2	72.8	1.9	570.2	

图 4-41 文明班级评比 6 月汇总

文明班级3月评比表

系别	升旗	早读	晚自习	行为规范	卫生情况	宿舍情况	课堂情况	奖罚	月总评
工业系	77.0	78.0	99.0	77.0	99.3	74.8	76.8	2.6	584.4
商管系	77.5	78.3	98.5	77.3	99.4	72.8	72.6	4.3	580.7
信息与艺术系	77.0	76.4	95.1	68.0	99.3	68.9	71.4	1.5	557.5

文明班级4月评比表

系别	升旗	早读	晚自习	行为规范	卫生情况	宿舍情况	课堂情况	奖罚	月总评
工业系	78.4	79.0	99.3	76.2	99.5	72.2	75.5	2.5	582.6
商管系	76.7	78.4	99.2	75.8	99.2	74.1	74.4	2.8	580.6
信息与艺术系	76.6	75.9	95.0	70.9	99.3	72.0	72.1	1.8	563.5

文明班级5月评比表

系别	升旗	早读	晚自习	行为规范	卫生情况	宿舍情况	课堂情况	奖罚	月总评
工业系	77.3	78.3	98.8	78.1	99.7	73.3	77.0	1.4	584.0
商管系	76.7	78.7	99.0	74.9	99.2	72.7	73.6	2.6	577.4
信息与艺术系	77.0	76.4	95.4	68.7	99.2	70.8	71.4	2.8	561.8

文明班级6月评比表

系别	升旗	早读	晚自习	行为规范	卫生情况	宿舍情况	课堂情况	奖罚	月总评
工业系	77.1	78.3	98.7	76.3	99.2	71.8	73.0	2.2	576.5
商管系	77.1	78.3	99.0	72.7	99.4	72.1	76.4	1.8	576.8
信息与艺术系	76.4	76.0	95.4	69.7	99.5	69.6	69.0	1.8	557.3

图 4-42　各系文明班级评比各月汇总

各系文明班级评比学期汇总

系别	升旗	早读	晚自习	行为规范	卫生情况	宿舍情况	课堂情况	奖罚	月总评
工业系	77.5	78.4	98.9	76.9	99.4	73.0	75.6	2.2	581.9
商管系	77.0	78.4	98.9	75.2	99.3	72.9	74.3	2.9	578.8
信息与艺术系	76.8	76.2	95.2	69.3	99.3	70.3	71.0	2.0	560.0

图 4-43　各系文明班级评比学期汇总

项目实训

① 选定 3 月份的评分表的数据区域 B3:M22，以"系别"为主要关键字进行升序排列。排序设置如图 4-44 所示，排序后的结果如图 4-45 所示。

图 4-44　排序设置

② 选定单元格区域 B3:L18，在"数据"选项卡"分级显示"组中单击"分类汇总"按钮，打开"分类汇总"对话框，进行如图 4-46 所示的设置。

③ 重复步骤①和步骤②完成其他各月评分表的分类汇总。

④ 插入一个新工作表，命名为"各月汇总"，把各月 3 个系的评分汇总情况复制到该工作表下，并对格式进行编辑整理，效果如图 4-42 所示。

⑤ 插入一个新工作表，命名为"学期汇总"，在第一行输入"各系文明班级评分学期汇总"。把光标置于单元格 A3，单击"数据"选项卡"数据工具"组中的"合并计算"按钮，打开"合并计算"对话框，选择函数为"平均值"，添加相应的引用位置，并选择标签位置为

"首行"和"最左列",如图4-47所示。完成后,单击"确定"按钮退出"合并计算"对话框,在单元格区域 A3:J6 内将会出现合并计算的结果。

	系别	班级	升旗	早读	晚自习	行为规范	卫生情况	宿舍情况	课堂情况	奖罚	月总评	排名
						文明班级3月评比表						
	工业系	机电1401	79.4	78.0	99.6	78.1	99.0	76.3	79.7	3.0	593.1	1
	工业系	数控1401	77.1	79.8	98.9	79.1	99.9	76.1	78.4	0.5	589.8	4
	工业系	汽修1402	77.1	78.0	98.9	77.2	98.5	73.8	80.0	4.0	587.5	5
	工业系	汽修1401	76.2	78.0	98.5	77.2	99.3	73.8	78.3	1.5	582.8	7
	工业系	模具1401	76.6	77.3	99.2	76.2	99.7	74.5	75.0	0.5	579.0	11
	工业系	食品1401	75.3	77.0	98.8	74.0	99.2	74.2	69.6	6.0	574.1	14
	商管系	物流1401	78.6	79.0	100.0	80.0	98.7	74.1	76.8	4.5	591.7	2
	商管系	商英1401	79.0	79.2	99.7	78.4	99.6	75.0	76.6	4.0	591.5	3
	商管系	会电1402	77.6	77.0	97.4	78.9	99.9	74.5	75.4	4.0	584.7	6
	商管系	营销1401	77.9	78.8	99.3	75.9	98.5	68.7	75.5	5.5	580.1	10
	商管系	会电1401	78.1	78.2	97.9	79.4	99.9	72.1	62.0	6.0	573.6	15
	商管系	电商1401	73.9	77.5	96.4	71.0	99.8	72.3	69.4	2.0	562.3	16
	信息与艺术系	物联网1401	76.6	77.7	96.4	79.1	99.6	75.0	78.3	0.0	582.7	8
	信息与艺术系	室内1401	76.9	79.6	99.6	70.0	99.0	70.5	80.0	4.5	580.1	9
	信息与艺术系	服装1401	77.6	79.3	99.3	78.9	99.9	66.6	75.4	0.0	577.0	12
	信息与艺术系	计网1401	79.2	77.7	97.4	72.7	99.6	72.0	73.4	4.0	576.0	13
	信息与艺术系	动漫1401	77.9	77.2	99.1	63.0	99.0	65.9	79.9	0.0	562.0	17
	信息与艺术系	广告1401	74.0	66.8	78.8	44.0	98.8	63.2	41.3	0.5	467.4	18

3月 / 4月 / 5月 / 6月 /

图 4-45 排序后结果

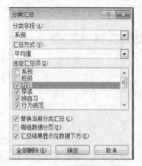

图 4-46 各月分类汇总设置

图 4-47 合并计算设置

⑥ 设置表格样式。选定单元格区域 A3:J6,单击"开始"选项卡"样式"组中的"套用表格样式"按钮,打开表格样式下拉菜单,选定"中等深浅 1",并在弹出的"套用表格式"对话框中勾选"表包含标题"选项,单击"确定"按钮,效果如图 4-48 所示。

列1	升旗	早读	晚自习	行为规范	卫生情况	宿舍情况	课堂情况	奖罚	月总评
工业系	77.5	78.4	98.9	76.9	99.4	73.0	75.6	2.2	581.9
商管系	77.0	78.4	98.9	75.2	99.3	72.9	74.3	2.9	578.8
信息与艺术	76.8	76.2	95.2	69.3	99.3	70.3	71.0	2.0	560.0

图 4-48 设置表格样式

⑦ 选定单元格区域 A3:J3,单击"开始"选项卡"编辑"组中"排序和筛选"按钮下拉列表内的"筛选"按钮 取消选定状态,在单元格 A3 中输入"系别",设置所有数据区域居中对齐,合并单元格 A1:J1,输入标题内容,文字大小为 20 磅加粗宋体,并设置第 1 行行高为 24 磅,第 2 行行高为 10 磅,第 3~6 行行高为 20 磅,文字大小为 14 磅宋体,各列列宽为自动调整列宽,完成后如图 4-43 所示。

⑧ 保存工作簿,退出 Excel。从汇总表分析得知,在文明班级评比中,工业系的班级总体表现良好,而信息与艺术系的班级还需要继续加强管理。

知识点介绍

1.分级显示

分级显示能够将一个明细数据表中的数据按类别组合在一起，通过鼠标单击分级显示按钮 1 2 、 + 、 - ，可迅速地设定只显示数据表格中那些提供汇总或标题的行或列，也可使用分级显示按钮 + 、 - 来查看单个汇总和标题下的明细数据。比如一个银行的报表，总行只想查看各省分行的汇总数据，省分行只想查看各市（支）行的汇总数据，而不想查看其他下级支行或分理处的明细数据，此时使用分级显示就可以轻松实现。

为数据表格建立分级显示，有自动建立、手动建立和对数据进行分类汇总 3 种方法。

（1）自动建立分级显示

具体操作步骤如下。

① 选定需要分级显示的单元格区域，若要对整个工作表的数据区域分级显示，可以选定任意单元格。

② 单击"数据"选项卡的"分级显示"组中的"创建组"按钮 （见图 4-49），打开下拉列表如图 4-50 所示。

③ 选择"自动建立分级显示"选项，则系统会自动根据用户小计行或列、合计行或列中的公式来判断如何分级。若工作表已有分级显示，Excel 将弹出如图 4-51 所示的对话框，单击"确定"按钮，Excel 会用新的分级显示替换掉原有的分级显示。

图 4-49 分级显示组内各按钮

图 4-50 进行自动建立分级显示

图 4-51 是否修改现有分级显示

（2）手动建立分级显示

手动建立分级显示，要求数据中同一组中的行或列均放在一起，汇总行均在本组数据的上方或下方，汇总列均在本组数据的左侧或右侧，汇总行、列中不要求使用公式。

具体操作步骤如下。

① 把光标定位于行号或列标处，选定需设定为同一组的所有行或列（不含小计）。

② 单击"数据"选项卡"分级显示"组中的"创建组"按钮 （见图 4-52），打开下拉列表如图 4-53 所示。

图 4-52 分级显示组

图 4-53 手动创建组

③ 选择"创建组"选项，则系统将所选择的行或列组成一组。

（3）利用分类汇总建立分级显示

分类汇总就是对所有资料分类进行汇总。使用 Excel 的分类汇总功能，可以轻松地对数据库进行数据分析和数据统计。

在 Excel 中，分类汇总的方式有求和、平均值、最大值、最小值、偏差、方差等 10 多种。最常用的是对分类数据求和、求平均值。

对数据进行分类汇总，首先要对分类字段排序，否则分类汇总的结果是不完成的。其操作步骤如下。

① 选定数据区域，按需要对分类字段进行排序。

② 单击"数据"选项卡"分级显示"组中的"分类汇总"按钮 （见图 4-54），打开"分类汇总"对话框，如图 4-55 所示。

③ 对"分类字段"、"汇总方式"及"选定汇总项"进行设置，完成后单击 确定 按钮。

2.清除分级显示

当用户不需要分级显示时，可清除分级显示。清除分级显示不会改变任何数据。操作步骤如下。

① 单击分级显示按钮 １２ 中的最大数字，以显示所有明细数据。

② 选定数据区域内任意组或任意单元格，单击"数据"选项卡"分级显示"组中的"取消组合"按钮 ，打开下拉列表如图 4-56 所示。

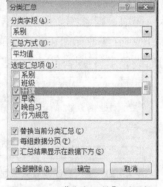

| 图 4-54 分类汇总按钮 | 图 4-55 "分类汇总"对话框 | 图 4-56 清除分级显示 |

③ 如果是删除任一分组，则选择"取消组合"选项；若是消除分级显示，则选择"取消分级显示"选项即可。

3.合并计算

Excel 的"合并计算"功能可以汇总或者合并多个数据源区域中的数据，具体方法有两种：一是按类别合并计算；二是按位置合并计算。

合并计算的数据源区域可以是同一工作表中的不同表格，也可以是同一工作簿中的不同工作表，还可以是不同工作簿中的表格。其中包括以下 3 种情况。

● 当数据列表的列标题和行标题相同时，无论这种相同是发生在同一工作表中，还是在不同的工作表中的数据列表，合并计算所执行的操作将是按相同的行或列的标题项进行计算，这种计算可能包括求和、计数或是求平均值等。

● 当数据列表有着不同行标题或列标题时，合并计算则执行合并的操作，将同一工作表或不同工作表中的不同的行或列的数据进行内容合并，形成包括数据源表中所有不同行标题或不同列标题的新数据列表。

● 如果数据列表没有行标题和列标题时，合并计算将按数据所在单元格位置进行计算。

合并计算的操作步骤如下。

① 把光标定位在显示合并计算结果的单元格处。

② 单击"数据"选项卡"数据工具"组中的"合并计算"按钮 （见图 4-57），打开"合并计算"对话框，如图 4-58 所示。

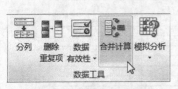

图 4-57　合并计算按钮　　　　　图 4-58　合并计算对话框及其可用函数列表

③ 在"合并计算"对话框中，选择需要进行运算的函数，并在"引用位置"处逐一选择和添加各个需要进行运算的数据区域，添加成功后在"所有引用位置"处会显示各个已经添加的数据区域。

④ 在标签位置选择好相应的设置，若是根据列标题进行分类合并计算则选择"首行"，若根据行标题进行分类合并计算则选择"最左列"，若需要同时根据列标题和行标题进行合并计算，则需要同时选择"首行"和"最左列"。

⑤ 完成所有设置，单击"确定"按钮则系统在光标所在处显示合并计算的运算结果。

项目拓展

⊪⇨ 拓展内容　制作班级成绩表，根据成绩为每个学生进行等级评定，利用分类汇总功能分析比较男生和女生的成绩差异。

⊪⇨ 效果预览　班级成绩表如图 4-59 所示。

	学号	姓名	性别	语文	数学	平均分	合格/不合格(IF)	优良中差(IF)	优良中差(LOOKUP)
2	1	陈秋羽	女	85	88	86.5	合格	优	优
3	2	陈伟	男	73	90	81.5	合格	良	良
4	3	李桦浩	男	64	92	78.0	合格	良	良
5	4	梁锦殷	女	78	62	70.0	合格	中	中
6	5	林海宜	女	66	52	59.0	不合格	差	差
7	6	刘浩宇	男	85	95	90.0	合格	优	优
8	7	刘婷婷	女	95	95	95.0	合格	优	优
9	8	罗玉盈	女	50	41	45.5	不合格	差	差
10	9	苏醒	男	86	79	82.5	合格	良	良
11	10	吴佳娜	女	76	73	74.5	合格	中	中
12	11	叶巧仪	女	44	48	46.0	不合格	差	差
13	12	张天翔	男	80	82	81.0	合格	良	良
14									
15						平均分在不低于85分者，为优			
16						平均分在75分（含75）到85之间者，为良			
17						平均分在60（含60）到75之间者，为中			
18						平均分在60分以下者，为差			

图 4-59　班级成绩表

⊪⇨ 拓展实训步骤

① 打开学生成绩工作簿，单击"学生成绩单"工作表。

② 用鼠标单击 G2 单元格，在"编辑栏"中输入公式：=IF(F2>=60,"合格","不合格")，然后按回车键。

③ 再次选中 G2 单元格，用鼠标拖动填充柄向下复制公式至 G13 单元格。

④ 选中 H2 单元格，同样的方法输入公式：=IF(F2>=75,IF(F2>=85,"优","良"),IF(F2>=60,"中","差"))，计算后将公式向下复制至 H13 单元格。

⑤ 选中 I2 单元格，在"编辑栏"中输入公式：=LOOKUP(F2,{0,60,75,85},{"差","中","良","优"})，然后按回车键。

⑥ 再次选中 I2 单元格，用鼠标拖动填充柄向下复制公式至 I13 单元格。结果如图 4-60 所示。

	A	B	C	D	E	F	G	H	I
1	学号	姓名	性别	语文	数学	平均分	合格/不合格(IF)	优良中差(IF)	优良中差(LOOKUP)
2	1	陈秋羽	女	85	88	86.5	合格	优	优
3	2	陈伟	男	73	90	81.5	合格	良	良
4	3	李梓浩	男	64	92	78.0	合格	良	良
5	4	梁锦殷	女	78	62	70.0	合格	中	中
6	5	林海宜	女	66	52	59.0	不合格	差	差
7	6	刘浩宇	男	85	95	90.0	合格	优	优
8	7	刘婷婷	女	95	95	95.0	合格	优	优
9	8	罗玉盈	女	50	41	45.5	不合格	差	差
10	9	苏醒	男	86	79	82.5	合格	良	良
11	10	吴佳娜	女	76	73	74.5	合格	中	中
12	11	叶巧仪	女	44	48	46.0	不合格	差	差
13	12	张天翔	男	80	82	81.0	合格	良	良
14									
15						平均分在不低于85分者，为优			
16						平均分在75分（含75）到85之间者，为良			
17						平均分在60（含60）到75之间者，为中			
18						平均分在60分以下者，为差			

图 4-60　IF 和 LOOKUP 函数

⑦ 单击"分类汇总"工作表。

⑧ 单击 H2:H14 单元格区域中任一单元格，单击"数据"选项卡"排序和筛选"组中的"升序"按钮 ，使成绩单记录按性别排列。

⑨ 单击"分级显示"组中的"分类汇总"按钮，在弹出的"分类汇总"对话框中按图 4-61 左图设置，最后单击"确定"按钮，分类汇总结果如图 4-61 右图所示。

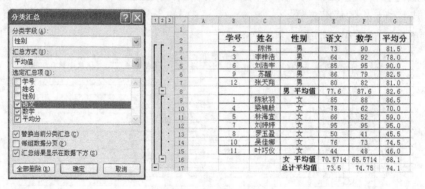

图 4-61　分类汇总示例

⇨ 拓知识点介绍

1. IF 函数

语法：IF（条件表达式, [真值], [假值]）

条件表达式：判断的条件

真值：当条件成立时 IF 函数返回的结果值。

假值：当条件不成立时 IF 函数返回的结果值。

功能：如果指定的条件成立，IF 函数将返回真值；否则返回假值。例如，如果 A1 单元格的值为 20，公式=IF(A1>10, "大于 10", "不大于 10")的结果为"大于 10"；如果 A1 单元格的值为 9，则上述公式的结果为"不大于 10"。

在 Excel 中最多可使用 64 个 IF 函数作为真值和假值参数进行嵌套，以构造更详尽的测试。例如，公式=IF(A1>10,IF(A1>15, "大于 15", "不大于 15"), "不大于 10")。或者，若要测试多个条件，可以考虑使用 LOOKUP 函数。

2. LOOKUP

语法：LOOKUP（查找值, 查找向量, [结果向量]）

功能：在查找向量（单行区域或单列区域，称为"向量"）中找到查找值，然后返回结果向量中相同位置的值。如果 LOOKUP 函数找不到查找值，则该函数会与查找向量中小于或等于查找值的最大值进行匹配。如果查找值小于查找向量中的最小值，则 LOOKUP 会返回#N/A 错误值。例如，单元格 A1:B5 的数据如图 4-62 所示，在表 4-5 中则体现了 LOOKUP 函数在实际计算过程中返回的值。

	A	B
1	3.15	红
2	4.36	橙
3	5.25	黄
4	5.66	绿
5	8.52	青

图 4-62　数据值

表 4-5　LOOKUP 函数的实际计算

公式	说明
= LOOKUP(3.15,A1:A5,B1:B5)	在 A 列中查找 3.15，然后返回 B 列中同一行的值"红"
= LOOKUP(5.2,A1:A5,B1:B5)	在 A 列中查找 5.2，与最接近的较小值 4.36 匹配，返回"橙"
= LOOKUP(8.6,A1:A5,B1:B5)	在 A 列中查找 8.6，与最接近的较小值 8.52 匹配，返回"青"
= LOOKUP(2,A1:A5,B1:B5)	在 A 列中查找 2，返回错误值，因 2 小于 A 列中最小值 3.15

 注意　查找向量中的值必须按升序排列，否则，LOOKUP 可能无法返回正确的值。另外，文本不区分大小写。

3. 分类汇总

利用分类汇总可以快速地对一张数据表进行自动汇总计算，将数据清单分级显示，以便为每个分类汇总显示和隐藏明细数据行，通过各类别汇总项的比较容易得出类别间的关系或差异，如图 4-63 所示。

图 4-63　分类汇总

需特别注意的是，分类汇总之前一定要先对分类字段进行排序。单击需进行分类汇总的数据区域中任一单元格，单击"数据"选项卡"分级显示"组中的"分类汇总"按钮，在弹出的"分类汇总"对话框中设置"分类字段""汇总方式"及"汇总项"。

分类汇总后，在数据的左侧会有一个分级显示按钮，单击选择对应汇总级次，就可以分级显示分类汇总的结果。

项目小结

在本项目中，使用了分类汇总和合并计算对数据进行处理。在日常工作中，使用 Excel 的分类汇总功能可以帮助我们轻松地进行数据分析、比较和数据统计。要想对表格中的某个字段进行分类汇总，必须先对该字段进行排序，且表格中的第一行必须要有字段名，否则分类汇总的结果将会出现混乱。

合并计算经常使用在进行多个数据源的汇总中，如把各个季度的数据表汇总为年度数据表或者各个分公司的数据表汇总为公司总表。在进行合并计算时，需要注意的是各个数据源区域的选择需要结构相同并进行逐一添加，否则容易出错。

函数是 Excel 系统中已经定义好的、能够完成特定计算的内置功能，是 Excel 的一大亮点。Excel 中的函数是由函数名和用括号括起来的一系列参数构成，各参数间用逗号隔开。注意，函数中的所有标点符号都要用英文的标点符号，而且括号、双引号等一定要配对出现。Excel 提供了很多函数，一般不可能将所有的函数及其参数都一一记住，我们要学会利用 Excel 的帮助去学习函数。

「项目四」制作各系评分汇总图表

Excel 工作表中的数据可以用图形方式来表示，这就是图表。Excel 图表可以将数据图形化，更直观地显示数据，使数据的比较或趋势变得一目了然，有利于对数据的分析和比较，从而更容易表达我们的观点。图表和产生该图表的数据相链接，当工作表的数据发生变动后，对应的图表将会自动更新。

⟹ **项目内容** 结合数据在文明班级学期汇总表中添加图表，以更好地体现各系在文明班级评比中各项（除奖罚及月总评外）的差异。

⟹ **效果预览** 文明班级学期汇总图如图 4-64 所示。

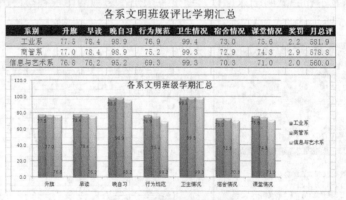

图 4-64　项目完成效果图

项目实训

1.选择工作表

打开"4.3.xlsx"工作簿文件，单击"学期汇总"工作表。

2.选择创建图表的数据

由于是利用除奖罚及月总评项之外的评比数据建立图表，所以拖动鼠标选择单元格区域

A3:H6。

3. 创建图表

单击"插入"选项卡"图表"组中的"柱形图"按钮,在弹出的列表选框中选择第一项"簇状柱形图",建立如图 4-65 所示的图表。

4. 编辑图表

由于这个图表目的是体现各系评比数据之间的对比差异,所以应单击"设计"选项卡"数据"组中的"切换行/列"按钮,交换行列数据以达到图表的目的。单击"图表样式"组中的"其他"按钮,在展开的图表样式列表中选择"样式 31",效果如图 4-66 所示。

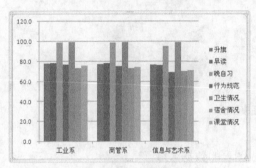

图 4-65 柱形图

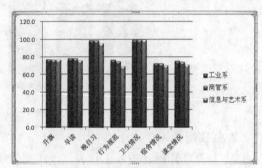

图 4-66 最终效果图

拖放图表的控点调整图表区的大小,单击"布局"选项卡"标签"组中的"图表标题"按钮,在弹出的菜单中选择第 2 项"居中覆盖标题",如图 4-67 所示。然后在图表中单击图表标题对象,删除原有文字,输入新标题"各系文明班级学期汇总"。

由于各系各项评比分数的差距不大,在图表中也难以看出区别,这时就需要为图表加上数据标签以标识各系列的实际值。用鼠标单击图表中任一类别的第一个柱体(系列),以选中工业系的各个评比类别的柱体(系列),单击"布局"选项卡"标签"组中的"数据标签"按钮,在弹出的菜单中选择第 3 项"数据标签内",如图 4-68 所示。同理为商管系各个评比系列加上"居中"的数据标签,为信息艺术系各个评比系列加上"轴内侧"的数据标签,最终效果如图 4-64 所示。

图 4-67 图表标题设置

图 4-68 数据标签设置

知识点介绍

1. 图表的种类和类型

Excel 中可以建立两种图表:嵌入式图表和独立式图表。嵌入式图表与建立图表的数据表共存于同一工作表中；独立式图表单独存在于另一个工作表中。本项目实训中的图表则属于嵌入式图表。

Excel 提供了 11 种类型的图表：柱形图、折线图、饼图、条形图、面积图、XY（散点图）、股价图、曲面图、圆环图、气泡图、雷达图。每种图表类型还有若干子类型。图表可以用来表现数据间的某种相对关系，如用柱形图来比较数据间的多少关系；用折线图反映数据间的趋势关系；用饼图表现数据间比例分配关系等。图表示例如图 4-69 所示。

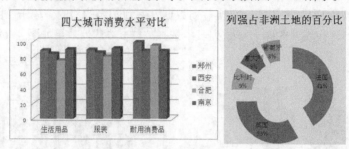

图 4-69　图表示例

2. 创建图表

① 打开工作簿，进入工作表，选中需要生成图表的数据区域。

② 单击"插入"选项卡"图表"组中的任一图表类型按钮，从弹出的列表中选择创建图表的类型，如图 4-70 所示。

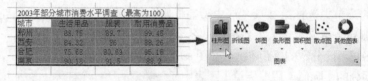

图 4-70　创建图表

3. 编辑图表

选中图表后，利用图表工具的"设计""布局""格式"选项卡可对图表中各对象进行编辑。图表各对象的名称如图 4-71 所示。

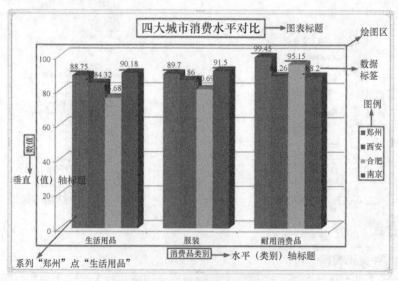

图 4-71　图表对象设置效果

"设计"选项卡如图 4-72 所示。单击"设计"选项卡"类型"组中的"更改图表类型"按钮可更改图表的类型;单击"数据"组中的"切换行/列"按钮可交换坐标轴上的数据;单击"选择数据"按钮可以更改创建图表的源数据;单击"图表布局"组的按钮可以为图表应用系统已设计好的布局;单击"样式"组按钮可以更改图表的整体外观样式;单击"移动图表"按钮可以更改图表的类型。

图 4-72 "设计"选项卡

另外,利用"布局"选项卡中的各种工具,可以更详细地设置图表各项对象的格式布局,如图 4-73 所示。

图 4-73 "布局"选项卡

项目小结

图表具有较好的视觉效果,可以更清晰明了地反映出数据的变化及数据间的关系等,帮助我们更好地预测趋势、分析原因。创建图表时,往往不可能一步到位,这就要求我们要学会灵活运用 Excel 提供的图表工具——"设计"选项卡和"布局"选项卡。编辑图表用"设计"选项卡,可以更改图表类型、切换行列坐标数据、进行图表布局及设置图表样式等。可以运用"布局"选项卡格式化图表:设置图表中各对象是否显示及其显示位置、在图表插入对象、设置图表坐标轴的格式等。一张优秀的图表会为工作表添色不少,能让人更好地理解、掌握及读懂表格的数据。

「项目五」打印输出

⇨ **项目内容** 把制作好的工作表和图表进行打印输出设置,合理设置表格位置和大小,使输出表格美观整洁。

⇨ **项目实训**
打印"文明班级"工作簿中的所有内容。
① 打开"文明班级"工作簿。
② 执行"文件"|"打印"命令。
③ 在"设置"选项下选择"打印整个工作簿",如图 4-74 所示。
④ 点击"打印"按钮。

图 4-74 打印设置

知识点介绍

1.定义及清除打印区域
如果经常打印工作表上特定的选择内容,那么可以定义一个只包含这些特定内容的打印区域。定义了打印区域后打印工作表，将只打印该打印区域。工作表中的每个打印区域都将作为一个单独的页打印。可以根据需要创建打印区域、添加单元格以扩展打印区域，还可以清除打印区域以打印整个工作表。

（1）设置一个或多个打印区域

在工作表上，选择要定义为打印区域的单元格。在按住【Ctrl】键的同时继续选择要打印的区域，则可以创建多个打印区域。在"页面布局"选项卡的"页面设置"组中，单击"打印区域"按钮，然后在弹出的列表框中单击"设置打印区域"，如图4-75所示。

（2）向现有打印区域添加单元格

在工作表上，选择要添加到现有打印区域的单元格。如果要添加的单元格与现有的打印区域不相邻，将创建一个新的打印区域。只能向现有打印区域添加相邻的单元格。在"页面布局"选项卡的"页面设置"组中，单击"打印区域"按钮，然后单击"添加到打印区域"。

（3）清除打印区域

单击要清除其打印区域的工作表上的任意位置。在"页面布局"选项卡的"页面设置"组中，单击"取消打印区域"。注意，如果工作表包含多个打印区域，则清除一个打印区域将删除工作表上的所有打印区域。

2. 在每页重复打印特定的行或列

如果工作表内容较多跨越多页，打印时可以在每一页上打印行和列标题（也称作打印标题），确保可以正确地标记数据，方便用户阅读。

① 选择要打印的工作表。

② 在"页面布局"选项卡"页面设置"组中，单击"打印标题"按钮，如图4-76所示。

图4-75 设置打印区域

图4-76 "打印标题"按钮

③ 在打开的"页面设置"对话框的"工作表"选项卡中（见图4-77），执行下列一项或两项设置。

● 在"顶端标题行"框中，键入对包含列标签的行的引用。

● 在"左端标题列"框中，键入对包含行标签的列的引用。

图4-77 "工作表"选项卡

也可以单击"顶端标题行"和"左端标题列"框右端的"压缩对话框"按钮，然后用鼠标在行标签或列标签中选择要重复打印的标题行或列，最后单击"展开对话框"按钮以返回到对话框。

④ 单击"确定"按钮。

3. 设置页边距、添加页眉页脚

在Excel中设置页边距及添加页眉页脚的方法与Word基本一致，可以参阅上一模块的对应内容。

4. 打印工作表

① 选择工作表。

② 执行"文件"|"打印"命令。

③ 在打开的 Microsoft Office Backstage 视图中进行打印前页面设置和布局的更改,其操作方法与 Word 基本一致,可以参阅上一模块的对应内容。

④ 单击"打印"按钮 🖶。

项目小结

在 Excel 中进行页面设置、打印标题设置等操作,要先安装打印机或打印机驱动程序。在打印前对预览效果可以进行微调,以提高打印的效果。

模块小结

Excel 是当今应用最广泛的电子表格处理软件,通过本模块的学习,掌握了制作电子表格及对其进行格式化的方法,学会了运用公式及函数对数据进行分析、计算,利用图表、"数据"选项卡中工具等对数据的处理,清晰地反映数据的变化,明了数据间的关系,帮助我们更科学地分析原因、预测趋势,迅速地进行最佳方案的选择决策。

模块练习

打开文档 TF.xlsx(见图 4-78),按下面要求对文档进行设置。

	A	B	C	D	E	F	G	H	I	J
1										
2		云天中学教师工资表								
3		姓名	性别	基本工资	职称	学历	奖金	补贴	总工资	
4		刘蔼玲	女	550	一级	中专	100	30		
5		周霞	女	550	一级	大专	120	30		
6		张立军	女	680	高级	本科	200	40		
7		董嵘	男	680	二级	中专	150	25		
8		史明亮	男	740	二级	中专	180	30		
9		王伟飞	男	740	二级	本科	180	30		
10		刘畅扬	男	820	一级	本科	160	35		
11		陈明霞	女	820	一级	大专	150	40		
12		秦建宏	男	820	一级	本科	180	35		
13										
14		李玉琼	女	820	一级	大专	200	30		
15		王永明	男	930	高级	大专	140	45		
16		张保平	男	1020	一级	本科	200	50		
17										

图 4-78 云天中学教师工资表

1. 将"基本工资"与"学历"两列位置互换;删除"李玉琼"一行上方的空行;设置标题行的高度为 24。

2. 设置单元格格式。

(1)将单元格区域 B2:I2 合并后居中;设置字体为方正舒体,字号为 20,加粗,字体颜色为白色,并填充浅绿色(RGB:126,242,129)底纹。

(2)将单元格区域 B3:I3 对齐方式设置为水平居中;字体为方正姚体,字体颜色深红色;设置橙色的底纹。

(3)将单元格区域 B4:B15 的字体设置为华文行楷;填充天蓝色(RGB:146,205,220)底纹。

(4)将单元格区域 C4:E15 对齐方式为水平居中;字体设置为华文行楷;设置黄色的底纹。

（5）将单元格区域 F4:I15 对齐方式为水平居中；字体加粗；设置紫色的底纹。

3. 将单元格区域 B3:I3 的上下边框设置为红色的粗实线；B4:I15 下边框线为深蓝色粗实线，左右两侧及内框线为红色虚线。

4. 为"1020"（F15）单元格插入批注"最高基本工资"。

5. 计算教师的总工资。

6. 将 Sheet1 工作表重命名为"云天中学教师工资表"，并复制到 Sheet2 工作表中。

7. 在云天中学教师工资表在第 J 列左侧插入分页线，设置表格标题及列标题为打印标题。

8. 在云天中学教师工资表中使用工作表中的"姓名"和"总工资"两列数据创建一个圆环图，为图表添加图表标题及数据标签。

9. 在 Sheet2 工作表中根据职称对教师的基本工资、奖金、补贴及总工资等进行平均值分类汇总。

PART 5

模块五
演示文稿软件应用

PowerPoint 是专门制作电子演示文稿的软件，主要应用于产品展示、学术交流、课堂教学、工作汇报等场合的电子版幻灯片的制作及播放。目前常用的版本有 PowerPoint 2003、PowerPoint 2007、PowerPoint 2010。PowerPoint 不仅能将文字、图像、声音等多种媒体素材整合成图文并茂、有声有色的电子幻灯片，同时还具备 Web 发布功能，可以在互联网上召开面对面会议、远程会议或在 Web 上给观众展示演示文稿。

通过前面两个模块 Word 2010 和 Excel 2010 的学习后，再学习利用 PowerPoint 2010 制作及播放演示文稿就显得相对轻松了。我们要知道演示文稿只是帮助演讲者更好地向观众传递信息，因此能否突出重点、简洁明了地给观众留下深刻印象才是优秀演示文稿的主要标准。在设计演示文稿时应切记避免使用大量的文本及繁杂的图表，限制过量的幻灯片过渡与动画。

「项目一」制作宣传介绍类演示文稿

⇒ **项目内容**　学校在 12 月份将要开展的"我爱我的家乡"主题班会活动，班主任李老师向班长小林布置了一个任务：要求小林利用 PowerPoint 2010 制作一个演示文稿，从几个不同的角度向大家介绍自己的家乡，文稿的内容和题材要求健康、积极、向上。

小林是南沙黄阁镇土生土长的本地人，从父辈的谈资中及近些年来自己的耳濡目染，小林觉得南沙真是发生了翻天覆地的变化，于是他准备从南沙独特的地理位置、南沙的今昔相比、南沙的旅游特色及美食介绍等几个方面向大家介绍自己的家乡。

⇒ **效果预览**　演示文稿如图 5-1～图 5-4 所示。

图 5-1　效果图 1

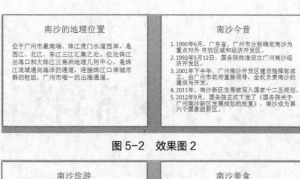

图 5-2　效果图 2

图 5-3　效果图 3

图 5-4　效果图 4

项目实训

1. 打开演示文稿应用程序

单击"开始"|"程序"|"Mictosoft Office"|"Microsoft PowerPoint 2010"，运行应用程序并新建了"演示文稿 1"，如图 5-5 所示。

图 5-5　新建演示文稿

2.标题幻灯片录入

单击第一张幻灯片的"单击此处添加标题"的占位符，在此文本框内输入"南沙"，再单击添加副标题的占位符，输入"——中国（广东）自由贸易区"。

3.插入新幻灯片

在"幻灯片"窗格单击第一张幻灯片，然后按回车键，添加了一个版式为"标题与内容"的新幻灯片。单击"单击此处添加标题"的占位符，在此文本框内输入"我的家乡"。单击"单击此处添加文本"的占位符，在此文本框内输入如图 5-2 右图所示内容。

分别添加"南沙地理位置""南沙今昔""著名景点"和"南海美食"幻灯片，并输入相应的内容。

4.制作结束幻灯片

按上述方法插入新幻灯片后，单击"开始"选项卡"幻灯片"组中的"版式"按钮，在弹出的"Office 主题"框中将新幻灯片的版式改为"标题幻灯片"，输入结束语。用鼠标单击副标题占位符的边框，选中该占位符，按【Delete】键删除副标题占位符。

保存演示文稿为"1.pptx"。

知识点介绍

1. PowerPoint 2010 窗口的组成

PowerPoint 2010 窗口的组成与 Word 2010 及 Excel 2010 的结构非常相似，这里只介绍 PowerPoint 2010 窗口有特色的部分，如图 5-6 所示。

图 5-6　PowerPoint 2010 界面

1 区：功能选项卡区，与 Word 2010 及 Excel 2010 一样合并了菜单栏和工具栏，设置了有 PowerPoint 2010 特色的"设计""切换""动画"及"幻灯片放映"等选项卡。

2 区："幻灯片/大纲"窗格，用于显示演示文稿的幻灯片数量及位置，在此区可方便地掌握整个演示文稿的结构。在"幻灯片"窗格下，将显示整个演示文稿中幻灯片的编号及缩略图；在"大纲"窗格下列出了当前演示文稿中各张幻灯片中的文本内容。

3 区：幻灯片编辑区，用于显示和编辑幻灯片，在此区可以往幻灯片输入文字内容、插入图片和设置动画效果等，是使用 PowerPoint 2010 制作演示文稿的操作平台。

4 区：备注窗格，可供幻灯片制作者或幻灯片演讲者查阅该幻灯片信息或在播放演示文稿时对需要的幻灯片添加说明和注释。

5 区：视图模式按钮区，PowerPoint 2010 提供了普通视图、幻灯片浏览视图、阅读视图和幻灯片放映视图几种视图模式。其中，普通视图是 PowerPoint 2010 默认的视图模式，主要用于制作演示文稿；在幻灯片浏览视图中，幻灯片以缩略图的形式显示，从而方便用户浏览所有幻灯片的整体效果；阅读视图与幻灯片放映视图很相似，只不过阅读视图是以窗口的形式来查看演示文稿的放映效果。

2．创建演示文稿

演示文稿就是一个 PowerPoint 2010 文件，扩展名为.PPTX，一个演示文稿由若干张幻灯片组成，这些幻灯片通常会分为首页、概述页、内容页和结束页几个部分，它们的内容各不相同，却又互相关联，共同构成一个演示主题，也就是该演示文稿要表达的内容。

当确定了演示文稿的内容主题后，就要思考用什么内容来构成这个主题，用哪些元素和效果来表达这个主题，经过对上述问题的考虑及素材的准备后，就可以开始着手创建演示文稿了。创建演示文稿的方法有：创建空白的演示文稿和利用模板或主题创建演示文稿。

（1）创建空白演示文稿

单击"文件"|"新建"命令，在右边的"可用的模板和主题"栏中选择"空白演示文稿"选项，然后单击"创建"按钮，如图 5-7 所示，这样 PowerPoint 2010 就创建了一个空白的演示文稿。本项目实训就是用这个方法创建演示文稿。

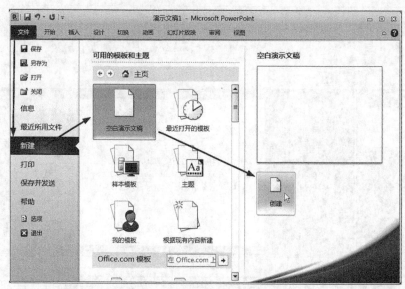

图 5-7　创建空白演示文稿

（2）利用模板或主题创建演示文稿

单击"文件"|"新建"命令，在右边的"可用的模板和主题"栏中选择需要的模板或主题，再单击"创建"按钮即可。利用模板和主题都可以创建具有格式的演示文稿。二者不同的地方是，利用模板创建的演示文稿通常还带有相应对象的格式，用户只需进行相应对象内容的填写，便可以快速设计出专业的演示文稿，图 5-8 所示为利用模板创建演示文稿；而主题则是幻灯片背景、版式和字体等格式的集合，用户还需进行内容格式设置，图 5-9 所示为

利用主题创建演示文稿。

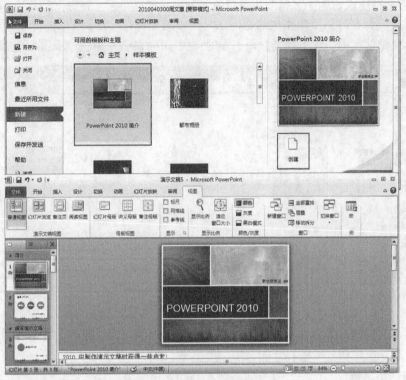

图 5-8　利用模板创建演示文稿

图 5-9　利用主题创建演示文稿

3. 保存和打开演示文稿

用户在制作演示文稿时，要注意养成随时保存演示文稿的习惯，以防止断电、死机等意

外造成正在编辑的内容丢失。第一次保存演示文稿时执行"文件"|"保存"命令，在弹出的"另存为"对话框中设置演示文稿的保存位置、名称，最后单击"保存"按钮，如图 5-10 所示。以后再需要保存时只要单击快速访问工具栏中的"保存"按钮 即可。编辑完成并将演示文稿保存后，单击标题栏最右端的"关闭"按钮 关闭演示文稿。

图 5-10　保存演示文稿

打开演示文稿的方法与打开 Word 文档及 Excel 工作簿一样，执行"文件"|"打开"命令，在"打开"对话框中找到所需打开的文稿，再单击"打开"按钮。

4. 编辑演示文稿

在创建或打开了演示文稿之后，就可以在每张幻灯片中添加各种素材了。

（1）使用占位符输入幻灯片内容

占位符就是新幻灯片中出现的虚线方框，用于指示可以输入标题文本、正文文本或插入表格、图表、SmartArt 图形、图片、剪贴画及多媒体素材等对象。幻灯片的版式不同，占位符的类型和位置也不同，如图 5-11 所示。

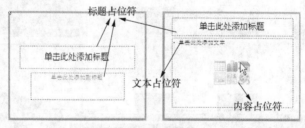

图 5-11　占位符

文本是演示文稿中的重要组成部分，在编辑过程中可以利用"开始"选项卡（见图 5-12）中的按钮对选中的对象进行字符化格式设置及段落格式设置。

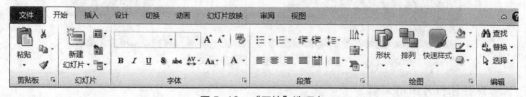

图 5-12　"开始"选项卡

单击相应的内容占位符能在幻灯片中插入表格、图表、SmartArt 图形、图片、剪贴画和媒体剪辑等，同样可利用前面所学的知识对对象进行相应的格式化设置。

（2）设置幻灯片版式

版式是 PowerPoint 中的一种常规排版的格式，包含要在幻灯片上显示的全部内容的位置和格式设置。通过幻灯片版式的应用可以对文字、图片等对象完成更加合理简洁的布局。在 PowerPoint 中已经内置了几个版式类型供用户使用（见图 5-13），利用这些版式可以轻松完成幻灯片制作和运用。单击"开始"选项卡"幻灯片"组中的"版式"按钮，可以更改当前幻灯片的版式。

（3）添加幻灯片

完成了当前幻灯片的制作之后，需要在演示文稿中添加新的幻灯片继续工作。添加幻灯片有以下两种方法。

① 单击"幻灯片"窗格中幻灯片之间的空隙，可以看到窗格中出现了横向的插入点，接着单击"开始"选项卡功能区中的"新建幻灯片"按钮。若单击的是按钮的上部分，则插入的是一张版式为"标题与文本"的新幻灯片；若单击的是按钮的下部分，则要在弹出的"Office 主题"列表框（见图 5-13）中选择新幻灯片的版式，然后再插入新幻灯片。

图 5-13　PowerPoint 内置版式

② 在"幻灯片"窗格中单击某幻灯片将其选中，然后按【Enter】键或【Ctrl+M】组合键就会在该幻灯片的下方插入一张与上一张幻灯片版式一样的新幻灯片。

（4）选择幻灯片

选择单张幻灯片，直接在"幻灯片"窗格中单击该幻灯片即可；若要选择连续的多张幻灯片，可在窗格中按住【Shift】键单击第一张和最后一张幻灯片；若要选择不连续的多张幻灯片，按住【Ctrl】键在窗格中依次单击要选择的幻灯片。

（5）复制幻灯片

选择幻灯片对象后，单击"开始"选项卡"剪贴板"组中的"复制"按钮，再单击目标幻灯片，选择"开始"选项卡"剪贴板"组中的"粘贴"按钮，即可在目标幻灯片的后面复制源幻灯片。

单击快捷菜单的"粘贴选项"按钮或单击"开始"选项卡"剪贴板"组中的"粘贴"按钮都会出现粘贴选项（见图 5-14），粘贴选项中按钮的说明如下。

图 5-14　粘贴选项

● ：："使用目标主题"扭铵，将幻灯片粘贴到演示文稿中的新位置时，它会继承前面的幻灯片的主题。

● ：："保留源格式"按钮，将幻灯片粘贴到演示文稿中的新位置时，会保留该幻灯片自己的主题。譬如，将幻灯片粘贴到其他使用不同主题演示文稿中时，可以保留自己的主题。

- 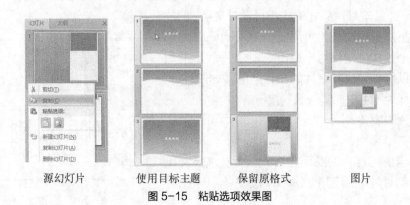："图片"按钮，将源幻灯片以图片的形式粘贴到目标幻灯片中。
- ："只保留文本"按钮，即只粘贴文本，不考虑格式。

图 5-15 所示为不同的粘贴选项得到的效果。

源幻灯片　　　　使用目标主题　　　　保留原格式　　　　图片

图 5-15　粘贴选项效果图

（6）删除幻灯片

在"幻灯片"窗格中选中要删除的幻灯片，按【Delete】键；或单击快捷菜单中的"删除幻灯片"命令。删除幻灯片后，系统会自动调整演示文稿中幻灯片的编号。

（7）调整幻灯片的顺序

播放演示文稿时，一般按照幻灯片在"幻灯片"窗格中的顺序进行播放。若要调整幻灯片的排列顺序，可在"幻灯片"窗格中单击选中要调整顺序的幻灯片，然后单击鼠标左键将它拖到需要的位置即可，在拖动的过程中，会有横向的插入线在幻灯片间隙中出现，这个插入线的位置就表示松开鼠标后幻灯片的新位置。

项目小结

本实训项目涉及的都是 PowerPoint 的一些基本操作，建立演示文稿前应充分考虑好其内容的组织及素材的准备。读者应注意：一个完整的演示文稿架构一般分为首页、概述页（目录）、内容页和结束页等几部分，有了基本架构和内容后才着手创建也不迟。另外，在项目实训过程中应注意随时保存演示文稿以防发生意外导致损失。

「项目二」美化演示文稿

⇨ **项目内容**　在播放了小林交上来的演示文稿之后，李老师肯定了小林所定的主题及结构，还给小林提出了以下一些修改意见：首先，可利用 PowerPoint 提供的主题去美化演示文稿；另外，幻灯片中只一味地出现文本，观众容易感觉乏味，不吸引人，幻灯片中还应该增加一些图片、表格、图表或声音等元素去阐述问题，让观众从视觉、听觉等多方面去了解展示内容，以加强演示文稿的表达效果。

⇨ **项目效果**　小林根据老师的要求再对演示文稿进行了编辑修改，效果如图 5-16～图 5-28 所示。

图 5-16　效果图 1

图 5-17　效果图 2

图 5-18　效果图 3

图 5-19　效果图 4

南沙天后宫

天后宫，常临珠江出海口伶仃洋，坐落于大角山东南麓，依山傍水，其建筑依山势层叠而上，殿宇辉煌，楼阁雄伟，在天后广场正中就是石雕天后圣像，为纪念海上女神林默而建。建筑特点是集北京故宫的风格和南京中山陵的气势于一体，规模是现今世界同类建筑之最，被誉为"天下天后第一宫"，也是东南亚最大的妈祖庙。

海鸥岛

海鸥岛是珠三角大都市城镇群落中独一无二的绿色生态岛屿，至今仍保留住"芭蕉河汉鱼虾，小桥流水人家"的风貌。海鸥大桥飞架莲花山水道与岛外连接相通，一条13公里长的区级公路由北往南贯穿全岛。

图 5-20　效果图 5

海鸥岛

海鸥岛将成为广州新城的后花园--一个重要的休闲旅游区。将行环岛游或塘垂钓都是岛上最流行的休闲方式。

南沙美食

◆ 新垦莲藕
◆ 南沙水果
◆ 南沙海鲜

图 5-21　效果图 6

新垦莲藕

"新垦莲藕"驰名中外，新垦位于珠江入海口围垦地区，淤层肥厚，水源丰富，环境净洁，气候适宜，所产莲藕品质优良，风味独特：夏季采收的莲藕嫩白爽脆，味道甘甜清香；秋冬季节所收的莲藕肥大丰满，味道粉糯、藕香浓郁。花肉间莲藕最野味。新垦莲藕是地理标志保护产品。

图 5-22　效果图 7

莲藕大丰收

南沙水果

图 5-23　效果图 8

品种繁多的香蕉

南沙佳果

图 5-24　效果图 9

南沙佳果

南沙海鲜

一级未说，是冬节的海鲜太贵，肉质鲜嫩，要淡水煮，只要产于咸淡水之泊的海鲜，才是活牙煮熟，用火锅扣牙。

图 5-25　效果图 10

鲜到掉眉毛的黄眉头

也叫狮子鱼，南沙特有鱼种，无法饲养，只生长在狮子洋的特定水域，离水即死，因而显得更矜贵，体积大的拿去清蒸或者香煎，小的拿来煮汤，鲜到掉眉毛！

鲜爽漕虾

漕虾是珠江出海口特有的虾种，每到清明时节都围游江河产卵。"清明吃虾，就吃漕虾"已经成为不少食客信奉的"金科玉律"。这种虾最大的特点是小而白，贝淡鲜甜，虾无细骨得连无壳也不含格牙。吃漕虾图的就是"鲜贝"二字。

图 5-26　效果图 11

味道鲜美的淡水挞沙鱼

小虎麻虾是南沙黄间的特产，黄间正处于咸淡水交汇的地方，所以虾儿不停活动，身材使美，肉质贝甜。

图 5-27　效果图 12

图 5-28　效果图 13

项目实训

小林认为自己对色彩配合的把握不是很大，决定运用 PowerPoint 提供的主题去设定演示文稿的色调、字体等。接受老师给的意见，根据自己在第一版所列的提纲，小林上网搜集了关于南沙旅游和南沙美食的图片及文字资料，并将这些资料素材整理放置在"素材"文件夹中，准备往演示文稿中添加多媒体元素，以增加演示文稿的可观性。一切就绪后，小林又开始着手第二版的改进工作了。

1. 应用主题

打开演示文稿后，单击"设计"选项卡"主题"组中的"下拉"按钮，在弹出的主题列表中选择"角度"主题，如图 5-29 所示，为演示文稿应用了内置主题。

图 5-29　演示文稿的内置主题

2. 调整演示文稿的字号

小林觉得"角度"主题中设置的字号不能达到要求，因此第 1 张标题幻灯片中"南沙"标题设置为 96 号字，选中副标题，设置为 18 号字。其他幻灯片的字号也同样需要调整，幻灯片标题字号设为 44 号字，文本设为 20 号左右，根据内容灵活修改。

3. 调整第 2 张大纲目录幻灯片

相应地调整字体大小，单击"插入"选项卡"图像"组中的"图片"按钮，在打开的"插入图片"对话框中将文件夹定位至"素材"文件夹，选择"南沙地图.jpg"文件，然后单击"确定"按钮。对图片进行大小设置，并将其移动到幻灯片的右部。

4. 调整第 3 张幻灯片

将幻灯片版式换成"内容与标题"，将现有的文本剪切到标题下面的文本占位符中去，并调整好标题与文本的字号及位置。单击占位符中的"插入图片来自文件"图标，在打开的"插入图片"对话框中将文件夹定位至"素材"文件夹，选择"地理位置.jpg"文件，然后单击"确定"按钮。利用"载剪"工具对图片进行下列设置：剪裁切掉上下白边及左边的黑色边线，调整图片的大小及位置。

5. 调整第 4 张幻灯片

这张幻灯片只调整标题及内容文本的字号及位置便可。

6. 设置南沙旅游组幻灯片

调整第 5 张幻灯片的标题及内容文本的字号及位置，在"幻灯片"窗格中单击选中第 5 张幻灯片，连续按组合键【Ctrl+M】6 次，插入 6 张与第 5 张幻灯片版式相同的空白幻灯片，其中计划湿地公园使用 2 张，百万葵园使用 1 张，天后宫使用 1 张，海鸥岛使用 2 张。

应用主题中的不同版式能让幻灯片的结构布局产生变化，让人消除一成不变的感觉。将第 6 张幻灯片的版式换成"图片与标题"，输入幻灯片标题"南沙湿地公园"，从"素材"文件夹中的"文字资料"文件中复制粘贴相应部分的内容至文本占位符，并调整好字号及位置。单击占位符中的"插入图片来自文件"图标，在幻灯片中插入图片湿地公园 1.jpg。

分别给第 7 张幻灯片录入相应的标题及文本内容并调整好字号，将文本占位符的大小调整到刚刚好能容纳其内容，这样使得幻灯片的中下部能腾出空白来放置两张图片。单击"插入"选项卡"图像"组中的"图片"按钮，在幻灯片中插入图片湿地公园 2.jpg，调整图片大小，将其放置在幻灯片的左下部。用同样的方法插入图片湿地公园 3.jpg 并将其放置在幻灯片的右下部。

用第 6 张幻灯片的方法制作第 8 张幻灯片"百万葵园"。

将第 9 张幻灯片的版式换为"两栏内容"，分别录入标题及右栏的文本内容，并调整好两者的大小及位置；在左栏的占位符中插入图片天后宫.jpg，调整好图片大小及位置，单击"格式"选项卡中"图片样式"组中的下拉按钮，在弹出的图片格式列表中选择"棱台透视"，如图 5-30 所示，右击图片，选择快捷菜单中的"设置图片格式"命令，在打开的对话框中调整图片"三维旋转"的"透视值"，如图 5-31 所示。

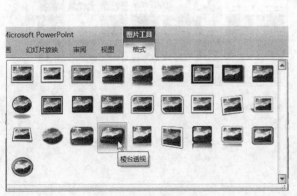

图 5-30　图片格式设置

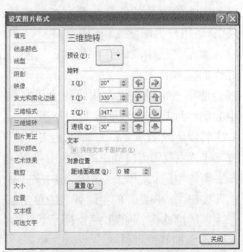

图 5-31　图片格式参数设置

第 10 张幻灯片的制作可参考第 7 张，此处在内容占位符中先插入图片海鸥岛 1.jpg，调整占位符大小，单击"插入"选项卡"文本"组中的"文本框"按钮 ，通过拖放鼠标在幻灯片下部的空白中插入一个横排的文本框，录入相应内容，调整好字体大小。

第 11 张幻灯片的制作同样参考第 7 张。

7.南沙美食组幻灯片的制作

调整第 12 张幻灯片中对象的字号及位置，在"幻灯片"窗格中单击第 12 张幻灯片，连续按组合键【Ctrl+M】12 次，插入 12 张与第 12 张幻灯片版式相同的空白幻灯片，其中计划新垦莲藕使用 3 张，南沙水果使用 4 张，南沙海鲜使用 5 张。

本组可参考旅游组中相关幻灯片的制作，在此不再详述。其中第 17、18、19、23 及 24 张幻灯片的制作方法基本一致，先将幻灯片版式换成"空白"，接着插入图片并调整大小及位置，然后单击"插入"选项卡"文本"组中的"文本框"按钮 ，在弹出的列表框中选择"垂直文本框"，在目标位置处拖动鼠标，放开鼠标后便可在幻灯片中插入了一个文字竖排的文本框，最后在文本框中输入内容并作相应的格式化调整。

将文稿另存为 2.pptx。

知识点介绍

美化演示文稿不一定要做得复杂、添加越多东西越好，切记前面提到的标准：突出重点、简洁明了、令人印象深刻。美化演示文稿可以从下面几个方面考虑的：配合演示文稿内容的主题，使用精心准备的素材，设置背景色。

1.设置演示文稿主题

主题在新建演示文稿时有接触过这个概念，在 PowerPoint 里说的这个主题不是指演示文稿的内容主题，而是指演示文稿中一组格式的集合，包括一组主题颜色（主题颜色可以很得当地处理浅色背景和深色背景，使得用浅色创建的文本总是在深色中清晰可见，而用深色创建的文本总是在浅色中清晰可见）、一组主题字体（包括标题字体和正文字体）和一组主题效果（幻灯片中图表、SmartArt 图形、形状、图片、表格、艺术字和文本等对象的线条、填充和特殊效果）。当用户为演示文稿应用了某个主题后，演示文稿中的幻灯片背景，以及幻灯片的文本、图形、艺术字等所有对象都会使用该主题格式，从而使演示文稿中的幻灯片具有一致而专业的外观。

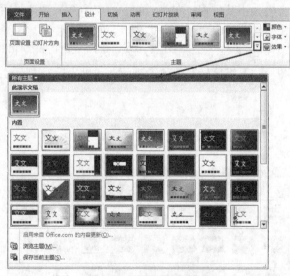

图 5-32　更改演示文稿主题

若要更改演示文稿的主题，在"设计"选项卡"主题"组已列出的主题中单击选择一新的主题；或单击"主题"组中的"其他"按钮 ，在打开的主题列表中单击某个主题的缩略图，如图 5-32 所示。

2.添加其他素材

在演示文稿中常用的素材除文本外还有表格、图表、SmartArt 图形、图片、声音和视频等。单击幻灯片中内容占位符的相应的对象，在打开的对话框中设定对象的位置和名称，就能在幻灯片插入相应的素材。相关的操作在前面的 Word 或 Excel 中都有过详细介绍，这里就不再重复。

3. 设置背景

一般情况下，演示文稿中的幻灯片会使用主题规定的背景，用户也可以根据需要为幻灯片重新设置纯色、渐变色、图案、纹理和图片等背景。

（1）应用背景样式

背景样式是系统内置的一组背景效果，包括深色和浅色两种背景，浅色总是在深色上清晰可见，而深色也总是在浅色上清晰可见。背景样式会随着用户当前所选择的主题样式的变化而变化。打开要更改背景样式的演示文稿，单击"设计"选项卡"背景"组中的"背景样式"按钮，在展开的列表（见图 5-33）中选择一种背景样式，即可为该演示文稿中所有幻灯片应用了该背景样式。如果只是将背景样式应用于所选的幻灯片，可右击选中的背景样式，在弹出的快捷菜单中选择"应用于所选幻灯片"命令。

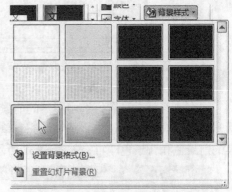

图 5-33　背景样式列表

（2）设置背景格式

单击背景样式列表下部的"设置背景格式"命令，在打开的"设置背景格式"对话框中可以定义纯色、渐变、图案、纹理或图片等为背景。

- 设置纯色填充背景。在打开的"设置背景格式"对话框中选中"纯色填充"单选按钮，单击"颜色"按钮 ，从展开的颜色列表中选择新的背景颜色，还可在"透明度"滑动条上调整颜色的透明度，如图 5-34 所示设置的背景颜色将自动应用于当前幻灯片，如果新的背景颜色要应用到整个演示文稿中，则可单击"全部应用"按钮。

- 设置渐变填充背景。在打开的"设置背景格式"对话框中选中"渐变填充"单选钮，单击"预设颜色"按钮 ，从展开的列表中选择一个预设效果，对于高级用户还可以对这个预设的渐变效果进行类型、方向、角度及渐变色带的调整，如图 5-35 所示。

- 设置图片或纹理填充背景。在 PowerPoint 中，允许用户将自己喜欢或有意思的图片应用到幻灯片背景中去；同时 PowerPoint 还提供了一套预设的纹理样式，用户也可以用纹理填充背景。

打开"设置背景格式"对话框，选中"图片或纹理填充"单选钮，若单击"纹理"按钮 ，则在展开的列表框中选择一种纹理效果填充背景；若单击"文件"按钮，则从弹出的"插入图片"对话框中找到计算机里的某个图片文件填充幻灯片背景；若单击"剪贴板"按钮，则用剪贴板中的图片填充背景；若单击"剪贴画"按钮，则在"选择图片"对话框中选择一幅剪贴画来填充背景。PowerPoint 还允许将用户指定的图片作为纹理元素填充到背景中去。在"伸展选项"中还可以设置图片在幻灯片中位置，如图 5-36 所示。

图 5-34　设置纯色填充背景

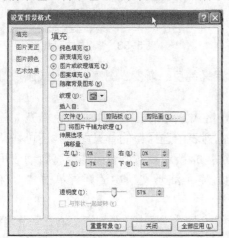

图 5-35　设置渐变填充背景

● 设置图案填充背景

图案填充就是设置好选中图案的前景色和背景色，然后用此图案填充背景。打开"设置背景格式"对话框，选中"图案填充"单选钮，然后在下方列表中选择一个图案，再设置图案的前景色和背景色即可，如图 5-37 所示。

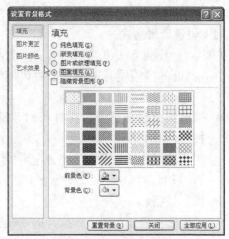

图 5-36　图片或纹理填充背景　　　　　　　图 5-37　设置背景格式

项目小结

美化演示文稿应避免文本泛滥、图片或视频过多，"画"出点睛之笔即可。至于幻灯片中对象的编辑或格式化的方法与 Word 基本一致，对这些对象进行一些基本的设置即可，不用太过花巧。学会使用系统提供的模板或主题使得演示文稿更加专业、风格统一。也可以上网搜集自己喜欢的模板，在设置或更改主题时单击"浏览主题……"命令（见图 5-32），在打开的"选择主题或主题文档"对话框中找到下载的文件，单击"应用"按钮便可。

［项目三］放映演示文稿

小林把第二稿交给李老师，浏览过后老师觉得基本满意，给小林提出了最后的修改意见：演讲者从始到终都是按演示文稿幻灯片的先后顺序去展开阐述，思路是比较单一的流水线，能否让演讲者与台下的观众多一点交流互动，增加观众的参与度，让整个过程更加吸引人；另外，在演示文稿插放时可适当地加一些动画效果，让演示文稿更加生动；最后文字部分还可以再作删减，可将部分文字资料转移至幻灯片备注区。

项目实训

小林决定利用超链接及动作按钮来实现演示文稿的交互性，在目录幻灯片中给观众介绍完南沙的地理位置及发展后，根据观众的反应去决定接下来介绍的是旅游部分还是美食部分，先向观众展示他们感兴趣的部分然后再利用动作按钮返回到目录幻灯片。另外，从两个方面实现展示演示文稿的生动性，一是设置幻灯片中对象的动画效果；二是设置幻灯片的切换效果。在小林的演示文稿中幻灯片大致可分3组，前4张及最后一张幻灯片为一组，旅游景点类为一组，美食类为一组。旅游景点组及美食组的前3张幻灯片设置动画效果，其他幻灯片不设置动画效果，每组的切换效果基本保持一致，这样既让每组保持一致性，又具有本组的特色。将第3、6、8和20张幻灯片的内容占位符的文本剪切转移至幻灯片的备注区，然后再设置幻灯片时的放映方式。

1.设置超链接

在第4张的幻灯片中插入图片"返回图标.png"，调整图片大小并将其放置在右下角。单击选中图片，单击"插入"选项卡"链接"组中的"超链接"按钮，在打开的"插入超链接"对话框中进行如图5-38所示的设置，便可通过单击返回按钮让播放程序回到第2幻灯片。读者也可以尝试通过"动作"按钮的设置来实现这个超链接。

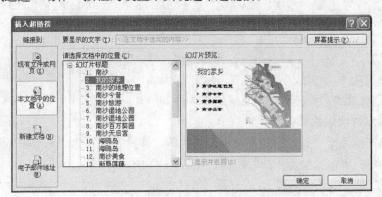

图5-38　插入超链接

在第2张幻灯片中选中文字"南沙旅游"，如图5-39所示设置单击文字时播放程序会跳转至第5张幻灯片，同步骤1一样，在第11张幻灯片中插入一个返回按钮让播放程序跳回到第2张幻灯片。用同样的方法设置文字"南沙美食"的超级链接跳转至第12张幻灯片及在第24张幻灯片中插入返回按钮。

最后，在第2张幻灯片的右下角插入结束按钮并设置该按钮的超链接，使得单击结束按钮时播放程序能跳转到最后一张幻灯片。

2.设置动画效果

为了减少播放时演讲者的压力，小林将所有动画效果的"开始"项都设置为"上一动画之后"，"持续时间"为1.5秒，如图5-40所示。

（1）第一组幻灯片

第1张幻灯片：选中标题，单击"动画"选项卡"动画"组中的"劈裂"按钮。选中副标题，在"动画"组中选择"擦除"按钮。

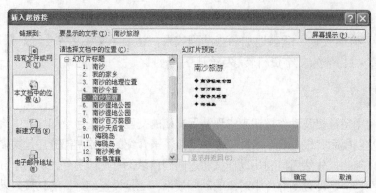

图 5-39　设置超链接

第 2 张幻灯片：选中图片，单击"动画"组的下拉按钮，在弹出的列表框中选择"缩放"按钮 。选中左侧文本占位符，为其设置"浮入"动画效果。本幻灯片中其他没有设置动画效果的对象，会跟随幻灯片一同出现，然后再按动画效果设置的先后顺序出现相应的对象。

第 3 张幻灯片：选中标题，为其设置"劈裂"动画效果。

（2）第二组（旅游组）幻灯片

第 5 张幻灯片：选中标题，为其设置"劈裂"动画效果。

第 6 张幻灯片的动画效果设置同第 3 张幻灯片。

第 7 张幻灯片：选中左侧图片，为其设置"形状"动画效果；选中右侧图片，为其设置"轮子"动画效果；选中中部文本占位符，为其设置"飞入"动画效果。

（3）第三组（美食组）幻灯片

第 12 张幻灯片：选中文本占位符，为其设置"浮入"动画效果。

第 13 张幻灯片的动画效果设置同第 3 张幻灯片。

第 14 张幻灯片的动画设置同第 2 张幻灯片。

3. 设置幻灯片切换效果

在"切换"选项卡"计时"组中统一幻灯片的"换片方式"为"单击鼠标时"，"持续时间"为 2 秒，然后单击"全部应用"按钮，如图 5-41 所示。

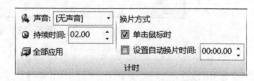

图 5-40　设置动画效果　　　　　　　　　图 5-41　幻灯片切换效果

在"幻灯片"窗格中选择第一组幻灯片，单击"切换"选项卡"切换到此幻灯片"组中的"窗口"按钮 。选中第二组幻灯片的前三张幻灯片，为其设置"揭开"换片方式 。选中第三组幻灯片的前三张幻灯片，为其设置"棋盘"换片方式 。

预览时发现第三组幻灯片设置了华丽的"棋盘"切换方式后，该组幻灯片再带有动画效果就显得让人有点眼花缭乱了，所以决定删除第三组幻灯片的动画效果。选择第 12 张幻灯片，在"动画窗格"对话框中选中动画效果，再单击下拉按钮，在弹出的菜单中选择"删除"命令，如图 5-42 所示。第 13、14 张幻灯片也用同样方法删除全部的动画效果。

4. 转移文本至备注

第 3 张幻灯片：选中内容占位符的文本，将其剪切粘贴到备注区，然后删除内容占位符，把标题的字体放大并调整好位置。第 6、8、20 张幻灯片也同样操作。

5. 设备显示器属性

将笔记本电脑和投影连接好或台式计算机通过转换卡连接投影。在桌面空白处单击鼠标右键，在弹出的快捷菜单选择"属性"命令，在打开的"显示 属性"对话框的"设置"选项卡中，选择第二显示器，并选中下方的"将 Windows 桌面扩展到该显示器上"复选框，单击"确定"按钮，如图 5-43 所示。

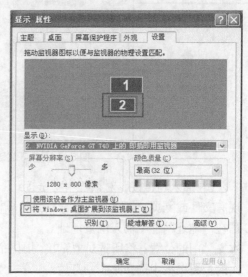

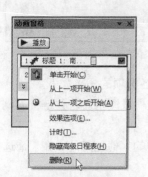

图 5-42　动画窗格　　　　　图 5-43　设置显示属性

6. 设置幻灯片放映方式

在 PowerPoint 2010 中，单击"幻灯片放映"选项卡"设置"组中的"设置幻灯片放映"按钮，在"多监示器"选项中选择第二显示器，并选中"显示演讲者视图"复选框。

保存演示文稿为"3.pptx"。

知识点介绍

"交互"的含义为"互相"，交互可以被理解为一种双向互动的性质。从演示文稿播放的模式来看，是演讲者与观众，观众与观众之间的双向互动的过程，演讲者可以向观众输出信息，也可以根据观众的反应进行相应的演讲方面的处理。无论是演讲者与观众还是观众与观众之间，交互是信息交流中必不可少的环节，不仅能使演讲者与观众的交流促进对演示内容的理解和加深，更在交流中实现情感和人格的完善。

交互式演示文稿可以理解为在播放演示文稿时，单击幻灯片的某个对象便可以跳转到指定的幻灯片或打开某个文件或网页。在 PowerPoint 中，可以通过创建超链接或制作动作按钮来实现演示文稿的交互性。为了让演示文稿的播放更加生动，PowerPoint 可设计幻灯片中对象及幻灯片切换时的动画效果，另还以通过排练预览放映效果。

1. 创建超链接

在 PowerPoint 中，可以为幻灯片中的任何对象包括文本、图片等创建超链接。选择要创建超链接的对象后，单击"插入"选项卡"链接"组中的"超链接"按钮，在打开的"插入超链接"对话框中选择要链接到的目标，然后进行相应的设置，最后单击"确定"按钮即可，如图 5-44 所示。

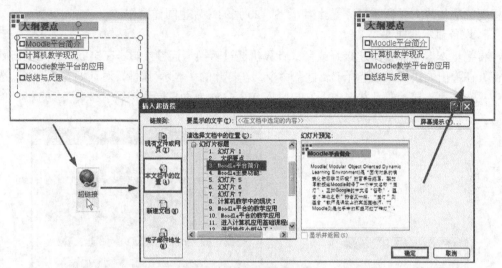

图 5-44　插入超链接示意图

其中，在"插入超链接"对话框中"链接到"列表框中各选项的含义如下。

● 现有文件或网页：将所选对象链接到计算机中某个文件或网页。若要链接到网页，还需在"地址"框中输入网页地址。

● 本文档中的位置：将所选对象链接到同一演示文稿中的其他幻灯片，在"请选择文档中的位置"框中选择某张幻灯片。

● 新建文档：新建一个演示文稿并将所选对象链接到此文档。

● 电子邮件地址：将所选对象链接到一个电子邮件地址，需在"电子邮件地址"框中输入要链接到的电子邮件地址，或在"最近用过的电子邮件地址"框中，单击电子邮件地址。

插入超链接的文字会自动带有下画线，如果要对添加了超链接的对象进行编辑，如更改链接目标或删除超链接等，可在选定带有超链接的对象后单击鼠标右键，在弹出的快捷菜单中选择"编辑超链接"或"取消超链接"命令。

2. 制作动作按钮

在 PowerPoint 中除了使用超链接外，还可以利用动作按钮来实现交互。在播放演示文稿时单击相应的按钮，就可以切换到指定的幻灯片或其他程序。

PowerPoint 提供了 12 种的动作按钮（见表 5-1），并预设了相应的设置，用户只需将其添加到幻灯片便可使用。选择要添加动作按钮的幻灯片，单击"插入"选项卡"插图"组中的"形状"按钮，在展开的列表框最下方的"动作按钮"类别中选择所需的动作按钮，接着在幻灯片的合适位置上拖放鼠标绘制动作按钮，PowerPoint 会自动打开"动作设置"对话框对动作按钮进行设置，如图 5-45 所示。

表 5-1　动作按钮

编号	按钮	名称	（默认）超链接到
1	◁	后退或前一项	上一张幻灯片
2	▷	前进或下一项	下一张幻灯片
3	◁∣	开始	第一张幻灯片
4	∣▷	结束	最后一张幻灯片

编号	按钮	名称	（默认）超链接到
5	🏠	第一张	第一张幻灯片
6	ⓘ	信息	无动作
7	🔙	上一张	最近观看的幻灯片
8	🎬	影片	无动作
9	📄	文档	运行程序
10	🔊	声音	无动作
11	❓	帮助	无动作
12	☐	自定义	无动作

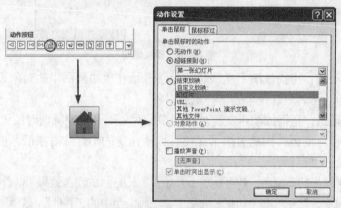

图 5-45　插入动作按钮图示

- "运行程序"单选钮：单击"浏览"按钮，在打开的"选择一个要运行的程序"对话框中选中一个已安装的程序。播放演示文稿时单击该动作按钮即可运行指定的程序。
- "播放声音"复选框：在打开的下拉列表中选择一种声音作为播放演示文稿时单击该动作按钮时的声音。

若对 PowerPoint 提供的 12 种动作按钮不满意，用户可以为自己绘制的图形或插入的图片添加超链接，选中形状或图片对象后，单击"超链接"按钮再设置其超链接即可。本项目的实训就是为自己插入的图片添加超链接。

3. 动画

在 PowerPoint 中，可以为文本、图形、图片等幻灯片对象设置各种动画效果，带有动画效果的演示文稿更加生动，还可以控制信息的演示流程并重点突出关键的数据，以增强演示文稿的表现力。

用户可在"动画"选项卡中单击"动画"组或"高级动画"组中的"添加动画"按钮为所选择的对象设置动画效果；在"高级动画"组中管理动画效果；在"计时"组中对动画效果进行实时调整。

（1）使用 PowerPoint 内部预设设置动画效果

在 PowerPoint 的动画设置中主要有进入、强调、退出和动作路径几种类型，如图 5-46 所示。

- "进入"动画：指播放演示文稿时，幻灯片中文本、图形、图片等对象进入放映画面时的动画效果。

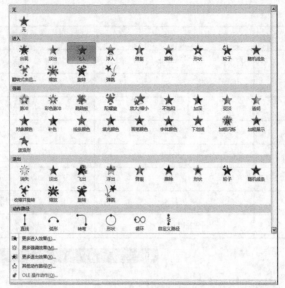

图 5-46　动画类型

- "强调"动画：指播放演示文稿时，为已显示在放映画面中的对象设置的动画效果，目的是为了强调幻灯片中的某些重要对象。
- "退出"动画：指播放演示文稿时，为指定对象离开放映画面时所设置的动画效果。
- "动作路径"动画：指播放演示文稿时，使指定的幻灯片对象沿系统自带或用户自绘制的路径进行运动。

在了解了动画效果的类型后，就可以着手开始设置幻灯片的动画效果了。首先选择幻灯片中要设置动画效果的对象，然后单击"动画"选项卡"动画"组中的"其他"按钮 ，如图 5-47 所示，从弹出的列表中选择一个动画效果选项。也可以单击"添加动画"按钮为对象添加动画效果。

图 5-47　设置对象动画效果

为幻灯片对象添加动画效果后，可以发现在对象的前面都带有数字编号，以表明播放时的顺序。这时还可以选定有动画效果的对象以设置其效果选项，不同的动画效果，其选项也不相同。利用"计时"组设置动画的开始播放方式、持续时间和延迟时间及改变对象的播放顺序等，如图 5-48 所示。

（2）利用"动画窗格"管理动画

创建动画效果后，除了用前面提到的方法编辑、调整动画效果外，还可以利用"动画窗格"更细致地管理动画效果。

单击"高级动画"组中的"动画窗格"按钮，在打开的动画窗格中列出了当前幻灯片所应用的全部动画效果，单击选中某个动画效果，单击其右侧的下拉按钮，在展开的下拉菜单中可以重新设置动画效果的计时设置、效果选项设置及删除效果等，如图 5-49 所示。单击窗格上部的"播放"按钮，可预览当前幻灯片播放时的动画效果；单击窗格底部重新排序的两个按钮或直接用鼠标拖放动画效果，可改变幻灯片中各对象的播放顺序。

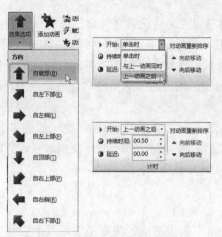

图 5-48　编辑、调整动画效果

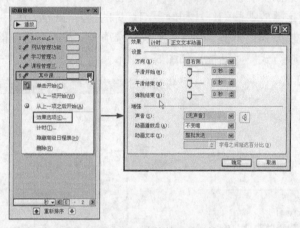

图 5-49　动画窗格管理动画效果

4. 幻灯片切换

　　幻灯片的切换效果是指播放演示文稿时从一张幻灯片过渡到下一张幻灯片时的动画效果，给幻灯片加上切换效果可以使放映更加生动。

　　在"幻灯片"窗格中单击选中要设置切换效果的幻灯片，再单击"切换"选项卡中的"切换到此幻灯片"组的任一切换效果。对于某些切换效果，还可以单击同组的"效果选项"按钮，从弹出的列表中选择某项对切换效果进行设置。切换效果不同，效果选项列表中的选项也不相同，如图 5-50 所示。

图 5-50　幻灯片切换效果设置

除了对切换动态效果的方向性进行设置之外，还可以在"切换"选项卡中的"计时"组中对切换效果时的声音、切换效果持续的时间及换片方式进行设置，如图5-51所示。

- 单击"全部应用"按钮：将演示文稿中所有幻灯片间的切换都设置为与当前幻灯片的切换效果相同，否则所做的设置只对当前幻灯片起作用，还需要对其他幻灯片的切换效果进行设置。
- "单击鼠标时"复选框：选中表示放映演示文稿时通过单击鼠标来切换幻灯片；"设置自动换片时间"复选框：选中表示放映演示文稿时在设置的时间过后会自动切换幻灯片。两个复选框可以同时被选中。

5. 放映

（1）设置放映方式

在放映幻灯片时，用户可以根据不同的需要设置不同的放映方式，如可由演讲者控制放映，也可以由观众自选游览，或让演示文稿自动播放。此外，对于每种放映方式，还可以控制是否循环播放、指定播放哪些幻灯片和确定幻灯片的换片方式等。

要设置幻灯片放映方式，单击"幻灯片放映"选项卡"设置"组中的"设置幻灯片放映"按钮，打开"设置放映方式"对话框，如图5-52所示。

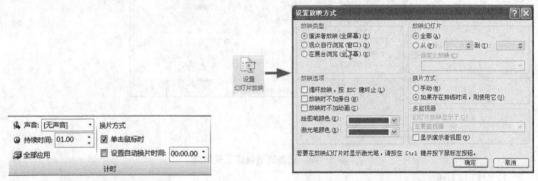

图5-51　幻灯片切换计时　　　　　图5-52　设置幻灯片放映方式

（2）幻灯片放映

利用"幻灯片放映"选项卡"开始放映幻灯片"组中的相关按钮可放映当前打开的演示文稿，如图5-53所示。

- 单击"从开始"按钮或按【F5】键，可从第1张幻灯片开始放映演示文稿。
- 单击"从当前幻灯片开始"按钮或【Shift+F5】组合键，可从当前幻灯片开始放映演示文稿。

图5-53　开始放映幻灯片

- 单击"广播幻灯片"按钮，向可以在Web浏览器中观看的远程观众广播演示文稿的放映。
- 单击"自定义幻灯片放映"按钮，再选择"自定义放映"命令，在弹出的"自定义放映"对话框中可创建自定义的幻灯片放映。自定义幻灯片放映仅放映选择的幻灯片。因此，可以对同一个演示文稿进行多种不同的放映，如10分钟的放映和20分钟的放映。

（3）播放演示文稿时显示备注

在制作演示文稿的时候我们追求简洁，在能够体现关键信息的前提下尽可能地让文字减少，这样也避免了照本宣科的嫌疑，但有时担心演讲时太紧张会忘记一些枯燥的数字、晦涩的知识或者专业的解释，这个时候PowerPoint的备注功能就发挥很大的作用了。PowerPoint

的备注主要起辅助演讲的作用，对幻灯片中的内容做补充注释。备注的使用能够在确保幻灯片简洁明了的情况下帮助自己进行全面的讲解，把一些文字从版面转移到备注中，通过设置幻灯片的放映方式，让观众在观看演示文稿放映时不显示备注，而在演讲者的屏幕上却显示备注。

在桌面打开"显示 属性"对话框，在"设置"选项卡中选择第二显示器，并选中下方的"将 Windows 桌面扩展到该显示器上"复选框，单击"确定"按钮。在 PowerPoint 2010 中，单击"幻灯片放映"选项卡"设置"组中的"设置幻灯片放映"按钮 ，在"多监示器"项中选择第二显示器，并选中"显示演讲者视图"复选框。

项目小结

在设置演示文稿的放映时，同样也需注意不要滥用动画效果，幻灯片对象的动画效果及幻灯片的切换效果做到点到即止就好了，否则容易产生喧宾夺主、眼花缭乱的感觉。所以在本项目实训中旅游景点组及美食组后面的几张幻灯片都没有添加任何的动画效果。

［项目四］输出演示文稿

在老师的指导下，带着对家乡的热爱和对学习的热情，小林终于完成了作业。李老师又向小林布置了一项新的任务，让他在下个月的主题班会上用作业亲自向同学们介绍自己的家乡，怀着紧张、兴奋的心情，小林马上又投入到班会的准备工作了。

项目实训

（1）打开演示文稿"3.pptx"。

（2）执行"文件"|"保存并发送"|"更改文件类型"|"PowerPoint 放映（*.ppsx）"命令，单击"另存为"按钮，如图 5-54 所示。

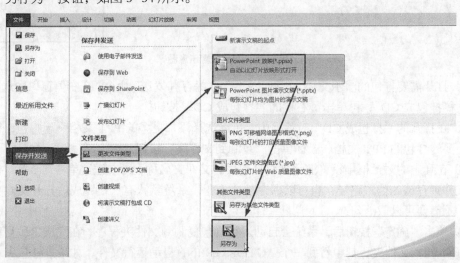

图 5-54　演示文稿另存为

（3）在"另存为"对话框中设置文件的保存位置与文件名。

知识点介绍

演示文稿制作完成后往往不是在同一台计算机上放映，如果仅仅是将演示文稿复制到放映的计算机上，而这台计算机可能未安装 PowerPoint，或者演示文稿中使用的一些链接文件或所使用的字体这台计算机上没有，这样就会导致演示文稿无法正常播放。为了解决问题，PowerPoint 给用户提供了多种输出演示文稿的方法，用户可以将演示文稿输出成多种形式，以满足用户在不同环境下的要求。

制作完演示文稿后，一般情况下我们会在制作的计算机上将其打包以便在别的计算机上可以正常播放，PowerPoint 还可以打印演示文稿和将演示文稿发布成网页或图片。

1. 打包演示文稿

所谓打包，指的就是将独立的综合起来共同使用的单个或多个文件集成在一起，生成一种独立于运行环境的文件。将 PPT 打包能解决运行环境的限制和文件损坏或无法调用的不可预料的问题，如打包文件能在没有安装 PowerPoint、Flash 等环境下运行，在目前主流的各种操作系统下运行。打包步骤如图 5-55 所示。

图 5-55　打包步骤示意图

① 打开需要打包的演示文稿，执行"文件"|"保存并发送"命令，在右侧窗口中选择"将演示文稿打包成 CD"，再单击最右侧的"打包成 CD"按钮。

② 在打开的"打包成 CD"对话框中，可以选择添加更多的 PPT 文档一起打包，也可以删除不要的打包的 PPT 文档。鼠标单击"复制到文件夹"按钮。

③ 在弹出的对话框中设置演示文稿打包后的文件夹名称，可以通过单击"游览"按钮设置该文件夹存放的位置路径，也可以保存默认不变，系统默认有"在完成后打开文件夹"的功能，不需要可以取消勾选。

④ 单击"确定"按钮后，系统会自动运行打包复制到文件夹程序，在完成之后自动弹出打包好的 PPT 文件夹，其中看到一个 AUTORUN.INF 自动运行文件，如果是打包到 CD 光盘上，则具备自动播放功能。

打包后，可以在没有安装 Microsoft PowerPoint 的系统里直接打开演示文档，这样可以让演示文档的原创性得到了一定程度的保护，读者无法随意对其修改或复制。

2. 打印演示文稿

在打印演示文稿前，可以根据需要对打印页面进行设置，使打印效果更加合理及符合实际需要。单击"设计"选项卡"页面设置"组中的"页面设置"按钮 ，在打开的"页面设置"对话框中对幻灯片的大小、编号及方向进行设置。

选择"文件"|"打印"命令，可在右侧打开的窗口中预览打印的效果，并对打印项目进行设置，最后单击"打印"按钮，如图 5-56 所示。

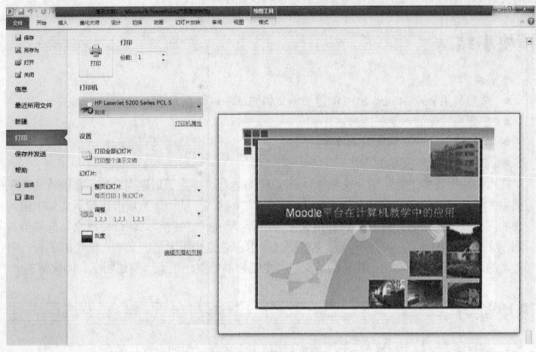

图 5-56 打印演示文稿

3. 另存为 PPSX 文件

PPSX 是 PowerPoint 放映文件，双击 PPSX 文件会自动以幻灯片放映形式打开而无须运行 PowerPoint。执行"文件"|"保存并发送"命令（见图 5-57），可以将演示文稿保存为 PPSX 文件。

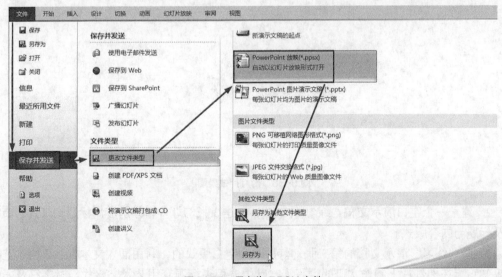

图 5-57 另存为 PPSX 文件

项目小结

一般情况下，演示文稿的输出是打包成 CD 或另存为 PPSX 放映文件，这两种情况下播放演示文稿不再需要运行 PowerPoint。而将演示文稿输出成 EXE 可执行文件，播放的计算机没有安装 PowerPoint，这项操作需要安装其他转换程序才能实现。

模块小结

本模块的学习目标：

● 掌握利用 PowerPoint 2010 创建演示文稿的基本过程及方法；

● 掌握格式化演示文稿的方法；

● 掌握设置演示文稿放映的操作；

● 掌握播放演示文稿的方法。

在本模块中我们进行了演示文稿 PowerPoint 的学习，学会了创建空白演示文稿或利用系统提供的模板或主题创建演示文稿；利用"开始""插入""设计"选项卡在演示文稿中输入相应的内容对象及进行幻灯片编辑和格式化，结合"动画""切换""幻灯片放映"选项卡进行演示文稿输出的设置。在设计演示文稿的过程中应避免使用大量的文本、繁杂的图表，限制过量的幻灯片过渡与动画，优秀演示文稿的主要标准是突出重点，简洁明了，印象深刻。

模块练习

1. 新建演示文稿"搅拌车.pptx"，按下列要求完成对文稿的设置并保存。

（1）新建"标题与内容"版式幻灯片，输入主标题"汽车"，设置华文行楷、44 磅，按图输入文本，插入剪贴画。

（2）为幻灯片中的"搅拌车"图片设置动画效果为"鼠标单击时""从右侧""飞入"，持续时间为 2 秒，如图 5-58 所示。

图 5-58 幻灯片效果图

2. 建立一个空白演示文稿"练习.PPTX"，创建 3 张幻灯片，分别应用标题幻灯片、节标题及标题与内容版式。

3. 将"练习"演示文稿的第二张幻灯片改为空白版式的，利用插入文本框、表格、艺术字等知识点在幻灯片上制作本班的课程表，其中课程表标题套用艺术字格式，对字符及表格进行格式化设置（自由发挥），保存设置。

4. 在"练习"演示文稿的第三张幻灯片中，对课程表内某一门课程进行介绍，内容要求左边是文字介绍，右边是图片资料介绍。

5. 为"练习"演示文稿设置纹理背景。

6. 对"练习"演示文稿应用不同的主题及采用主题中不同的配色方案，对结果进行分析对比。

7. 将"练习"演示文稿的幻灯片切换效果全部设置为"自底部"的"揭开"。

8. 根据环保主题制作一个演示文稿，要求：幻灯片简洁美观，颜色搭配要适合，页数在6页以上，其中要包含演示文稿主题应用、动画设置、超链接及按钮。

模块六
网络应用

随着电子通信技术的飞速发展，计算机网络广泛应用于社会经济的各个领域，成为生产建设、经济贸易、科技创新、公共服务、文化传播、生活娱乐的新型平台和变革力量，是现代人们生活、学习、工作、娱乐的重要部分，掌握计算机网络基本知识及常用网络应用技能是非常必要的。

「项目一」设置网络连接

现在的家庭都普遍拥有台式电脑、笔记本电脑、手机等设备，如何将这些设备接入计算机网络，实现信息数据共享，为我们生活、学习、工作、娱乐提供便利，是现代家庭网络技术应用普遍的需求。

项目实训

互联网接入配置过程大同小异，本实训以 ADSL 接入为例，讲解设备连接及配置过程。

1.硬件设备

① ADSL Modem（信号调制解调器）。

② 分离器。

③ 无线路由器。

④ RJ11 电话连接线 2 条、RJ45 双绞线（网线）1 条。

2.设备连接

① 将接入的电话外线接到分离器的 LINE 口。

② 用提供的 RJ11 电话连接线一端接分离器的 PHONE 口，另一端接电话机。

③ 用提供的另一条 RJ11 电话连接线一端连接分离器 MODEM 口，另一端连接 ADSL MODEM 的 ADSL 口。

④ 用 RJ45 网线一端连接 ADSL Modem 的 LAN 口，另一端连接计算机的网卡接口。

硬件连接如图 6-1 所示。

3.配置计算机网络连接

① 接通 ADSL Modem 电源，接通无线路由器电源。

② 启动计算机，依次单击"开始"|"控制面板"|"网络和共享中心"|"更改适配器设置，"打开"网络连接"窗口如图 6-2 所示。

③ 右键单击"本地连接"，选择"属性"，打开如图 6-3 所示的对话框。

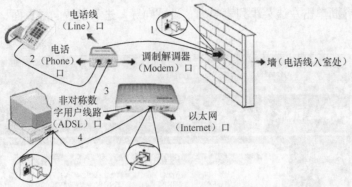

图 6-1　硬件连接

图 6-2　"网络连接"窗口

图 6-3　"本地连接属性"对话框

④ 选择"Internet 协议版本 4（TCP/IPv4）"，单击"属性"按钮，打开如图 6-4 所示的对话框，并按图中所示填写 IP 地址，填好后单击"确定"按钮。

4. 配置路由器

① 打开 IE 浏览器，在地址栏输入 IP 地址 192.168.1.1，按回车键，弹出路由器登录界面如图 6-5 所示，路由器默认登录用户名及密码都是：admin，输入后单击"确定"按钮进入配置界面。

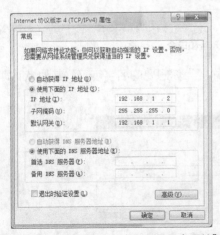

图 6-4　"Internet 协议版本 4（TCP/IPv4）属性"对话框

图 6-5　路由器登录界面

② 在配置界面单击左边菜单列表中的"设置向导"进入设置向导页面，单击"下一步"按钮。

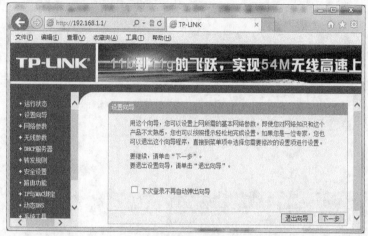

图 6-6　路由器配置界面

③ 上网方式选择 ADSL 虚拟拨号（PPPOE）如图 6-7 所示，接着单击"下一步"按钮。

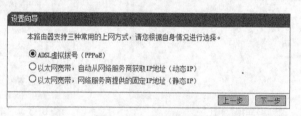

图 6-7　上网方式设置

④ 填入报装 ADSL 业务时，网络服务商提供的上网账号和上网口令，如图 6-8 所示，接着单击"下一步"按钮。

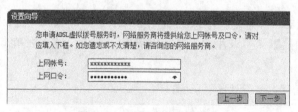

图 6-8　设置上网账号和口令

⑤ 启用无线状态，更改 SSID（无线网络名称）为你想要的名字字符，其他默认即可，如图 6-9 所示，接着单击"下一步"按钮。

图 6-9　设置路由器无线网络基本参数

⑥ 出现完成设置界面，如图 6-10 所示，单击"完成"按钮，上网所需的基本网络参数设置完成，现在已经能够正常上网了。为了网络的安全、便捷，应进行后续的设置操作。

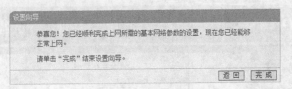

图 6-10　完成设置界面

5. 设置开机自动接入互联网

① 在左边菜单列表中选择"网络参数"|"WAN 口设置"，在弹出的界面中选择"自动连接"，如图 6-11 所示。

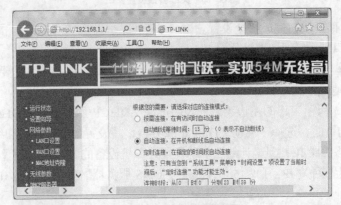

图 6-11　网络参数设置界面

② 单击"高级设置"进入如图 6-12 所示的设置界面，记录下 DNS 服务器及备用服务器 IP 地址以便后续计算机设置备用。

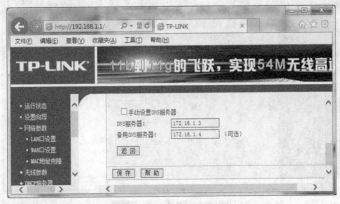

图 6-12　高级设置界面

③ 单击"保存"按钮完成自动连接设置。

6. 配置无线安全功能

① 在图 6-12 所示窗口的左边菜单列表中选择"无线参数"|"基本设置"，在弹出的界面中（见图 6-13）选择"开启安全设置"，选择 PSK 密码类型，并设置 PSK 密码，以后笔记本电脑、手机无线设备连入本网络需提供本密码。

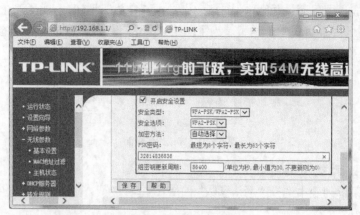

图 6-13　无线参数设置窗口

② 单击"保存"按钮完成安全设置。

7. 配置 DHCP（动态 IP 地址分配）

为方便笔记本电脑、手机连入网络而不用配置 IP 地址等网络参数，需要在路由器上启用 DHCP（动态 IP 地址分配）服务。

① 在图 6-13 所示窗口的左边菜单列表中选择"DHCP 服务器"|"DHCP 服务"，打开如图 6-14 所示的页面，选择"启动"DHCP 服务器，并设置地址池开始和结束 IP 地址（IP 地址范围应排除路由器 IP 地址、计划要手动设置计算机设备的 IP 地址，避免手动和自动分配 IP 地址冲突），设置网关 IP：192.168.1.1，设置 DNS 服务器、备用服务器 IP 地址为图 6-12 操作时记录的地址。

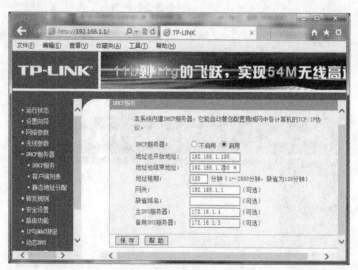

图 6-14　DHCP 服务设置

② 单击"保存"按钮完成 DHCP 服务器配置。

8. 笔记本电脑接入网络

① 启动笔记本电脑，依次单击"开始菜单"|"控制面板"|"网络和共享中心"|"更改适配器设置"，打开网络连接窗口如图 6-15 所示。

② 右键单击"无线网络连接"，选择"属性"，打开如图 6-16 所示对话框。

图 6-15　网络连接设置窗口

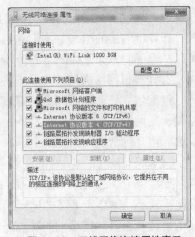

图 6-16　无线网络连接属性窗口

③ 选择"Internet 协议版本 4（TCP/IPv4）"，单击"属性"按钮，打开如图 6-17 所示的对话框，选择自动获得 IP 地址和 DNS 服务器地址，单击"确定"按钮。

④ 在"任务栏"上单击网络连接图标，弹出图 6-18 所示窗口，单击你在无线网络设置的 SSID（无线网络名称），将出现"连接"按钮。

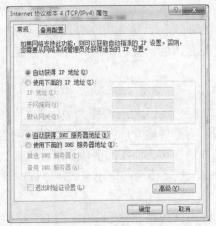

图 6-17　"Internet 协议版本 4（TCP/IPv4）"对话框

图 6-18　网络和共享中心窗口

⑤ 单击"连接"按钮将弹出网络安全密码对话窗口（见图 6-19），填入你设置的无线网络 PSK 密码后单击"确定"按钮，即可连入网络。手机等无线设备连入网络的配置与笔记本电脑类似，在此不再赘述。

知识点介绍

1. 计算机网络

计算机网络（Computer Networks）是指将地理

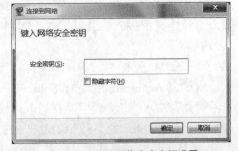

图 6-19　连接网络安全密钥设置

位置不同的具有独立功能的多台计算机及其外部设备，通过通信线路连接起来，在网络操作系统，网络管理软件及网络通信协议的管理和协调下，实现资源共享和信息传递的计算机系统。通俗地讲，计算机网络就是由多台计算机（或其他计算机网络设备）通过传输介质和软件物理（或逻辑）连接在一起组成的。

计算机网络的组成基本上包括：计算机、网络操作系统、传输介质（可以是有形的，也可以是无形的，如无线网络的传输介质就是空气）以及相应的应用软件4部分。

2. 计算机网络类型

根据划分标准的不同，计算机网络类型很多，如按地理范围划分可以把各种网络分为局域网、城域网、广域网和互联网；按传输介质划分网络为有线网、无线网、光纤网等。下面简要介绍几种常见网络。

（1）局域网

局域网（Local Area Network，LAN），是在局部地区范围内的计算机网络。它所覆盖的地区范围较小，网络所涉及的地理距离可以是几米至10千米以内，计算机数量少的可以两台，多的可达几百台。局域网的特点是：连接范围小、用户数少、配置容易、连接速率高。局域网一般位于一个建筑物或一个单位内。

（2）广域网

广域网（Wide Area Network，WAN）也称为远程网，所覆盖的地理范围宽广，可从几百千米到几千千米。它能连接多个城市或国家，并能提供远距离通信，形成国际性的远程网络。广域网的特点是：覆盖范围大，实现技术复杂，传输速率相对较低。

（3）互联网

互联网（Internet），又称因特网，始于1969年的美国，是全球性的计算机网络，即广域网、局域网及单机按照一定的通信协议组成的全球范围的计算机网络。具有快捷性、普及性特点，是现今最流行、最受欢迎的计算机网络。

（4）无线局域网

无线局域网（Wireless Local Area Network，WLAN）采用电磁波作为载体，以空气作为传输介质来实现数据传输的局部网络类型，它摆脱了有形传输介质的束缚，只要在网络的覆盖范围内，可以在任何一个地方与服务器及其他工作站连接，而不需要重新铺设电缆。它的最大特点就是自由，非常适合移动办公，但信号易受干扰，传输速率比有线网络低。

3. 互联网接入方式

用户计算机设备要接入互联网，可通过某种通信线路连接到ISP，由ISP提供互联网的入网连接和信息服务。根据传输技术的不同，互联网接入方式有：公共交换电话网络（PSTN）接入、综合业务数字网（ISDN）接入、非对称数字用户线路（ADSL）、HFC接入、光纤宽带接入、卫星接入、DDN专线接入。下面简要介绍家庭用户常用互联网接入方式。

（1）ADSL接入

ADSL（Asymmetric Digital Subscriber Line，非对称数字用户线技术），它的上行和下行带宽不对称，ADSL直接利用现有的电话线路，通过ADSL Modem进行数字信息传输，理论速率可达到8Mbit/s的下行和1Mbit/s的上行，传输距离可达4~5km。ADSL接入示意图如图6-20所示，其特点是速率稳定、带宽独享、语音数据不干扰等，适用于家庭、个人等用户的大多数网络应用需求。

（2）HFC（Hy brid Fiber Cocx）

HFC是一种基于有线电视网络铜线资源的接入方式，如图6-21所示。它具有专线上网的连接特点，允许用户通过有线电视网实现高速接入互联网；适用于拥有有线电视网的家庭、个人或中小团体。其优点是速率较高，接入方式方便（通过有线电缆传输数据，不需要布线），可实现各类视频服务、高速下载等。缺点在于基于有线电视网络的架构是属于网络资源分享型的，当用户激增时，速率就会下降且不稳定，扩展性不够。

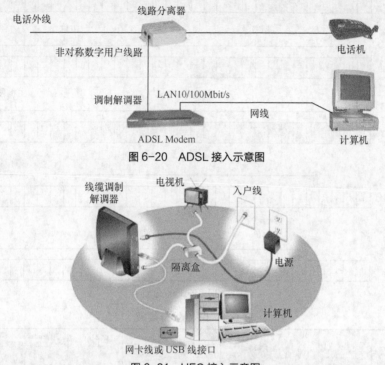

图 6-20　ADSL 接入示意图

图 6-21　HFC 接入示意图

（3）光纤宽带接入

光纤宽带接入是将光纤接入到小区节点或楼道，再由网线连接到各个共享点上（一般不超过 100m），提供一定区域的高速互连接入。其优点是速率高，抗干扰能力强，适用于家庭、个人或各类企事业团体，可以实现各类高速率的互联网应用（视频服务、高速数据传输、远程交互等）；缺点是一次性布线成本较高。

4. IP 地址

① IP（Internet Protocol）是网络之间互连的协议，也就是为计算机网络相互连接进行通信而设计的协议。

② IP 地址：为了识别网络上的计算机及设备而给网络上的每台计算机和设备都规定了一个唯一的地址。IP 地址就好像电话号码，有了某人的电话号码，你就能与他通话了。同样，有了某台计算机的 IP 地址，你就能与这台计算机通信了。

③ IP 地址的表示：IP 地址是一个 32 位二进制数，为方便识记，常以点分十进制数表示，即用点将 32 位二进制数平均分割为 4 段，将每段 8 位二进制数转换为十进制数，如 192.168.10.1。因 8 位二进制数转换为十进制数的最大数值是 255，所以每段的数值在 0~255 间。不存在这样的 IP 地址：300 .168 .10 . 1，第一段超出数值范围。

④ IP 地址的组成与分类：网络地址+主机号。通过网络地址区别 IP 地址所在的网络（与电话号码的组成类似，如电话号码：02089237811，020 是区号，代表广州市，89237811 代表该电话机号码）。根据网络地址所占的位数将计算机网络分为 A、B、C、D、E 类网络，如图 6-22 所示，其中 A 类为大型网络，B 类为中型网络，C 类为小型网络，D 类用于组播，E

类用于实验。表 6-1 所示为 IP 地址分类表。

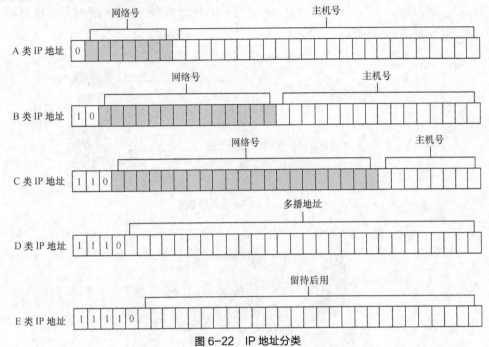

图 6-22　IP 地址分类

表 6-1　IP 地址分类表

地址类	网络号位数	网络号最大数	主机号位数	网络中最大主机数	地址首字节范围
A 类	7	126	24	16777214	1～126
B 类	14	16382	16	65 534	128～191
C 类	21	2097150	8	254	192～223

根据分类定义，我们很容易知道一个 IP 地址属于哪类网络，如 IP 地址 10.7.6.5，属于 A 类网络，它的网络地址为 10.0.0.0；IP 地址 190.7.6.5，属于 C 类网络，它的网络地址为 190.7.6.0。同一网络地址的计算机设备可以相互直接通信，不同网络地址的计算机设备需要通过路由设备才可以进行通信（与打电话类似，同一城市电话号码可直接拨打，不同城市电话号码需开通长途功能）

⑤ 掩码：为了标识 IP 地址的网络部分和主机部分，要和地址掩码（Address Mask）结合，掩码跟 IP 地址一样也是 32 位，用点分十进制表示，IP 地址网络部分对应的掩码部分全为"1"，主机部分对应的掩码全为 "0"。缺省状态下，A 类网络的子网掩码为 255.0.0.0，B 类网络的子网掩码为 255.255.0.0，C 类网络的子网掩码为 255.255.255.0。

项目小结

本项目主要是针对家庭多台计算机设备需要共享接入互联网的情况，是现时家庭组网的主要形式，当然，接入方式不同、需求不一样，配置过程会有差异；但只要掌握了计算机网络的基本知识及连接设备的功用，就可以适当调整以适应新的需要。例如，家里只有一台计算机设备需要连入互联网络，这时就不需要路由器设备实现共享网络，直接将 ADSL Modem 与计算机连接，在计算机的设置中新建宽带连接，就可以实现互联网络接入。如果我们报装的不是 ADSL 接入，而是光纤宽带接入，就不需要 Modem 设备了，而是直接将光纤宽带连接到一台计算机实现单机上网或连到路由器实现宽带共享。

「项目二」网页浏览器的下载与安装

现代人的生活已经离不开网络，网页浏览器是进行网页浏览的基本工具。随着网络应用和电子商务的不断发展，人们通过网络不只是获取资讯，浏览新闻，更多的时候还会通过网络进行购物。因此，对浏览器的性能，如安全性、浏览速度和稳定性等方面的要求也在不断提高。现在，除了微软 Windows 系统下自带的 IE 浏览器，还有很多性能和兼容性非常出色的浏览器，如百度浏览器、Google Chrome 浏览器等。学会下载和安装浏览器，会使我们的网上冲浪有更加流畅的感受。

项目实训

性能出色的浏览器有很多，本项目以 Google Chrome 浏览器为例介绍浏览器的下载和安装步骤。

1. Google Chrome 浏览器的下载

① 启动 IE 浏览器，在地址栏中输入"http://www.baidu.com"，打开百度的页面，在文本框中输入关键字"Google Chrome 浏览器下载"，单击"百度一下"按钮，页面展示所有可以进行下载 Google Chrome 浏览器的网页链接。选择列表中的第一个链接，鼠标单击"立即下载"按钮，如图 6-23 所示。

图 6-23　搜索 Google Chorome 浏览器

② 打开文件保存窗口，单击"保存"按钮右侧下拉三角，选择"另存为"选项，如图 6-24、图 6-25 所示。如果直接单击窗口中的"运行"按钮，那么软件将不会下载到本地计算机，而是直接在网上运行安装。

图 6-24　下载 Google Chorome 浏览器

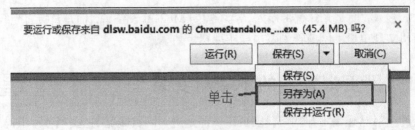

图 6-25　选择"另存为"选项

③ 打开"另存为"对话框，设置文件存储的位置以及文件的名字，单击"保存"按钮开始下载，如图 6-26 所示。

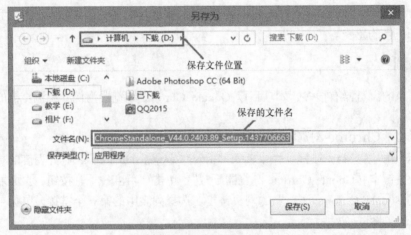

图 6-26　输入保存的文件名

④ 下载完成后，打开软件下载时保存的位置便可以看到已经下载的安装程序，如图 6-27 所示。

图 6-27　查看 Google Chorome 浏览器安装程序

2. Google Chrome 浏览器的安装

① 下载完成后，找到存储文件的位置，双击下载的安装程序，进入软件安装界面，如图 6-28 所示。

② 程序安装完成以后会自动打开，如图 6-29 所示。现在就可以使用已经安装完成的 Google Chrome 浏览器上网冲浪了。

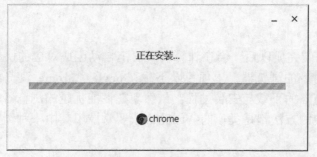

图 6-28　安装 Google Chorome 浏览器

图 6-29　安装完成后的浏览器界面

知识点介绍

网页浏览器是一种能够接收用户的请求信息，并到相应网站获取网页内容的专用软件。常见的网页浏览器有以下几种。

（1）Internet Explorer（IE）浏览器

IE 浏览器是 Microsoft 公司开发的，是世界上使用最为广泛的浏览器。它一般会预安在Windows 系统中。因此，我们通常都能在已经安装了 Windows 操作系统的计算机中看到 IE浏览器。目前最新的 IE 浏览器的版本是 IE11。

（2）Safari 浏览器

Safari 浏览器也是当下使用较为广泛的浏览器之一。它由苹果公司开发，是苹果系统的专属浏览器，一般会预安装在苹果操作系统中。

（3）Firefox 浏览器

Firefox 浏览器，中文名称为火狐浏览器，由 Mozilla 资金会和开源开发者一同开发。浏览器的源代码公开，它由很多小的插件集成，用户可以根据自己的需求对代码进行修改，使之更加个性化。因此，它是一开源的浏览器。同时，它也是世界上使用率排前 5 名的浏览器。

（4）Google Chrome 浏览器

Chrome 浏览器由谷歌公司开发，测试版本在 2008 年发布。它以其良好的稳定性、快速和安全性获得了使用者的青睐。

（5）其他浏览器

除了以上比较常用的浏览器以外，还有一些浏览器是附带着安装的软件而自动安装到操作系统中的，如 QQ 浏览器、搜狗高速浏览器、360 快速浏览器等。这些浏览器大多都是基于 IE 浏览器的内核开发的。

项目小结

新的浏览器安装完成以后，会在计算机桌面上自动生成对应的快捷方式，用鼠标左键双击便可打开对应的浏览器。本项目以下载 Google Chrome 浏览器为例，讲解了非 Windows 自带浏览器的下载与安装过程。虽然现在性能优越的浏览器非常多，但是对于它们的下载和安装的方法都是类似的。因此，只要掌握了其中一种浏览器，其他的也就触类旁通了。

「项目三」网页浏览及配置

随着互联网络的飞速发展，资讯获取的方式发生了很大的变化。浏览网页成为当下人们获取资讯的重要手段。有效地使用网页浏览器，对资讯的有效获取至关重要。

项目实训

本项目以 IE 10 版本的浏览器为例讲解浏览器的设置、网页浏览的过程以及信息搜索的方式。

1. 启动 IE 浏览器

启动计算机，鼠标双击桌面上的 IE 浏览器图标，打开 IE 浏览器窗口；或者依次单击"开始菜单"|"程序"|"Internet Explore"，打开 IE 浏览器窗口，如图 6-30 所示。

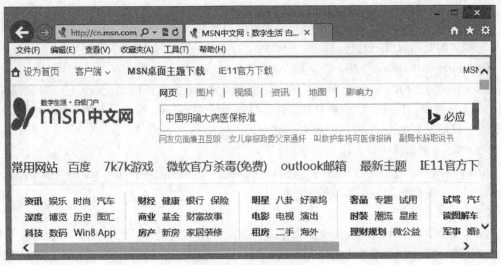

图 6-30　IE 浏览器窗口

2. 设定主页

主页是指用户打开浏览器时默认打开的一个或多个网页。一般浏览器的默认主页是 about:blank 即空白页。如果有些网页是上网时经常浏览的，为了快速打开此网页，而又不用去记忆该网页网址，可以将其设置成为主页。设置步骤如下。

① 启动 IE 浏览器，依次单击"工具"|"Internet 选项"，打开"Internet 选项"对话框。

② 在"Internet 选项"对话框中，选择"常规"选项卡，在"主页栏"的地址文本框中输入所要作为主页的网页地址，如图 6-31 所示。

③ 单击"确定"按钮后，再次启动 IE 浏览器的时候，就会默认打开在上述地址文本框中输入的网页。另外，如果设置主页的时候，单击了"主页栏"中的"使用当前页"按钮，即可将默认主页设置为当前网页；单击了"使用默认页"按钮，即可将系统默认的网址设置为默认主页。

3. IE 浏览器安全性设置

随着网络的广泛应用，网络安全成为人们关心的问题。如何能安全有效的进行网页浏览变得非常重要，在 IE 浏览器中通过"安全"选项卡进行安全设置。具体步骤如下。

① 启动 IE 浏览器，依次单击"工具" | "Internet 选项" | "安全"，打开"Internet 选项"对话框的"安全"选项卡。

② 选择"Internet"区域，单击"安全级别"中的"自定义级别"，如图 6-32 所示。

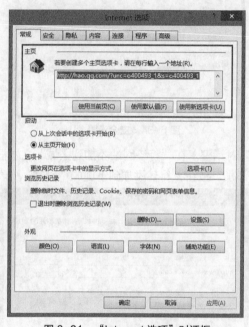

图 6-31   "Internet 选项"对话框

图 6-32   "安全"选项卡

③ 打开"安全设置-Internet 区域"对话框，设置安全为"中-高"，如图 6-33 所示。目前新版本的 IE 浏览器的安全机制分为高、中、中高 3 个级别，分别对应不同的网络功能。"高"是最安全的方式，但由于禁用了 Cookies 可能造成某些需要验证的站点不能登录；"中-高"为比较安全的方式，也是 IE 浏览器的默认安全设置，适用于大多数网站，能在下载潜在的不安全内容之前提示。"中"级由于在网页自动下载不安全内容前不能给出提示，因此，安全级别较低，会有一定的安全风险。

④ 在"安全设置-Internet 区域"对话框的"设置"列表框中，可以对"ActiveX 控件和插件""Java""脚本""下载""用户验证"等安全选项进行"启用""禁用""提示"的选择性设置。例如，拖动"设置"列表框的滚动条，在"ActiveX 控件和插件"选项下选择"禁用"，如图 6-34 所示。禁用了该选项，在新打开一个页面时不会自动弹出一些无关的网页，一方面可以避免这些不断弹出的网页影响我们浏览，另一方面避免用户误操作单击了这些网页，把网页上可能带有的病毒下载到了本地计算机。

⑤ 单击"确定"按钮返回"Internet 选项"对话框的"安全"选项卡。

⑥ 选择选项卡中的"受信任的站点"选项，如图 6-32 所示。由于定义了安全级别后，某些本来安全的网站的功能也被禁用了，此时，可以将这些受影响的网站设置为受信任的站点，就可以正常浏览这些网站了。

图 6-33　设置安全级别图

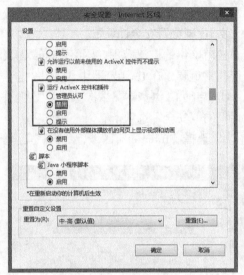

图 6-34　安全设置

⑦ 单击"站点"按钮，打开"受信任的站点"对话框。在"将该网站添加到区域"文本框中输入所要设定为受信任站点的网站网址，单击"添加"按钮，将其添加到下面的"网站"列表框中。单击"关闭"按钮完成设置，如图 6-35 所示。如果需要禁止某些网站，可以回到"Internet 选项"对话框，选择"受限制的站点"选项，使用相同的方法设置禁止访问的网站即可。

⑧ 继续使用"Internet 选项"对话框，单击"私隐"选项卡，设置 IE 的私隐级别。浏览网页时，网站有时候会自动弹出很多小窗口，同时也会将记录了用户个人信息的 Cookies 文件保存到本地计算机中，为了阻止这些小窗口弹出，并保证相关个人文件的安全，需要进行私隐级别的设置，设置的内容如图 6-36 所示。

⑨ 上述对 IE 浏览器的安全性设置是在用

图 6-35　设置受信任的站点

户使用 IE 浏览网页前进行的。但在网页浏览过程中，网站会自动将用户曾浏览过的一些小文件和浏览痕迹存储到本地计算机中，必要时需要在完成网页浏览后，将相关信息进行删除，其方法如图 6-37 所示。

4.浏览网页

① 启动 IE 浏览器，在浏览器的"地址栏"中输入需要浏览的网页的网址。按回车键，打开指定网页，如图 6-38 所示。

② 单击网页中的超级链接，便可新打开一个网页页面，浏览相关的信息。超级链接是指从一个网页指向另一个目标内容的链接关系。网页中作为超链接的对象可以是一段文字、一张图片，当用户将鼠标移到链接上，鼠标指针会变成 的形状。例如，打开网易网站的"NBA"

新闻链接，浏览最新的体育资讯，操作如图 6-39 和图 6-40 所示。通过图 6-40 可见，打开的 "NBA" 页面中也显示了很多的超链接，只需要用相同的方式单击需要浏览信息的超链接就可以查阅自己感兴趣的信息了。同时也看到，单击网页中的超链接，新的网页并不是在当前的浏览窗口中显示，而是通过新的窗口进行显示。

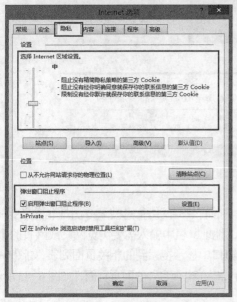

图 6-36　"隐私"选项卡

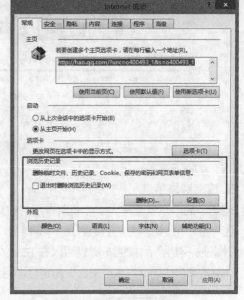

图 6-37　删除上网痕迹

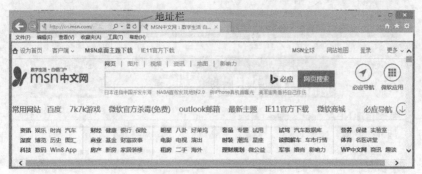

图 6-38　打开网页

图 6-39　选定网页超链接

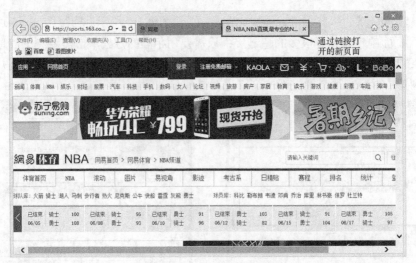

图 6-40　网易军事页面

5. 搜索网络信息

网络中的信息量非常大，要获取有用的信息，掌握有效的网络信息搜索方法是非常必要的。

① 启动 IE 浏览器，直接在 IE 浏览器窗口的"地址"栏中输入需要浏览网站或网页的中文名称，如图 6-41 所示。按回车键就可以在 IE 浏览器窗口中显示搜索到的相关页面列表，如图 6-42 所示。单击列表中的"广东电视台"超链接即可打开"广东电视台"的网页页面，如图 6-43 所示。

图 6-41　地址栏搜索信息

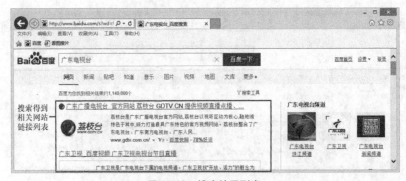

图 6-42　搜索结果列表

图 6-43　"广东电视台"网站主页

②　如图 6-43 所示的"广东电视台"网站中的内容非常多，若需在该站内快速查找到需要的内容，可以借助 IE 浏览器的"查找"功能。单击 IE 浏览器窗口中"编辑"菜单下的"在此页查找"选项，如图 6-44 所示。在弹出的"查找"文本框中输入需要查阅的内容，按回车即可以在当前页面内查找符合条件的文本，如图 6-45 所示。可以单击"下一个"按钮在网页内继续往下查找，若查找完成，会在"查找"栏最右边，显示"你已经达到此页的最后一个匹配"的提示，如图 6-46 所示。

图 6-44　菜单功能搜索信息

图 6-45　输入查找内容

图 6-46　显示查找结果

③ 有时候在互联网上搜索信息，也可以借助网络检索工具"搜索引擎"。目前常用的搜索引擎有"百度""谷歌""必应"等。例如，启动 IE 浏览器，在浏览器窗口的地址栏输入"www.baidu.com"，按回车键后打开百度搜索引擎页面，如图 6-47 所示。在搜索文本框中输入需要查找的内容"金庸"，单击"百度一下"按钮，如图 6-48 所示，即可在新的浏览器窗口中显示与查找内容相关的信息，如图 6-49 所示。单击列表中的超链接，则可以浏览需要的信息。

图 6-47　百度主页

图 6-48　输入搜索内容

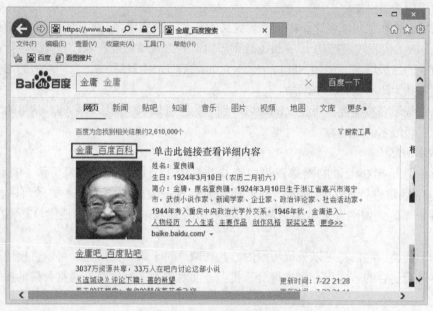

图 6-49　查询结果窗口

知识点介绍

1. 域名地址

网址是浏览网页的基础。网址即网页地址，是单位或个人将一些信息以网页的形式发布到网络上，为了方便网络上的其他用户浏览或获取资料，每一个网页都有相对应的地址，这个地址称为网址。一个页面的网址中包含两层含义，即 IP 地址和域名地址。IP 地址已经有所介绍，这里只介绍域名地址。

在网络世界中，一台计算机要被准确找到，必须要有一个唯一的地址即 IP 地址。但是，用一组数字来表示计算机的网址用户不便记忆。为了解决这一问题，于是采用人们善于识记的名字来取代 IP 地址来表示计算机网址，同时为了使这组名字能不重复，唯一标识网络中的计算机，Internet 规定了一套命名机制，我们称它为域名系统。采用域名系统命名的网址，即为域名地址。

（1）域名地址的结构

域名地址一般由两个或两个以上的部分组成，每个部分可以由若干字符组成，字符可以是英文或是数字。每个部分之间用英文的点"."分隔。域名命名一般不超过 255 个字符。域名当中的每个部分分别代表不同级别，级别最低的域名写在最左边，级别最高的顶级域名则写在最右边。

（2）域名的级别

域名通过分级管理，等级分为顶级域名、二级域名等。

目前互联网络中常见的顶级域名有两个类型：一类是以国家或行政区域来区别的，称为地理顶级域名，包含 243 个国家和地区代码；另一类是以不同功能类别区分的，称为类别顶级域名，主要有.com（代表商业组织）、.edu（代表教育机构）、.gov（代表政府部门）、.mil（代表军事部门）、.net（代表网络机构）、.org（组织结构）、.int（国际组织）。顶级域名一般出现在网址的最右边，如 www.163.com 中最右边的.com 就是这个网址的顶级域名，代表其是一个商业组织类型网站。

二级域名是在顶级域名之下根据需要定义的低一层次的域名，如我国在.cn 的顶级域名下又定义了.gov（代表政府部门）、.edu（教育部门）等二级域名以及以代表我国各行政区域的由字母组成的二级域名。例如，http://www.gdhrss.gov.cn 中最后一个 "." 左边的部分为二级域名，代表其为政府机构类型网站。

再由二级域名按需要往下定义的域名分别称为三级域名、四级域名等。常见的域名地址多为包含三级域名的地址。

2. 搜索信息

搜索信息是指在海量的网络资讯中查找并筛选出自己需要的信息资源。搜索信息是网页浏览中经常进行的一项工作。网上搜索的信息一般分为两类：一类是可以直接在网页上保存下来的，如网页上精美的图片或是有用的文字；另一类是与搜索信息相关的网页链接。

根据不同类别的信息可以采取不同的方式获取。对于第一类信息，可以直接通过选择图片或文字进行另存的方式保存到本地计算机上。而对于第二类信息，通常会借助搜索引擎来完成。

项目小结

本项目中的所有设置和应用主要是以 IE 10 浏览器为基础的。目前，用户上网浏览所使用的 IE 浏览器版本不尽相同。不同版本的 IE 浏览器，在界面结构上，以及对设置内容的描述和设置方式上会有一定的差异，但在安全性设置以及浏览网页的步骤都是相差无几的。因此，只要掌握了某个版本的 IE 浏览器的使用方法，就可以熟练使用其他版本的 IE 浏览器，甚至于其他不同类型的网页浏览器来进行网页浏览和浏览器安全设置。

「项目四」上传下载应用

项目实训

本项目以 CuteFTP 软件为例，讲解如何在互联网络中实现文件的上传和下载。

1. 添加 FTP 站点

在 CuteFTP 软件中，添加 FTP 站点有 3 种方式：使用菜单 "文件" | "新建" | "FTP 站点" 方式、使用菜单 "文件" | "连接" | "连接向导" 方式和使用 "快速连接" 栏方式。无论使用哪种方式添加 FTP 站点，所要设置的内容都是一样的。下面以使用 "快速连接" 栏为例进行讲解，其他两种方式，用户可以在学习过程中自己再去体会。

① 用鼠标双击桌面上的 CuteFTP 图标，打开 CuteFTP 软件窗口，如图 6-50 所示。

② 单击工具栏中的 "快速连接" 按钮，在展开的快速连接栏中输入远程 FTP 站点的登录信息，包括主机地址、用户名、密码和端口信息。其中，主机地址的格式通常是：ftp.yoursite.com 或者是 FTP 服务器的 IP 地址。FTP 服务器的端口号通常为 21。设置过程如图 6-51 所示。

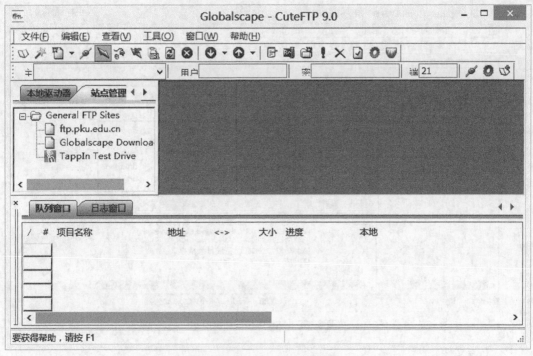

图 6-50　CuteFTP 界面

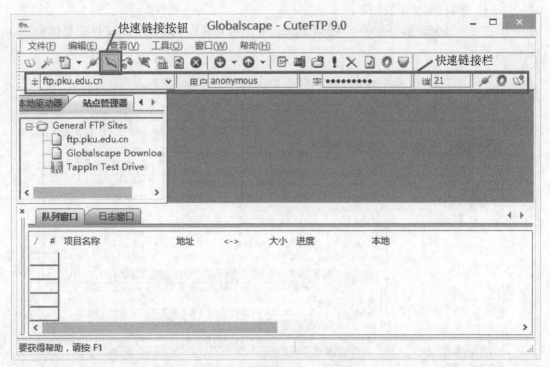

图 6-51　快速链接 FTP 站点

　③ 单击"快速链接"栏右边的"连接"按钮，连接到远程 FTP 服务器上，并通过"添加到站点管理器"按钮，将当前站点添加到窗口右侧的"站点管理器"选项卡，如图 6-52 所示。至此，远程文件服务器连接成功。

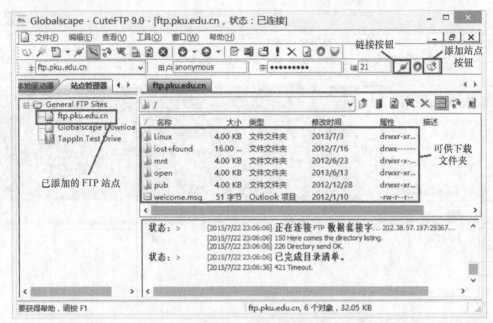

图 6-52　站点连接成功窗口

2. 上传文件

完成 FTP 站点的添加以后，接下来就可以通过 CutFTP 实现在该站点下文件的上传和下载了。上传文件的具体步骤如下。

① 在"本地驱动器"选项卡列表中选择需要上传到远程 FTP 站点的文件或文件夹，如图 6-53 所示。

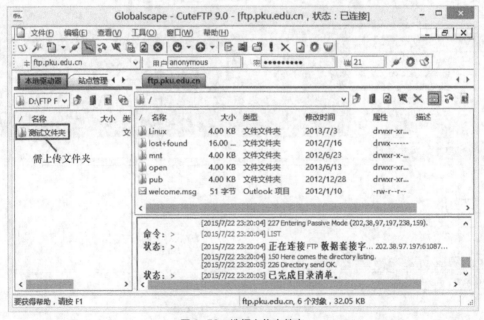

图 6-53　选择上传文件夹

② 单击鼠标右键，在弹出的快捷菜单中选择"上载"菜单项，完成文件上传，如图 6-54 所示。

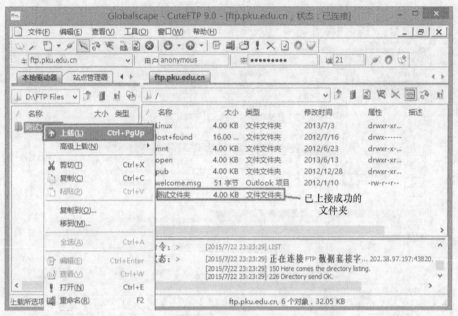

图 6-54　文件上传

③　如果所要上传的文件或文件夹有多个，使用鼠标在"本地驱动器"选项卡列表中选择需要上传的多个文件或文件夹，然后依次单击菜单"工具"|"队列"|"添加所选项"，将选定的对象添加到"队列窗口"中，如图 6-55 所示；再依次单击"工具"|"队列"|"全部传输"，将多个文件和文件夹一并上传，如图 6-56 所示。

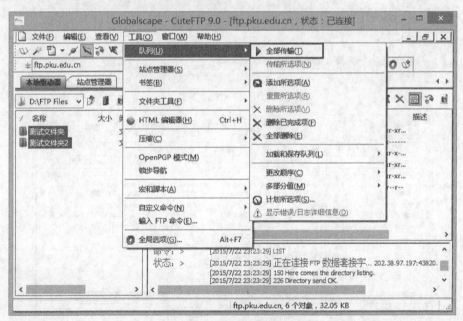

图 6-55　添加上传文件队列

3. 下载文件

利用 CuteFTP 下载文件的过程和方法与上传文件的过程和方式是相似的。下面通过图 6-57、图 6-58、图 6-59 来展示文件下载的方式和过程。

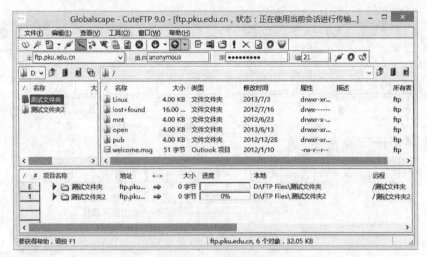

图 6-56　上传队列文件

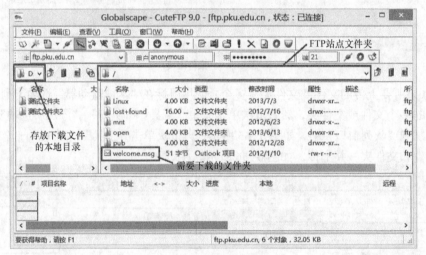

图 6-57　下载站点文件

图 6-58　下载站点文件

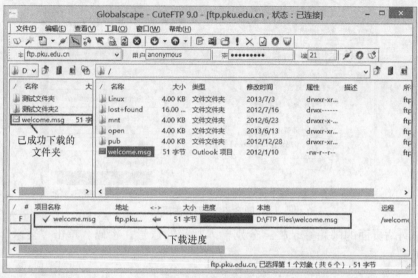

图 6-59 文件下载进度

知识点介绍

上传是将本地计算机中的信息通过工具传送到网络中的目标计算机上。这一传输的过程称之为"上传"。通过这一过程，可以使本地计算机中的信息让所有能访问该目标计算机的用户都能看到，以便资源在网络中实现共享。而这一过程的相反过程称之为"下载"。目前，网络上常用于进行上传和下载的工具有 CuteFTP、迅雷、快车等。其中，CuteFTP 是以文件传输协议 FTP（File Transfer Protocal）作为文件传输基础的上传和下载工具软件。

项目小结

互联网中，为了实现资源的共享，用户进行文件的上传和下载是必不可少的。在互联网络中实现文件上传和下载的工具软件非常多，本项目只以基于 FTP 协议的工具软件 CuteFTP 为例，讲解了文件上传和下载的过程，其他下载工具在实现文件上传和下载的方式上都大同小异。

「项目五」电子邮件

电子邮件是以电子形式在互联网上实现的信息交换的一种通信方式。它改变了人们以传统书信进行信息交换的通信方式。通过电子邮件，用户可以快速的与互联网上的用户联系。电子邮件不受地域和时间的限制，而且价格低廉。因此，它成为目前互联网络中最为广泛的应用之一。

项目实训

目前，在 Internet 上实现电子邮件收发的方式大致有两种：一是 Web 方式，即通过 IE 浏览器登录电子邮箱，然后进行邮件收发；另一种是邮件客户端方式，即借助邮件客户端，如 Outlook、Foxmail 等。本项目分别以浏览器登录邮箱和邮件客户端 Outlook 2007 两个例子来讲解邮件收发的过程。

1. Web 方式实现邮件收发

① 启动 IE 浏览器，在 IE 浏览器的地址栏输入用户所申请邮箱的服务商的域名地址，按回车键打开网站页面，如图 6-60 所示。

图 6-60　网站主页

② 在网站页面的邮箱登录栏，分别输入邮箱的账号、密码。单击"登录"按钮，如图 6-61 所示。

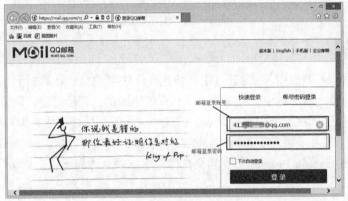

图 6-61　填写邮箱信息

③ 进入邮箱界面后，单击界面右侧框架中的"写信"标签，在页面右侧网页框架内输入"收件人""主题""正文"。如果用户在发送邮件时，需要将本地计算机中的一些文档、图片等文件随邮件一起发送给收件人，那么可以使用"添加附件"按钮来给邮件附加这些文件。所有内容都输入完成后，单击"发送"按钮，即可将邮件发送给收件人。具体操作如图 6-62、图 6-63、图 6-64 和图 6-65 所示。

图 6-62　写邮件

图 6-63　添加附件

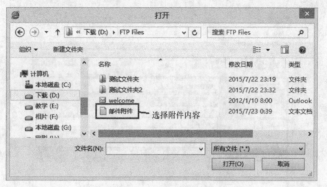

图 6-64 选择附件内容

图 6-65 附件添加成功

④ 有时候由于各种原因，邮件发送时也会发生错误，又或者是邮件来不及完成。那么，用户可以将当前的电子邮件通过"存草稿"的方式保存到邮箱的"草稿箱"内，以便日后继续完成发送。具体操作如图 6-66、图 6-67 所示。

图 6-66 保存信件草稿

图 6-67 保存草稿成功

⑤ 接收邮件的过程和发送邮件的过程基本相似。用户登录邮箱后，通过单击浏览器右侧框架的"收信"标签，即可以在浏览器左侧的框架中看到邮箱中所有邮件的列表，如图 6-68 所示。单击邮件列表中要查看的邮件"主题"就可以打开相关邮件进行查阅，如图图 6-69 所示。如果要回复当前正在查阅的邮件，只需要单击"回复"按钮，就可以进入邮件回复页面，如图 6-70 所示。

图 6-68 收取信件

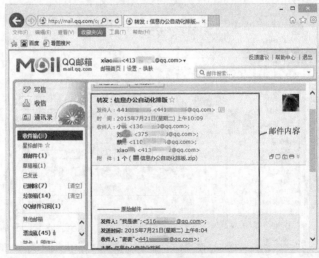

图 6-69 查看邮件内容

图 6-70　回复邮件

2. Outlook 2007 收发邮件

Outlook 2007 是微软 Windows 操作系统中用于电子邮件收发和管理的软件。

① 启动 Outlook 2007。鼠标单击桌面 Outlook 快捷方式图标，如图 6-71 所示。

② 如果用户是首次启动 Outlook，那么会首先弹出 Outlook 配置向导窗口，如图 6-72 所示。如果用户不是首次启动 Outlook，那么可以直接跳转到第⑤步，直接进行邮件的收发。

图 6-71　Outlook 图标

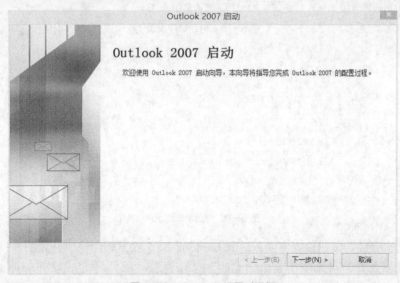

图 6-72　Outlook 设置对话框

③ 按照向导的提示，对 Outlook 进行设置。设置过程如图 6-73、图 6-74、图 6-75 和图 6-76 所示。

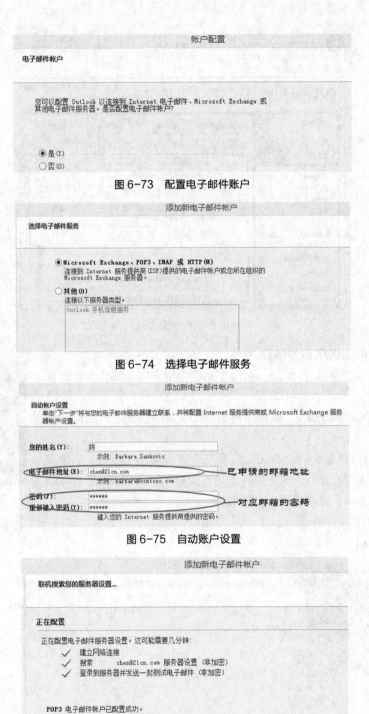

图 6-73　配置电子邮件账户

图 6-74　选择电子邮件服务

图 6-75　自动账户设置

图 6-76　配置 Outlook

④ 单击"完成"按钮设置完成，进入 Outlook 2007 收发邮件窗口，如图 6-77 所示。

⑤ 编辑新邮件，可以使用菜单"文件"|"新建"|"邮件"方式打开邮件编辑窗口如图 6-78 所示；也可以使用工具栏中的"新建"按钮来实现，如图 6-79 所示。

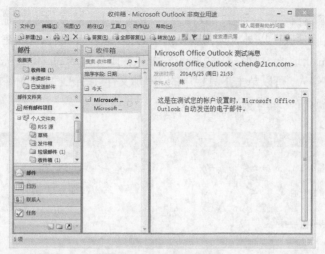

图 6-77　Outlook 界面

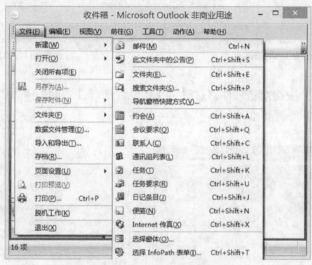

图 6-78　打开邮件编辑窗口

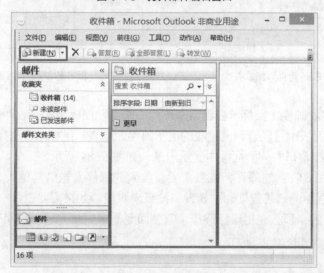

图 6-79　新建邮件

⑥ 打开邮件编辑窗口，分别在"收件人""主题""内容"文本框中输入内容。如果此邮件除了要发送给"收件人"以外，还需要发送给其他一些人，那么可以在"抄送"文本框中输入这些人的 E-mail 地址，如图 6-80 所示。如果在邮件发送的同时还需要将本地的图片或文件一起发送给收件人，可以单击工具栏中的"附加文件"按钮来完成附件的添加，如图 6-81 所示。附件文件完成后，如图 6-82 所示。

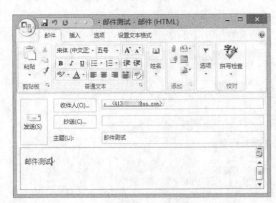

图 6-80　写邮件　　　　　　　　　　　　　　　图 6-81　添加附件

⑦ 单击"发送"按钮发送邮件，这时可在"已发送邮件"面板中看到已经成功发送出去的邮件信息，如图 6-83 所示。

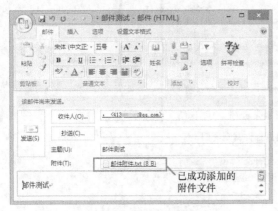

图 6-82　附件添加成功　　　　　　　　　

图 6-83　邮件发送成功

⑧ Outlook 接收邮件。鼠标单击窗口左侧的"邮件"面板中的"收件箱"选项，在窗口中部的"收件箱"面板中可以看到已接收的电子邮件的列表。鼠标单击选择需要查阅的邮件，邮件的内容便可以在窗口右侧的面板中显示出来，如图 6-84 所示。

⑨ 如果需要回复收到的邮件，或者需要将收到的邮件发送给其他人，则可以分别使用 Outlook 窗口工具栏中的"答复"和"转发"按钮来实现。如果需要在同一时间回复多个人，并且回复的内容一致，那么在用鼠标选择了需要回复的多封邮件后，使用工具栏中的"全部答复"按钮来实现，如图 6-85 所示。

图 6-84　查看邮件

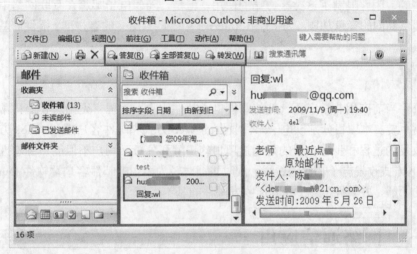

图 6-85　回复邮件

知识点介绍

1. 电子邮箱

电子邮箱是网络电子邮局提供给网络用户用以进行电子邮件收发的网络空间。电子邮箱具有存储和收发电子信息的功能，是互联网中最重要的信息交流工具。和传统书信通信方式一样，人们通过电子邮件通信时也需要指定通信的源地址和目的地址。但与传统邮件有所区别的是：这种通信的地址是电子地址，俗称 E-mail 地址。电子邮件能否正常收发，取决于该地址。一个完成的 E-mail 地址格式为：用户账号@邮件服务器域名。其中，用户账号一般是在注册电子邮箱时由用户自定义的，而且对于相同的邮件服务器，这个账号必须是唯一的。例如：jyy@21cn.com。

目前，互联网上电子邮箱种类主要有两种：一种是针对个人用户的免费电子邮箱；另一类则是针对于企业的付费电子邮箱。在中国常见的个人免费电子邮箱有：163 邮箱、QQ 邮箱、21cn 邮箱等。而企业付费电子邮箱有：263 邮箱、QQ 企业邮箱、新浪企业邮箱等。

2. 电子邮件的收发

电子邮件是以客户端-服务器端的模式进行邮件收发的。其中邮件发送方为客户端，邮件接收方位服务器端。电子邮件的传输过程中主要通过 SMTP 协议（简单邮件传输协议）和

POP3 协议（邮件协议）来完成。SMTP 协议主要解决如何将邮件从网络中一台计算机传送至另一台计算机，它起到的作用等同于传统邮件寄送时的邮局。而 POP3 协议主要解决如何将邮局中的信件正确无误地传送至用户使用的本地计算机，它的作用就等同于传统邮件寄送时的邮递员。

要实现正确的电子邮件收发，用户必须自己先在邮件服务商处申请一个电子邮箱，由此得到一个 E-mail 地址。常见的邮件服务商有 QQ 邮箱、网易邮箱等。然后通过电子书信的方式将邮件通过相关工具软件发送到对方的电子邮箱中。接收方在接收邮件时也必须使用对应的电子邮箱进行信件收取。

3. 邮件客户端

邮件客户端指使用相关邮件协议进行邮件收发的软件。通过这类软件，用户不需要登录网络邮箱就可以方便地实现电子邮件的收发。常用的邮件客户端有很多，最著名的有微软操作体统 Windows 自带的 Outlook。在电子邮件兴起之初，很多的邮箱提供商提供的邮件客户端都是收费的，因此限制了这类客户端的使用。但是，随着电子邮箱在互联网络中的广泛应用以及各提供商间的竞争加剧，为了能在 Internet 中争取到更多的客户群，提供商基本上都采取了这种限制。

项目小结

电子邮件当前应用非常广泛，熟练掌握电子邮件的收发过程，无论对我们日常生活还是工作都非常重要。本项目分别以电子邮件收发的 Web 方式和邮件客户端 Outlook 方式介绍了电子邮件收发的过程和步骤，目的是通过项目的讲解和分析，用户不但能熟练掌握平时比较常用的 Web 方式收发电子邮件的过程，同时也能对较为陌生的邮件客户端软件 Outlook 的使用有初步的了解，并掌握运用 Outlook 收发邮件的基本步骤。

「项目六」网络通信应用

项目实训

由于网络通信软件的广泛应用，人们日常的通信方式发生了很大的改变。书信、传统的电话都无法取代这类软件给人们带来的通信便利。因此，熟练地掌握这类软件的应用是非常必要的。本项目就以腾讯 QQ 2013 软件为例，讲解软件的下载和安装的过程，以及运用软件收发信息和邮件的方法。

1. 下载及安装腾讯 QQ 2013

① 启动 IE 浏览器，在地址栏中输入"http://www.baidu.com"，打开百度的页面，在文本框中输入关键字"QQ 2013 下载"，单击"百度一下"按钮，页面展示所有可以进行下载 QQ 的网页链接。选择列表中的第一个链接，单击"立即下载"按钮，如图 6-86 所示。

② 打开文件保存窗口，单击"保存"按钮右侧下拉三角，选择"保存为"选项，如图 6-87、图 6-88 所示。如果直接单击窗口中的"运行"按钮，那么软件将不会下载到本地计算机，而是直接在网上运行安装。

③ 打开"另存为"对话框，设置文件存储的位置以及文件名，单击"确定"按钮开始下载，如图 6-89 所示。

图 6-86　搜索 QQ 软件

图 6-87　下载 QQ

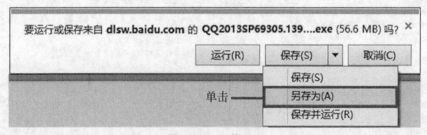

图 6-88　下载 QQ

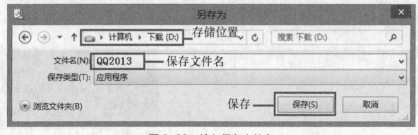

图 6-89　输入保存文件名

④ 下载完成后，找到存储文件的位置，双击下载的安装程序，进入软件安装界面，如图 6-90 所示。鼠标单击"我已阅读并同意软件许可协议和青少年上网安全指引"复选框，并单击"下一步"按钮，如图 6-91 所示。

⑤ 在打开对话框中，取消全部复选框的选择，并单击"下一步"按钮，如图 6-92 所示。

⑥ 在打开的对话框中，单击"浏览"按钮，选择程序安装路径，路径会在"程序安装目录"文本框中显示。或者在"个人文件夹"选项中选择其中一个单选钮，让软件安装在指定的路径下。单击"安装"按钮开始安装，如图 6-93 所示。

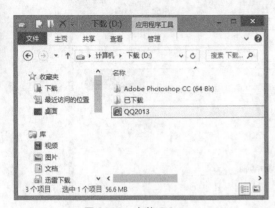

图 6-90　安装 QQ　　　　　　　　　　　　　　图 6-91　安装 QQ

⑦ 安装完成后，弹出如图 6-94 所示的对话框，选择"安装完成"复选框中的选项，单击"完成"按钮，进入 QQ 登录界面，如图 6-95 所示。

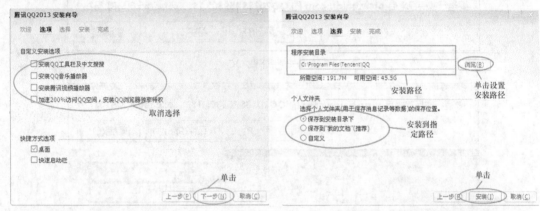

图 6-92　安装 QQ　　　　　　　　　　　　　　图 6-93　安装 QQ 保存路径

图 6-94　安装 QQ

图 6-95　QQ 登录窗口

2. 注册 QQ 账号

如果需要使用 QQ 来进行网络通信，那么必须申请一个进行通信的号码，就像打电话一样，要实现通话，自己必须有一个电话号码。

单击登录窗口的"注册账号"按钮，打开"QQ 注册"页面，按照要求填写相关资料，完成注册，如图 6-96 所示。如果用户想通过手机号码注册 QQ 号码，或者通过常用的电子邮箱地址来注册 QQ 号码，可以选择窗口左侧的"手机账号"或"邮箱账号"即可进入相应的注册页面，注册信息的填写与"QQ 账号"一样。

图 6-96 QQ 注册窗口

3. 查找添加联系人

① 完成注册后，返回登录界面，在文本框中输入已注册的账号和密码，单击"登录"按钮，如图 6-97 所示。打开 QQ 通信窗口，如图 6-98 所示。

图 6-97 输入账号和密码

② 将鼠标移动至窗口最下方的工具面板上，单击"查找"按钮，如图 6-99 所示。

③ 进入"查找"对话框，选择"找人"选项卡，如图 6-100 所示。在"关键词"文本框中输入要查找的账号或者昵称，这种查询称为"精确查询"。如果只是随意查找陌生账号，那么可以根据需求，通过"所在地"或"故乡""性别""年龄"等选项框中选择相关信息，进行查找即可，这种查询称为"模糊查询"。如不选择，这些选项默认值皆为"不限"。查找成功后的界面如图 6-101 所示。

图 6-98　QQ 界面

图 6-99　单击"查找"按钮

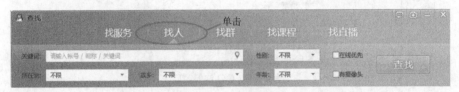

图 6-100　查询联系人

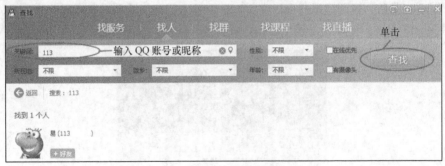

图 6-101　输入查找账号

④ 单击"好友"按钮，将查找到的联系人添加为好友。添加好友界面如图 6-102 所示，单击"下一步"按钮，即可将找到的联系人添加为好友。

⑤ 添加好友后，返回 QQ 通信界面，选择"联系人"面板，可以查看刚刚添加的联系人，如图 6-103 所示。在"联系人"面板中除了默认的"我的好友"列表外，用户还可以根据需求，在面板空白区域单击鼠标右键，在弹出的快捷菜单中选择"添加分组"命令，便可在"联系人"面板添加新的分组，如图 6-104 所示。也可以删除一些不常用的分组，方法是：选择需要删除的分组，单击鼠标右键，在弹出的快捷菜单中选择"删除分组"命令，即可把分组删除，如图 6-105 所示。

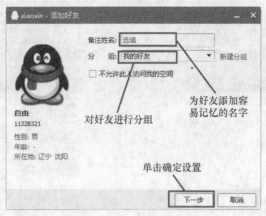

图 6-102　添加好友

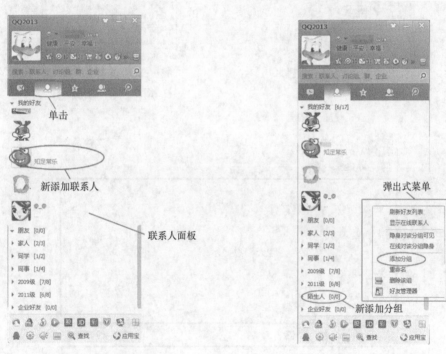

图 6-103　成功添加联系人　　　　　　图 6-104　添加分组

4. 使用 QQ 通信

QQ 作为网络通信软件，它最主要的功能就是实现网络即时通信。

① 在 QQ "联系人"面板中，鼠标单击分组名称，展开分组列表，可以查看同一分组下所有联系人的头像。例如，展开"我的好友"分组列表，如图 6-105 所示。

② 在分组列表中，鼠标双击选择需要发送即时消息的联系人，或者选择接收信息的联系人，鼠标右键单击，在弹出的快捷菜单中选择"发送即时消息"命令，即可打开消息对话框，如图 6-106、图 6-107 所示。可以在"消息输入"框中输入消息内容，然后按【Ctrl+Enter】组合键，或者单击对话框中的"发送"按钮，即可将消息发送给对方，发送过去的消息会在"消息显示"框中显示出来。

图 6-105 删除分组

图 6-106 发消息

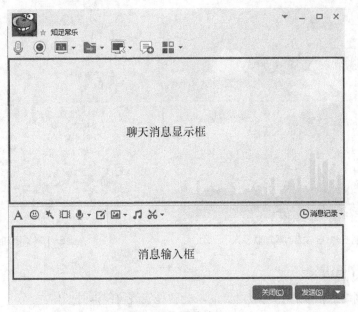

图 6-107 消息窗口

③ 如果需要发送的消息不是文字信息，而是本地计算机中的一些文件，那么可以利用消息对话框上方工具栏中的"文件传送"按钮来实现。工具栏中还有其他的一些常用的功能按钮，这里不一一解析，具体作用如图 6-108 所示。

④ 如果需要查看与当前联系人的聊天记录，可以单击"消息记录"按钮，在消息对话框的右侧则会弹出"聊天记录"窗口。

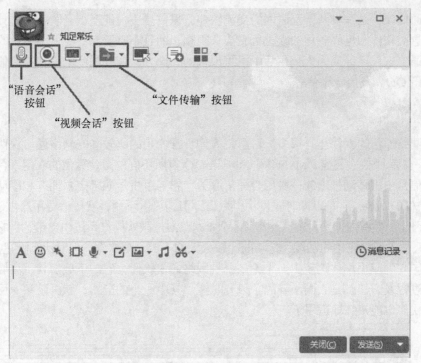

“语音会话”按钮

“视频会话”按钮

“文件传输”按钮

图 6-108　消息窗口功能按钮

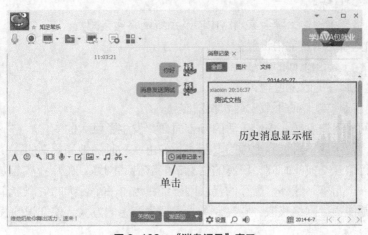

历史消息显示框

单击

图 6-109　“消息记录”窗口

⑤ 若有联系人发来消息，在“联系人”面板中，此联系人的头像会不断的闪动，这时，只需要用鼠标双击闪动的头像，即可打开如图 6-107 所示的消息对话框。对方发送过来的消息会直接显示在“消息显示”框中。在“消息输入”框中输入信息，单击“发送”按钮，即可回复该联系人。

知识点介绍

在当今社会，Internet 已经融入了人们的日常生活。它正在改变着我们的生活习惯和生活的方式。运用相关的网络应用软件，我们可以随时随地聊天、购物、获取资讯，更重要的是所有的这些都只需要花费低廉的代价。

网络通信软件是一种基于互联网的交流软件，只需要一台能连上互联网络的计算机，就可以运用这类软件和世界各地的人进行交谈、视频，而且不需要担心要付出昂贵的费用。因此，网络通信软件已经成为人们生活中不可或缺的一部分。在互联网上常用的通信软件有很多，如腾讯 QQ、飞信、微信等。

项目小结

实现网络通信的软件还有很多。目前，人们日常使用的比较多的网络通信软件除了腾讯QQ 以外，还有微信、飞信、MSN 等。和腾讯 QQ 有所不同的是，微信的应用平台只能是手机；而飞信是中国移动推出的一种综合通信服务，它与手机号码绑定，拥有和移动手机中的"短信"一样的功能，它可以即时收发手机短信，但却可以不用耗费短信费用。由于"飞信"的特点，因此一般在内部熟悉的人中应用。"MSN"则是微软操作系统中自带的，它集合了腾讯 QQ、飞信等通信应用的功能，是功能比较强大的一类通信软件，但对比起上述几个软件，它在中国国内的应用群体比较少。无论是哪种网络通信软件，它的下载安装、注册登录和收发信息的过程及方法都是大同小异的，只要掌握了其中一个的应用，就可以举一反三，对其他的同类软件也能熟练地运用了。

模块小结

本模块的学习目标：

- 了解网络连接硬件，学会家用路由器及系统网络连接配置；
- 掌握浏览器使用及常用设置；
- 掌握文件上传和下载的方法；
- 掌握电子邮件的收发过程；
- 掌握网络通信软件的下载安装和收发信息。

随着互联网的飞速发展，人们生活的方方面面都发生了巨大的变化。它不但缩短了人与人之间的距离，使沟通不再受到地域的限制，我们可以随时随地和周围的人交流。它还大大减少了人们进行信息交换的时间，所有的信息都能够借助网络，在几秒甚至更短的时间内传送到地球的每一个角落。此外，当今的互联网已经成为了一个巨大的资源宝库。几乎所有人们需要的资讯都能透过网络获取，它改变了人们搜索资源的方式，使知识的获取变得更加方便和快速。

网络已经渗透到了我们生活中的每一个角落。因此，网络组建的方法，通过路由器搭建网络环境系以及如何设置系统网络连接，成为当下人们必须了解的知识之一。使用浏览器查阅资讯，将网络中有用的资源下载的本地计算机以及电子邮件的收发，网络通信软件的应用则成为了人们当下必备的技能之一。

本项目通过相关案例对每一个知识点做了详细的分析和讲解，希望读者通过学习，能对知识有所了解，并能熟练运用这些知识帮助自己在这个网络时代更好地学习、工作和生活。

模块练习

1. IP 地址的概念是什么？IP 地址分为几类？

2. 计算机网络类型有哪些？

3. 以 ADSL 方式接入互联网，需要哪些硬件设备？如何实现？

4. 运用 IE 浏览器搜索信息。

（1）设置"www.baidu.com"为默认主页。

（2）设置"www.5566.com"为受信任站点。

（3）利用 IE 浏览器搜索关键词"互联网"的相关信息。

（4）打开网页"互联网百科"浏览。

（5）删除浏览网页的历史记录以及所有的临时文件和 Cookies。

（6）运用电子邮箱实现邮件收发。

5. 打开 IE 浏览器，登录电子邮箱。

（1）撰写信邮件，收件人为学号排在自己后面的同学。

（2）邮件主题为：节日问候，内容为：圣诞快乐！

（3）在邮件中附加一张圣诞贺卡。

（4）将邮件保存为草稿。

（5）回复同学发送过来的邮件，内容为：收到邮件，同祝节日快乐！

（6）将步骤（2）～步骤（5）在 Outlook 2007 中重做一遍。